普通高等教育“十二五”规划教材

土木工程CAD实例教程

主　编　李　丹　王　琦
副主编　张　晏　刘晓光　王玉杰
　　　　曹胜语　李建强　高　松
　　　　曹　辉　王庆良　张　宁
主　审　张铁志　李国斌

北　京
冶金工业出版社
2013

内 容 提 要

本书共 13 章，主要内容包括：AutoCAD 基本操作，基本二维绘图，二维图形编辑，图层、图块、文本、表格，尺寸标注，图形的打印与布局，高级应用，识读与绘制道路工程图，识读与绘制桥梁工程图，建筑与室内装饰设计图，二次开发入门，绘图技巧汇编，练习图等。

本书可作为土木工程专业（交通土建、土木工程、建筑环境方向）以及相关专业本科生、专科生教材，也可供相关工程的设计、施工人员参考。

图书在版编目(CIP)数据

土木工程 CAD 实例教程/李丹，王琦主编．—北京：冶金工业出版社, 2013.8
普通高等教育“十二五”规划教材
ISBN 978-7-5024-6318-2

Ⅰ. ①土…　Ⅱ. ①李…　②王…　Ⅲ. ①土木工程—建筑制图—计算机制图—AutoCAD 软件—高等学校—教材
Ⅳ. ①TU204-39

中国版本图书馆 CIP 数据核字（2013）第 183451 号

出 版 人　谭学余
地　　址　北京北河沿大街嵩祝院北巷 39 号，邮编 100009
电　　话　(010)64027926　电子信箱　yjcbs@cnmip.com.cn
责任编辑　谢冠伦　常国平　美术编辑　吕欣童　版式设计　孙跃红
责任校对　卿文春　责任印制　李玉山
ISBN 978-7-5024-6318-2
冶金工业出版社出版发行；各地新华书店经销；三河市双峰印刷装订有限公司
2013 年 8 月第 1 版，2013 年 8 月第 1 次印刷
787mm×1092mm　1/16；12.75 印张；306 千字；192 页
35.00 元

冶金工业出版社投稿电话：(010)64027932　投稿信箱：tougao@cnmip.com.cn
冶金工业出版社发行部　电话：(010)64044283　传真：(010)64027893
冶金书店　地址：北京东四西大街 46 号(100010)　电话：(010)65289081(兼传真)

前　言

AutoCAD 是土木工程专业教学中一门重要的基础课。不论是过去传统的CAD制图还是现在利用CAD平台的专业软件制图，均需熟练掌握AutoCAD的基本操作和基本技能。由此可见，AutoCAD已经成为高等院校土木专业学生必须掌握的基础知识。

目前，关于AutoCAD的教材已有不少。这些教材虽然各具特色，但却普遍存在一些具体问题：其一，大多是教程类的教材，偏重以叙述性的口吻讲述每个命令的详细用法。教学多年，编者感觉教程类教材可读性不强，大篇幅的语言看起来令初学者望而生畏，而且大多数遇到的问题使用AutoCAD帮助文件就可以解决了。对于初学者来讲，更需要的是快速入门的实例类教材，通过几个例子的操作掌握命令的用法，简单明了。其二，专门针对土木专业的CAD教材很少，对于土木专业的学生，既然要用实例学习CAD，那么采用土木专业的设计图来练习，既学习了CAD的用法，又掌握了专业图纸的绘制，一举两得；同时还提高了学习效率。

在编写本教材前，编者调查了市场上土木专业相关的AutoCAD教材。有几本教材写得很好，与土木专业结合密切，但都是高职高专类教材，不适合本科生的教学要求。

基于以上原因，为了符合土木专业本科生与高职高专教学的通用要求，我们特编写这本《土木工程 CAD 实例教程》。本教程采用目前广泛使用的AutoCAD2010版本，突出新版本新功能，结合大量土木专业典型实例，在实例中学习AutoCAD的绘制、编辑、标注以及打印，同时学习专业图纸的绘制。为了避免绘制专业图纸之前读不懂图，特编写了第8章、第9章和第10章，分别介绍了道路工程、桥梁工程和建筑与室内装饰工程图纸的识读与绘制。在第11章中有选择地汇编了几个AutoCAD二次开发的工程实例。其中，利用Lisp自动分截电子地形图和利用 Lisp 添加工程技术规范菜单都是编者曾经做过的，以期抛砖引玉，给读者二次开发工作提供一些借鉴与思考。本书还对编者多年来在 AutoCAD 教学中经常遇到的问题和解决办法进行了总结，并汇编成第 12 章。第 13 章汇编了大量 AutoCAD 练习图，以便学生检验绘图的掌握情况和教师课上实训练习。

本教程由辽宁科技大学李丹、辽宁建筑职业学院王琦担任主编，由张晏、刘晓光、王玉杰、曹胜语、李建强、高松、曹辉、王庆良、张宁担任副主编，由辽宁科技大学张铁志、辽宁建筑职业学院李国斌担任主审。在本教程的编写过程中，王琦老师对第 10 章和第 13 章的编写做了大量工作，张晏、曹胜语、刘晓光老师提供了大量的工程图纸和资料，李建强老师对第 9 章的编写做了许多具体工作，在此对他们的辛苦付出表示衷心的感谢。书中还借鉴了一些相关教材的图例，在此一并感谢。

由于编者水平所限，本书疏漏之处在所难免，欢迎广大读者批评指正。同时，由于 AutoCAD 作图方法多种多样，读者可能有比书中所介绍的更好的方法，欢迎分享和交流，读者在学习过程中遇到的问题以及对本书编写的改进建议也可以和编者交流。编者的联系方式为 leedan78@163.com，衷心希望各位读者提出宝贵意见。

编 者
2013 年 5 月

目　录

1 AutoCAD 基本操作

1.1 AutoCAD 的安装

学习要点：

了解 AutoCAD 软件的安装过程。

1.1.1 安装 AutoCAD 所需的系统配置

安装 AutoCAD 需要完成的第一项任务是确保计算机满足最低系统要求。如果系统不满足这些要求，则在 AutoCAD 内和操作系统级别上可能会出现问题。安装过程中会自动检测 Windows 操作系统是 32 位还是 64 位版本。然后安装适当版本的 AutoCAD。不能在 32 位系统上安装 64 位版本的 AutoCAD，反之亦然。表 1-1 为 32 位系统硬件和软件最低需求表。

表 1-1　32 位系统硬件和软件最低需求表

项　目	硬件和软件最低需求	备　注
操作系统	Windows® XP Home 和 Professional SP2 或更高版本 Microsoft ® Windows Vista® SP1 或更高版本，包括： (1) Windows Vista Enterprise; (2) Windows Vista Business; (3) Windows Vista Ultimate; (4) Windows Vista Home Premium	
浏览器	Internet Explorer® 7.0 或更高版本	
CPU 类型	Windows XP-Intel® Pentium® 4 或 AMD Athlon™ Dual Core 处理器，1.6 GHz 或更高，采用 SSE2 技术； Windows Vista-Intel Pentium 4 或 AMD Athlon Dual Core 处理器，3.0 GHz 或更高，采用 SSE2 技术	
内存	Windows XP-2 GB RAM Windows Vista-2GB RAM	
显示分辨率	1024 × 768 真彩色	
硬盘	安装 1 GB	不能在 64 位 Windows 操作系统上安装 32 位 AutoCAD，反之亦然
定点设备	MS-Mouse 兼容	
3D 建模其他要求	(1) Intel Pentium 4 或 AMD Athlon 处理器，3.0 GHz 或更高；或者 Intel 或 AMD Dual Core 处理器，2.0 GHz 或更高； (2) 2 GB RAM 或更大； (3) 2 GB 可用硬盘空间(不包括安装)	

1.1.2 AutoCAD2010 配置要求及安装前的准备工作

（1）检查计算机系统的硬件配置和软件安装是否满足 AutoCAD 相应版本的最低配置

要求。

（2）启动 Windows 系统。

（3）关闭其他正在运行的应用程序。

（4）将安装盘放入光盘驱动器。

1.1.3 安装过程

以在 Windows XP 下安装 AutoCAD2010 中文版为例，介绍 AutoCAD 的安装过程。整个过程大约需要十几分钟。

软件安装光盘上带有自动安装程序 Autorun，将安装盘放入光驱，系统将自动运行该安装程序。点击安装产品后，出现如图 1-1~图 1-7 所示的界面。

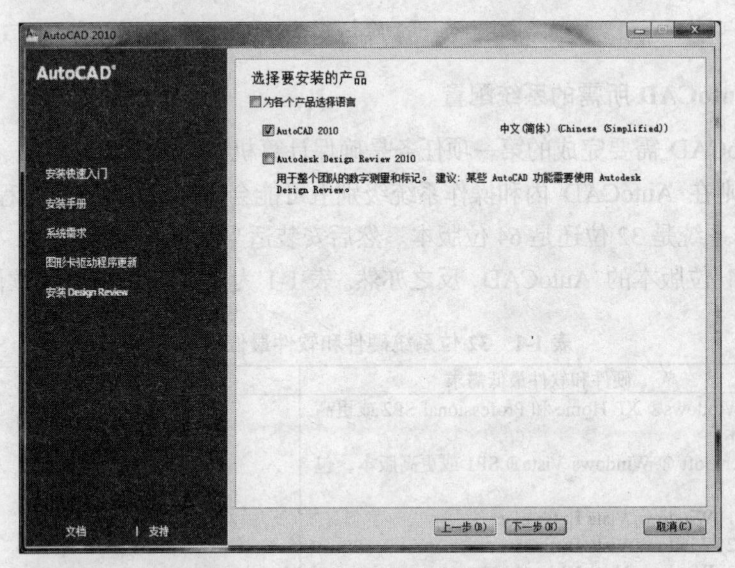

图 1-1　选择要安装的产品界面

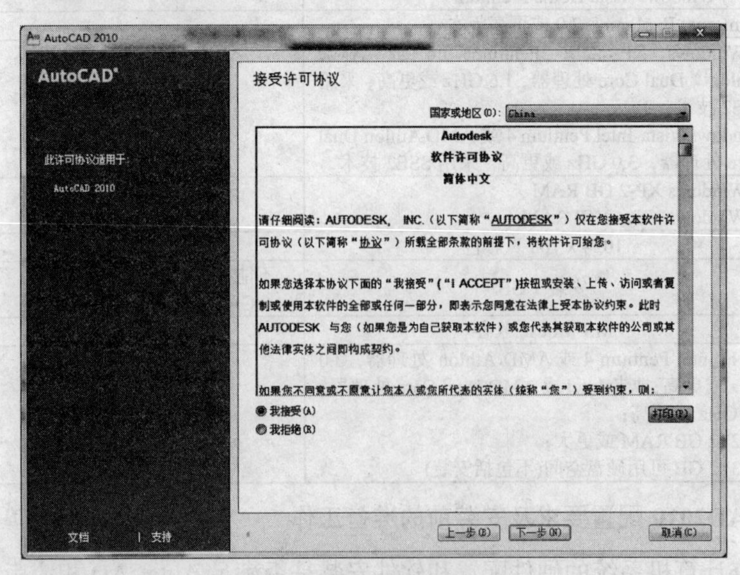

图 1-2　接受许可协议界面

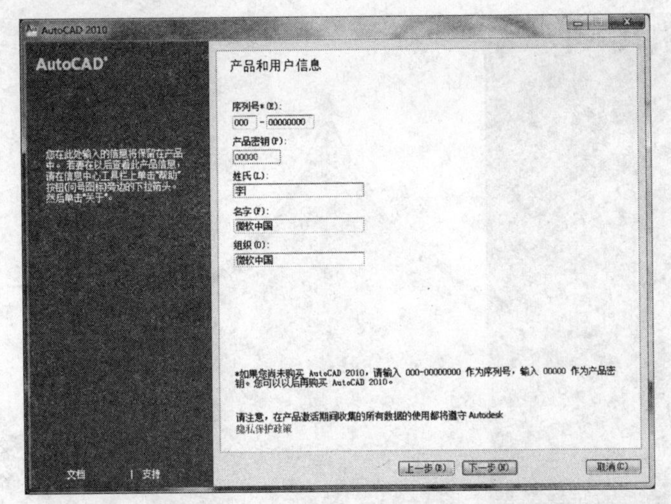

图 1-3　产品和用户信息界面

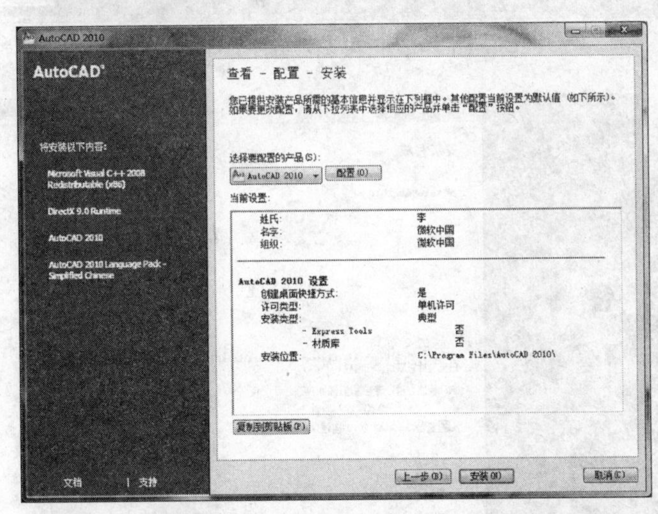

图 1-4　查看-配置-安装界面

图 1-5　安装组件界面

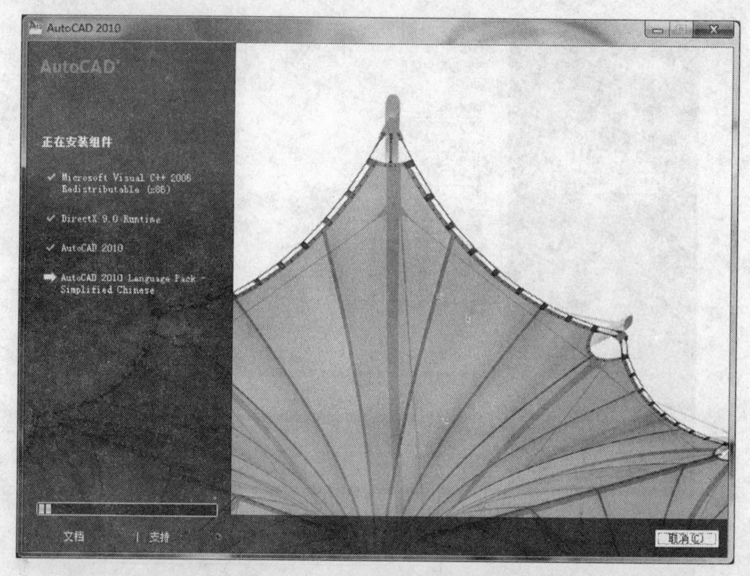

图 1-6　正在安装组件界面

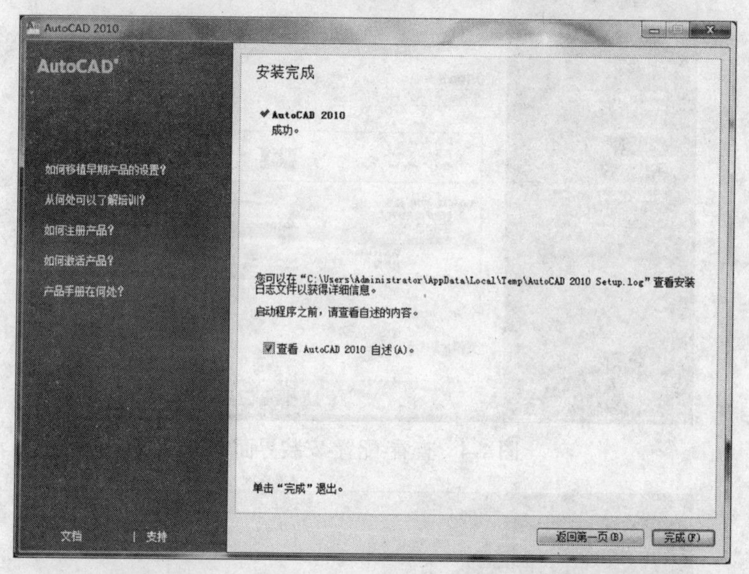

图 1-7　安装完成界面

正确安装 AutoCAD 2010 中文版后，会在计算机的桌面上自动生成 AutoCAD 2010 中文版快捷图标，如图 1-8 所示。第一次启动 AutoCAD 2010 中文版时，将弹出产品激活对话框，选中【激活产品】，单击【下一步】，在弹出的对话框内输入产品的序列号及从 Autodesk 公司获得的激活码，即可完成注册。

图 1-8　快捷图标

1.2 图形文件的操作

学习要点：

（1）熟悉 AutoCAD 的工作界面。

（2）根据需要修改背景颜色，保存 AutoCAD 文件，以及多个图形文件之间转换、打开和关闭等。

刚安装完的 AutoCAD2010 中文版工作界面如图 1-9 所示。

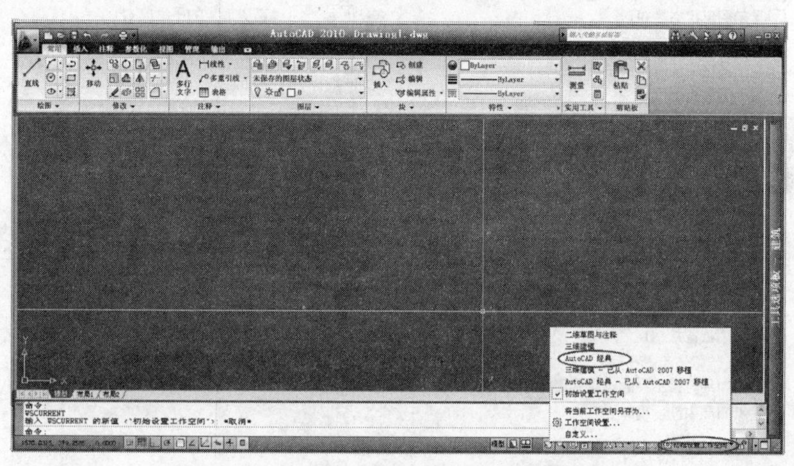

图 1-9 初始 AutoCAD2010 中文版工作界面

1.2.1 恢复经典界面

点击图 1-9 右下角的【初始设置工作空间】，选择【AutoCAD 经典】，出现如图 1-10 所示的经典工作界面。

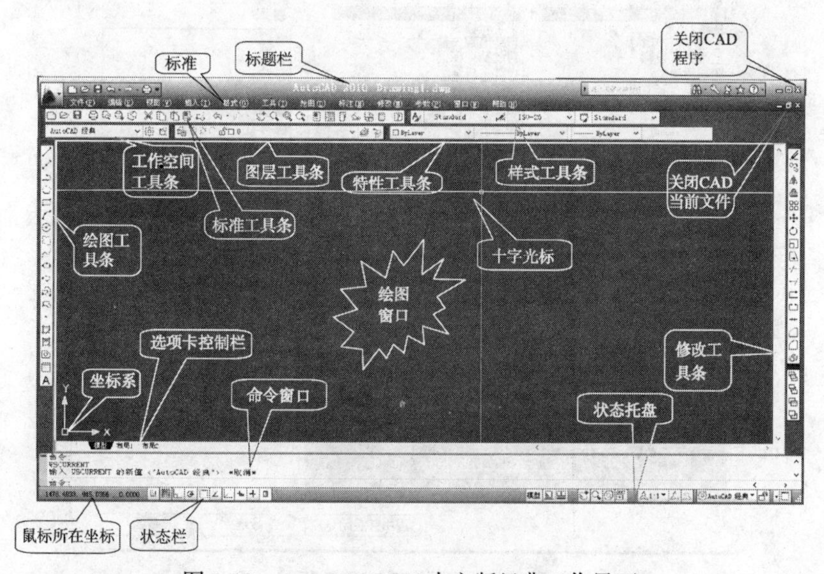

图 1-10 AutoCAD2010 中文版经典工作界面

1.2.2 修改背景颜色

点击菜单【工具】，依次点击【选项】、【颜色】，选择【白色】，出现如图1-11~图1-13所示的界面。

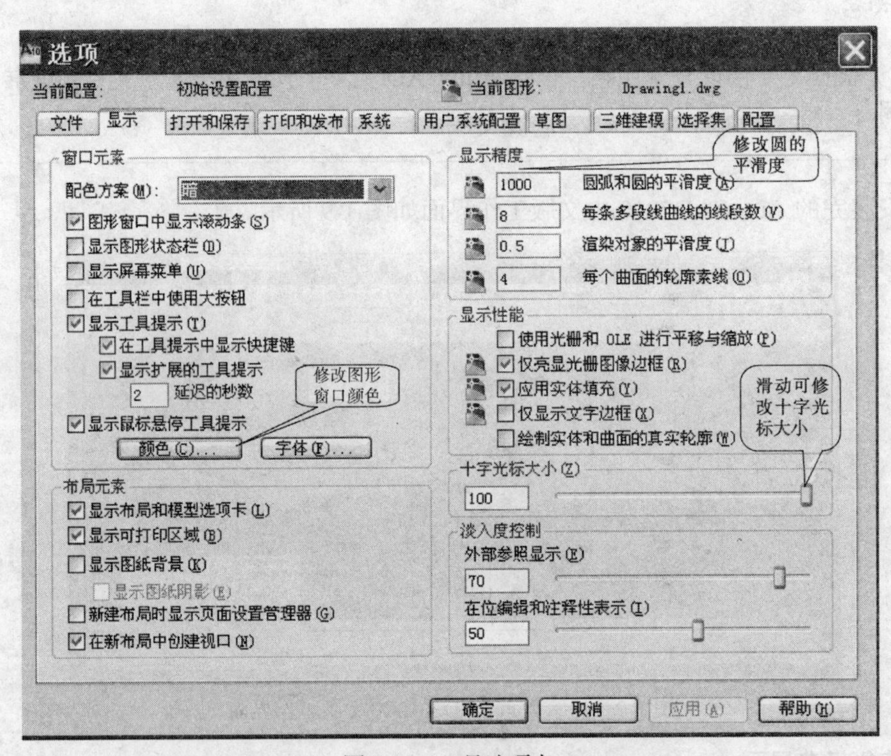

图1-11 工具选项卡

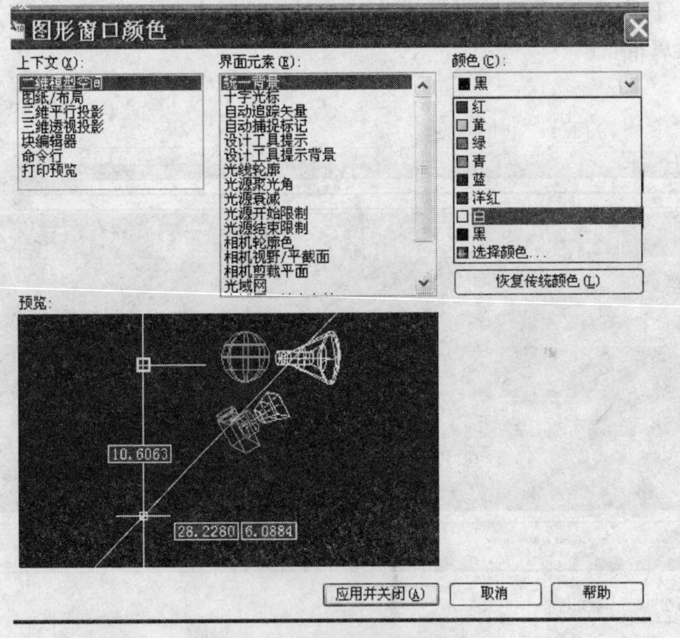

图1-12 图形窗口颜色更换

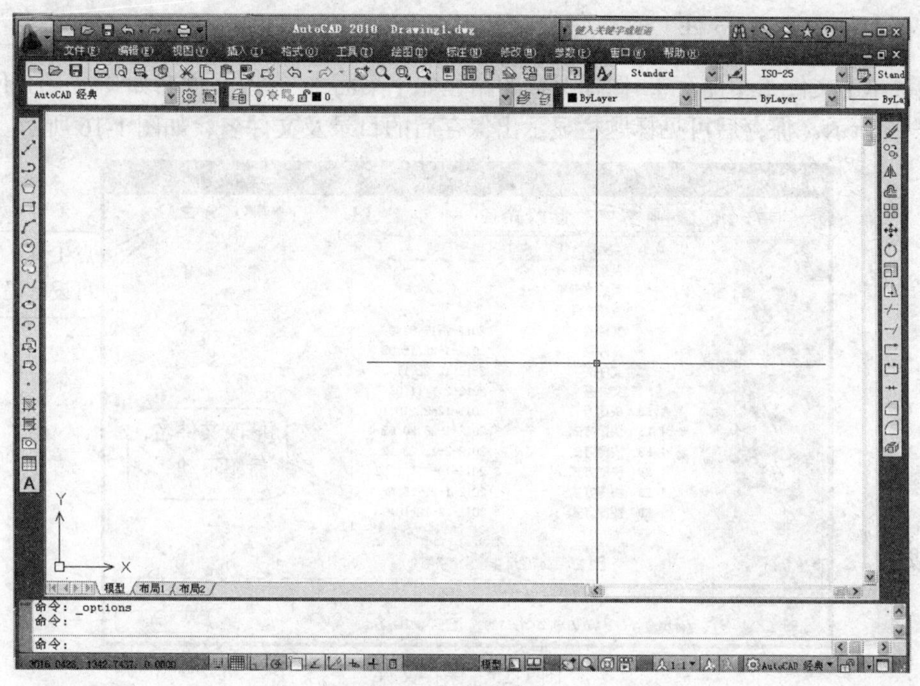

图 1-13　白色窗口

1.2.3　调整光标大小

点击菜单【工具】、【选项】，将十字光标调小。调小的十字光标如图 1-14 所示。

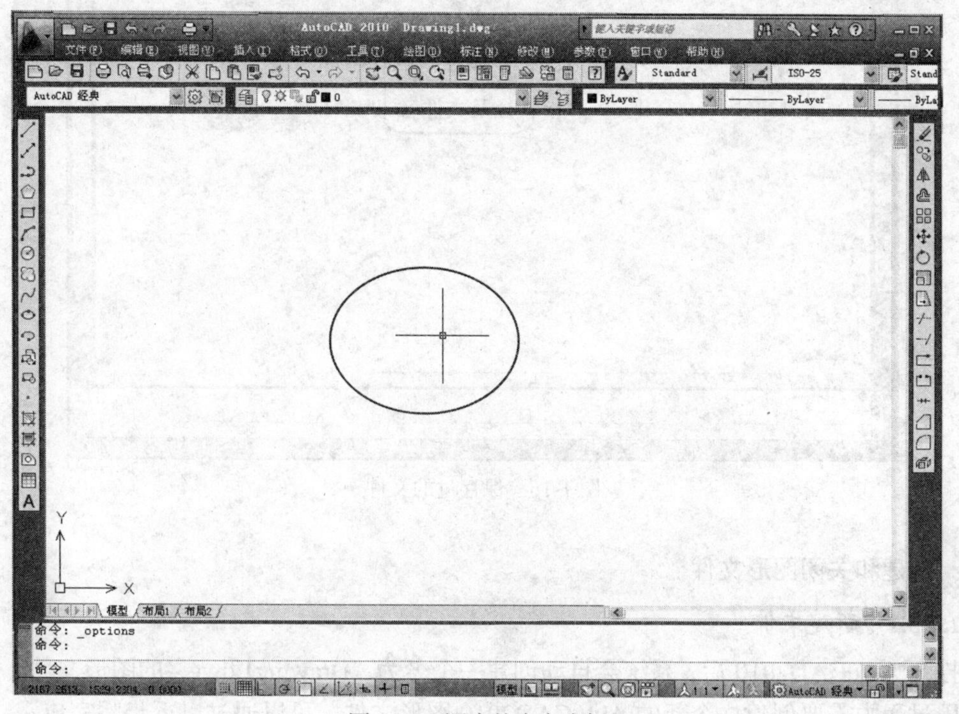

图 1-14　调小的十字光标

1.2.4　保存 AutoCAD 文件

点菜单【文件】,【保存】, 选择保存的路径如【桌面】, 修改文件名如“张三 1.dwg”, 如图 1-15 所示。保存后可见标题栏显示出保存后的目录及文件名，如图 1-16 所示。

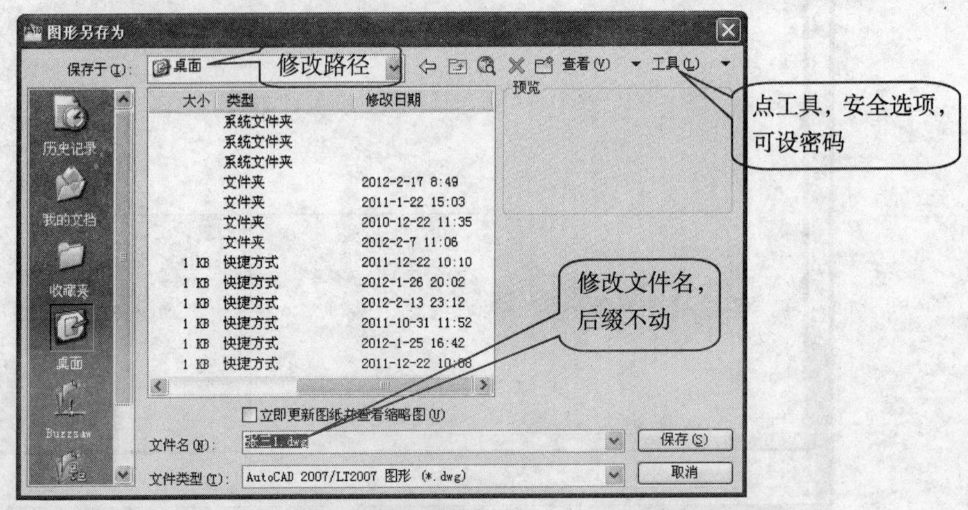

图 1-15　保存文件

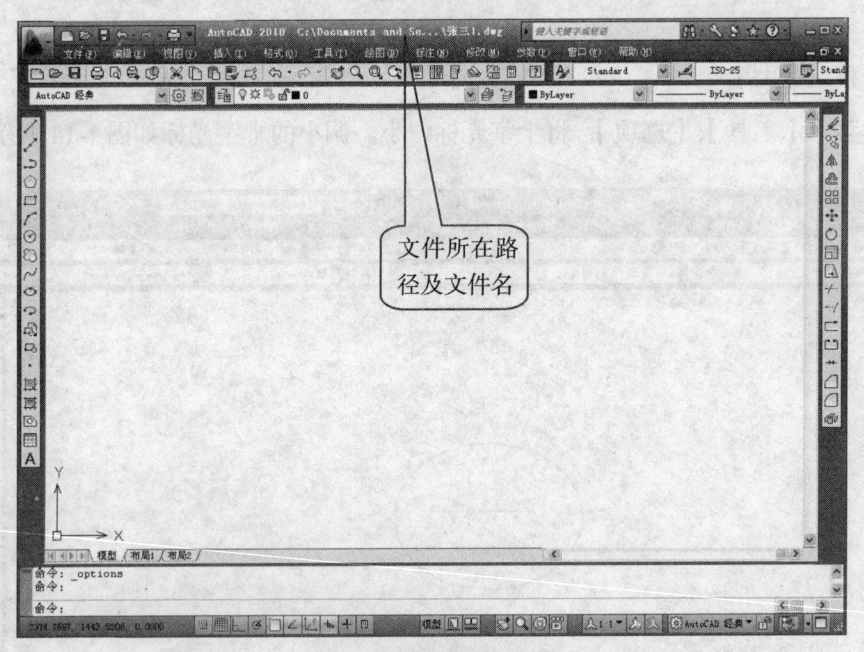

图 1-16　保存过的文件

1.2.5　新建和关闭图形文件

1.2.5.1　新建文件

打开 AutoCAD2010 后，系统会自动创建一个名为“Drawing1.dwg”的图形文件，如果在使用过程中需要创建一个新的 AutoCAD2010 图形文件，可以通过以下步骤完成：

（1）选择下拉菜单“文件→新建”或者直接单击“标准”工具栏上的图标按钮，或直接在命令提示行输入命令“NEW”，将弹出如图 1-17 所示的“选择样板”对话框。

图 1-17　选择样板对话框

注：常用的样板：

1）acadiso.dwt——为公制，以毫米为单位，图纸大小为 420×193mm。
2）acad.dwt——为英制，以英寸为单位，图纸大小为 12×9 英寸。
3）acad-namedplot styles——命名打印样式，布局空间。
4）color dependent plot styles——颜色相关打印样式。
通常道桥制图选择 acadiso.dwt 方便快捷。

（2）在“选择样板”对话框的列表中选择需要的样板后，点击“打开”按钮后可以创建一个新的 AutoCAD 图形文件。

1.2.5.2　关闭图形文件

关闭图形文件如图 1-10 所示，点击右上角内侧的，关闭当前图形文件；点击外侧的，关闭 CAD 程序。

同理，点击右上角内侧的，可以缩小当前文件窗口；点击右上角内侧的，可在当前 CAD 窗口中最大显示当前图形。

1.2.6　打开已有的图形文件

已经存在的 AutoCAD 图形文件可以通过直接双击鼠标左键打开。如果是在 AutoCAD 使用过程中需要打开某个 AutoCAD 图形，可以通过如下方式打开如图 1-18 所示“选择文件”对话框。

方式一：菜单方式：【文件】→【打开】。

方式二：命令行输入“OPEN”，键盘快捷方式：Ctrl + O。

方式三：图形按钮，如图 1-18 所示。

图 1-18　打开图形按钮

在“选择文件”对话框中　，通过 AutoCAD 文件保存的路径，找到 AutoCAD 文件，点击【打开】，可以打开相应的 AutoCAD 图形文件。

1.2.7　同时打开多个图形文件

同时打开多个图形文件，为文件间复制图形对象提供方便。

打开 AutoCAD 文件时，在“选择文件”对话框中，按下 Ctrl 键同时选中几个要打开的文件，单击【打开】按钮即可。

单击某一文件的图形区域即可把该文件设置为当前文件。也可以通过 Ctrl+F6 或 Ctrl+Tab 在已打开的不同图形文件之间切换。

1.2.8　打开和关闭工具条

鼠标右键点击【工具条任意灰色地区】，点【AutoCAD】,【标注】，即可打开标注工具条，同时可对工具条的位置和形状进行调节，操作界面如图 1-19 和图 1-20 所示。同样的方法打开其他任意工具条。

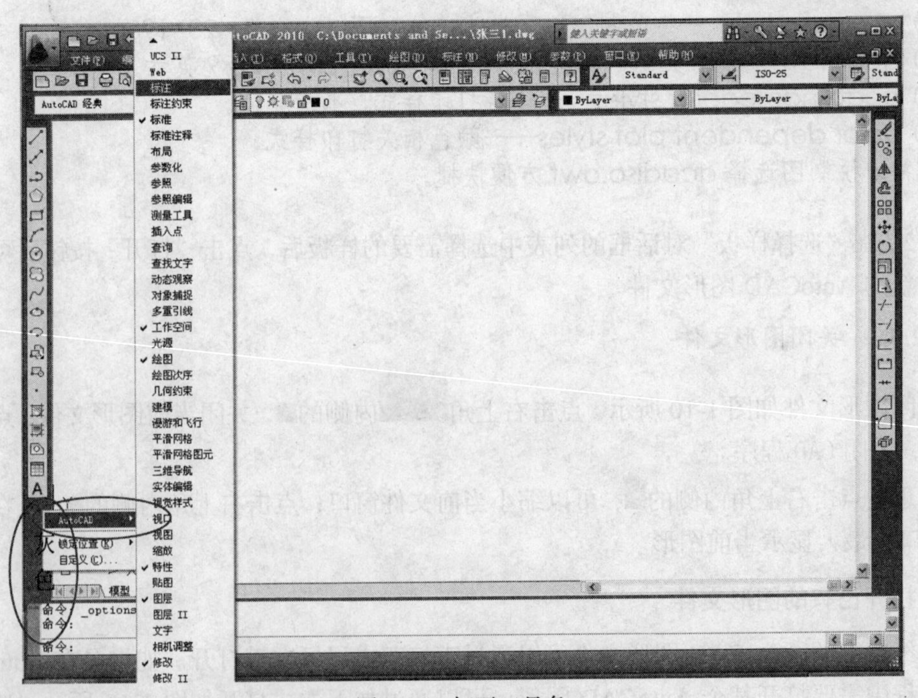

图 1-19　打开工具条

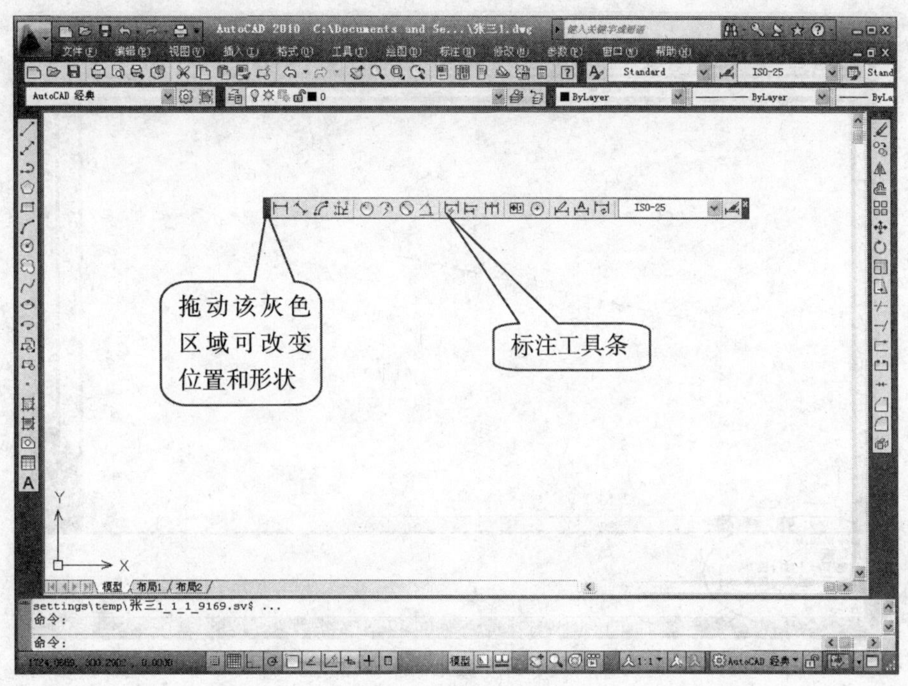

图 1-20 拖动工具条

1.3 以绘制直线为例练习 AutoCAD 命令的调用

学习要点:

掌握四种途径调用 AutoCAD 命令。

AutoCAD 命令主要可以通过四种途径来执行：键盘命令输入、菜单选项输入、工具栏按钮输入、动态输入。下面将以绘制直线为例，阐述 AutoCAD 命令的调用方法。

1.3.1 键盘命令输入

在命令窗口中，输入【LINE】或【L】，按键盘上的【回车】，绘图窗口中，鼠标点击两点即可绘制一条直线，如图 1-21 所示。

L 为 LINE 的命令别名，具有等效的效果，可提高命令的输入速度，其他命令的别名参见附录 3。

1.3.2 菜单选项输入

点击菜单【绘图】,【直线】，也可以绘制如图 1-21 所示的直线。同理可绘制菜单【绘图】下圆形、矩形等其他图形。

1.3.3 工具栏按钮输入

点击绘图工具条中的相应按钮（见图 1-22），也可以绘制如图 1-21 所示的图形。

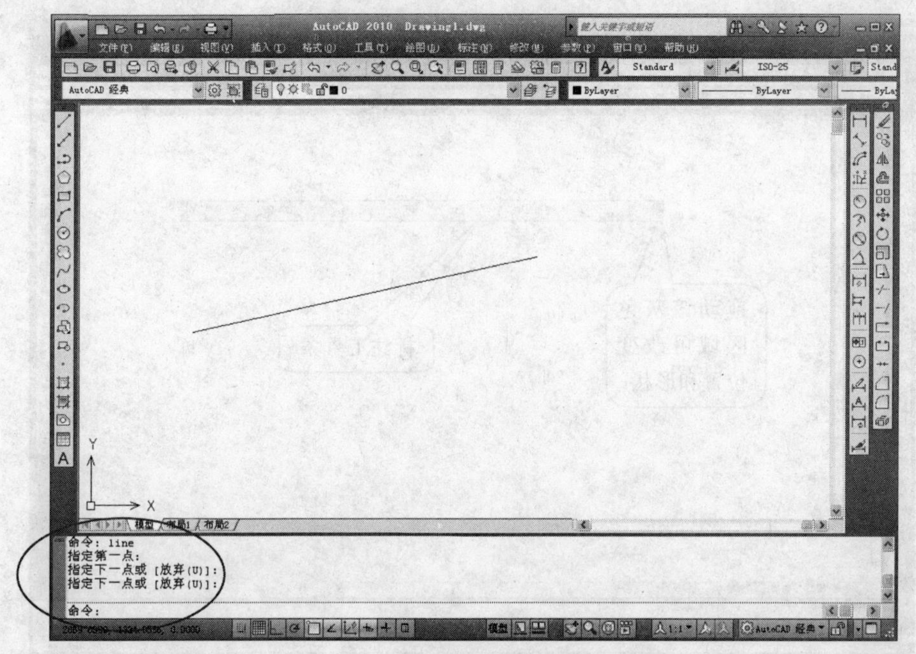

图 1-21 键盘输入命令

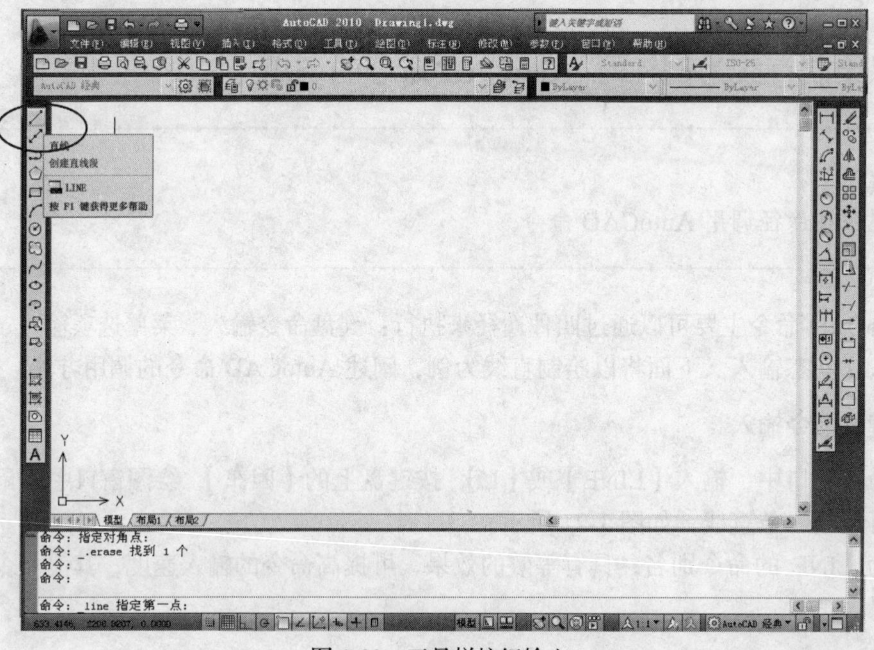

图 1-22 工具栏按钮输入

1.3.4 动态输入

动态输入类似于键盘命令输入，可直接在光标后的窗口中键入命令或参数而不必在命令行中输入。动态输入可以通过单击状态栏中的按钮来打开或关闭，如在点击工具条中的直线按钮后，直接动态输入坐标，如图 1-23 所示。

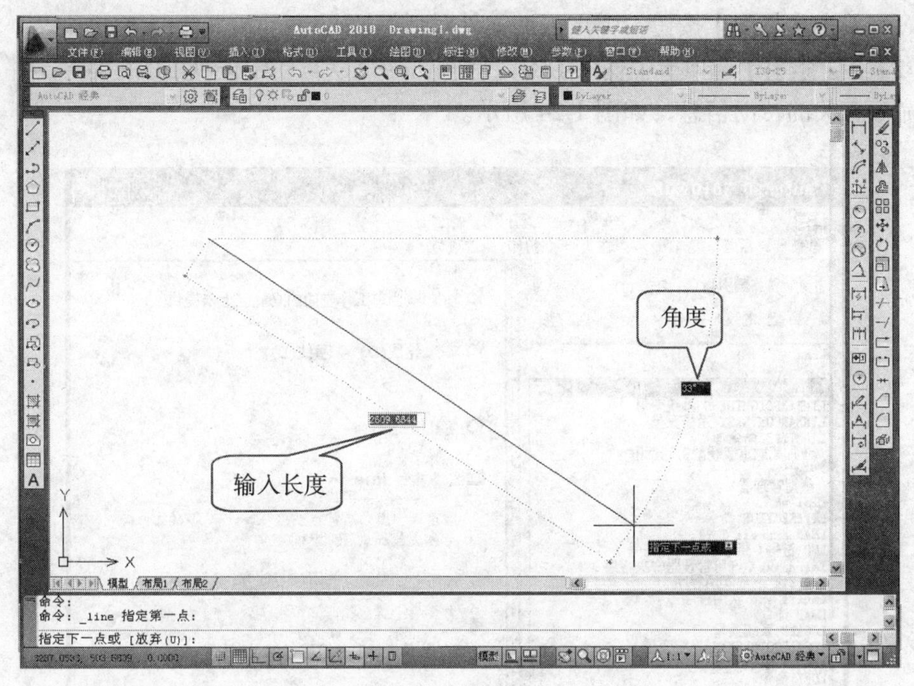

图 1-23　动态输入

1.4　AutoCAD 的在线帮助

学习要点：

会借助帮助文件查询不熟悉的 CAD 知识。

操作提示：

方法一：菜单【帮助】，子菜单【帮助】。

方法二：快捷键【F1】。

方法三：命令行输入 help 或？。

1.4.1　命令执行过程中调用在线帮助

HELP 命令可透明使用，即在其他命令执行过程中可查询该命令的帮助信息。

操作提示：

（1）执行 LINE 命令。

（2）在出现“指定第一点”提示时，单击【帮助】按钮，则在弹出的 AutoCAD 2010 帮助窗口中自动出现与 LINE 命令有关的帮助信息。

（3）关闭该窗口则可继续执行未完成的 LINE 命令。

1.4.2　直接调用帮助文件检索与命令或系统变量有关的信息

操作提示：

（1）单击【帮助】按钮，弹出帮助文件对话框。

（2）在【索引】选项卡中输入 LINE，则 AutoCAD 自动定位到 LINE 命令，并显示与 LINE 命令有关的帮助信息，如图 1-24 所示。

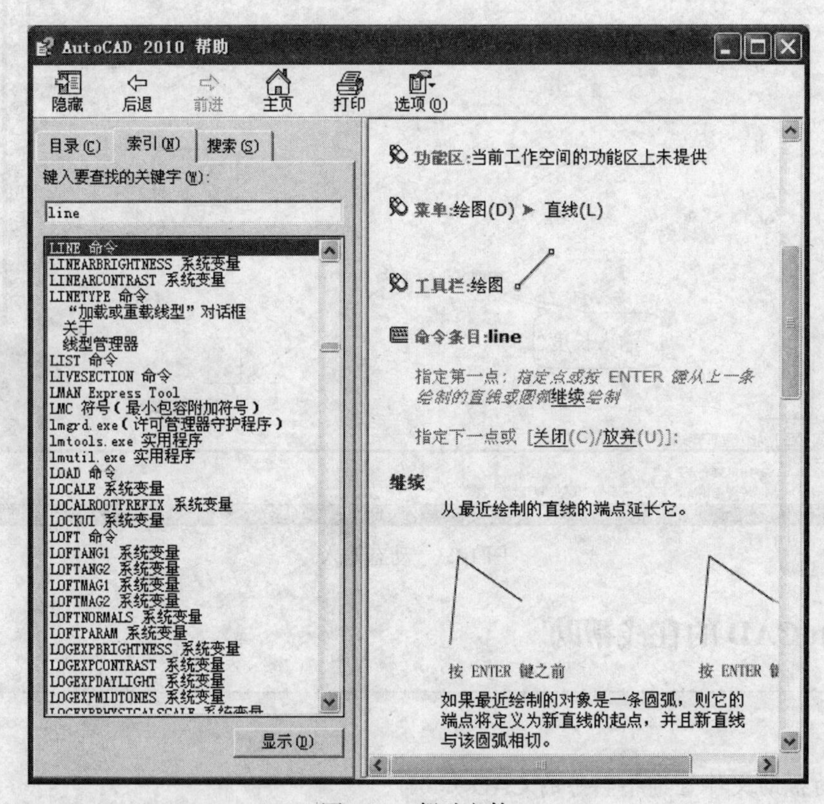

图 1-24　帮助文件

2 基本二维绘图

2.1 直线的绘制和坐标输入

学习要点：

（1）直线的绘制。

（2）理解 AutoCAD 中数据的 3 种输入方法（绝对坐标输入、相对坐标输入、鼠标直接在屏幕取点）。

2.1.1 三角形的绘制

用直线命令绘制如图 2-1 所示的三角形，体会绝对坐标、相对坐标、极坐标的用法。

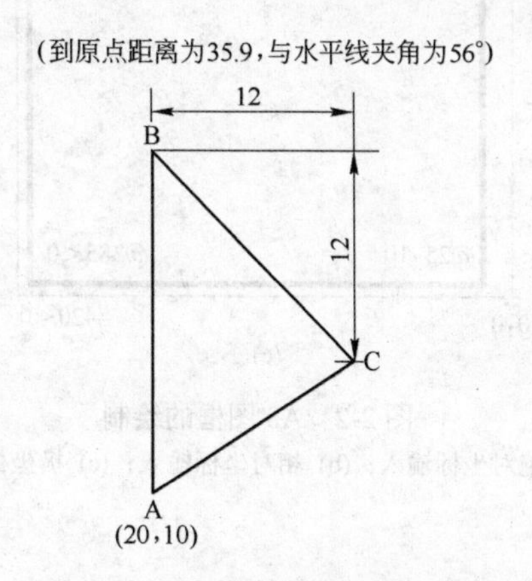

图 2-1 用直线命令绘制的三角形

操作提示如下：

命令：line

指定第一点：20,10

指定下一点或[放弃(U)]：35.9<56

指定下一点或[放弃(U)]：@12,-12

指定下一点或[闭合(C)/放弃(U)]：c

绝对（直角）坐标以逗号相隔。逗号前后分别是该点相对于坐标原点的 x 轴正方向和 y 轴正方向的移动距离

绝对极坐标以<相隔。<前是该点距坐标原点的距离，<后是水平轴沿逆时针旋转至该点与原点的连线的夹角。逆时针为正，顺时针为负

相对坐标前以@起始，逗号前后是相对于前一点沿 x 轴正方向和 y 轴正方向的移动距离

2.1.2 用 3 种坐标输入法绘制 A3 图框

用 3 种坐标输入法绘制 A3 图框分别为：

（1）用绝对坐标绘制A3图框，如图2-2(a)所示；
（2）用相对坐标绘制A3图框，如图2-2(b)所示；
（3）用极坐标绘制A3图框，如图2-2(c)所示。

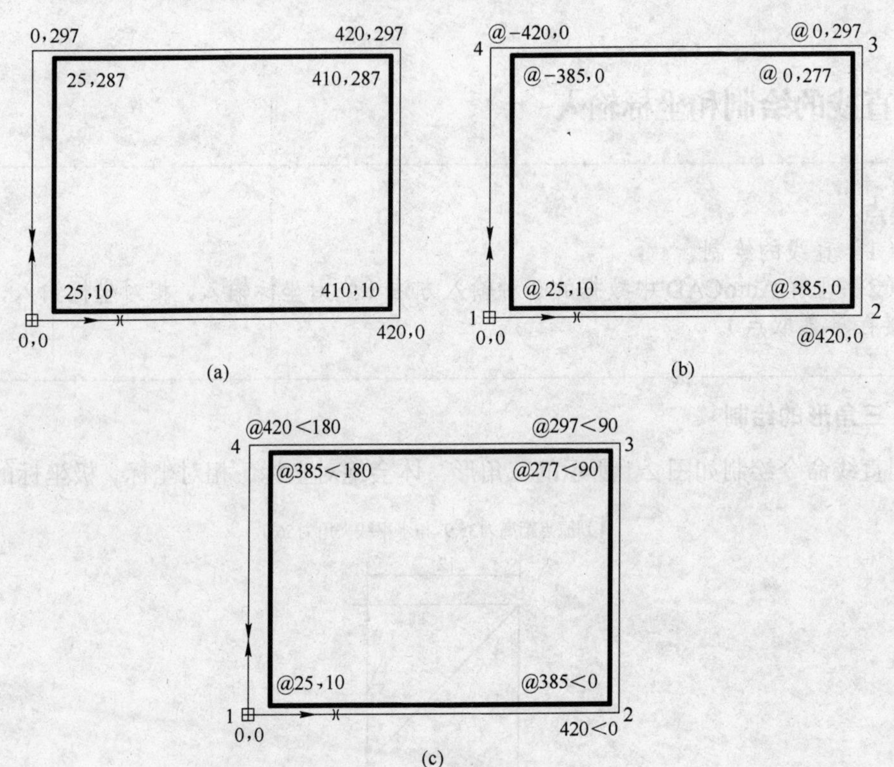

图2-2　A3图框的绘制
(a) 绝对坐标输入；(b) 相对坐标输入；(c) 极坐标输入

绝对坐标绘制图框

操作提示：

命令：_line 指定第一点：0,0
指定下一点或[放弃(U)]：420,0
指定下一点或[放弃(U)]：420,297
指定下一点或[闭合(C)/放弃(U)]：0,297
指定下一点或[闭合(C)/放弃(U)]：c
命令：z ——缩放
ZOOM
指定窗口的角点，输入比例因子(nX或nXP)，或者
[全部(A)/中心(C)/动态(D)/范围(E)/上一个(P)/比例(S)/窗口(W)/对象(O)]<实时>：a ——将图形全部显示在绘图窗口
命令：
命令：
命令：_line 指定第一点：25,10
指定下一点或[放弃(U)]：410,10
指定下一点或[放弃(U)]：410,287

指定下一点或[闭合(C)/放弃(U)]：25,287

指定下一点或[闭合(C)/放弃(U)]：c

选中需加粗的直线，将“特性工具条”里的线宽调成 0.70 mm。

相对坐标绘制图框操作提示：

命令：l

LINE 指定第一点:0,0

指定下一点或[放弃(U)]：@420,0

指定下一点或[放弃(U)]：@0,297

指定下一点或[闭合(C)/放弃(U)]：@-420,0

指定下一点或[闭合(C)/放弃(U)]：c

命令：l

LINE 指定第一点：fro　（偏移；也可以借助辅助线）

基点:<偏移>:@25,10　（相对于基点移动的距离）

指定下一点或[放弃(U)]：@385,0

指定下一点或[放弃(U)]：@0,277

指定下一点或[闭合(C)/放弃(U)]：@-385,0

指定下一点或[闭合(C)/放弃(U)]：c

极坐标绘制图框操作提示：

略。

2.2 构造线、多段线、圆曲线、正多边形的绘制

学习要点：

（1）掌握构造线的绘制方法，了解构造线的应用。

（2）熟练掌握多段线的绘制方法和专业应用。

（3）掌握圆曲线、正多边形的绘制方法，尤其注意正多边形内接圆和外切圆的区别。

2.2.1 构造线辅助绘制涵洞口八字翼墙

用构造线绘制如图 2-3 所示的涵洞口八字翼墙，体会构造线做辅助线的用法。

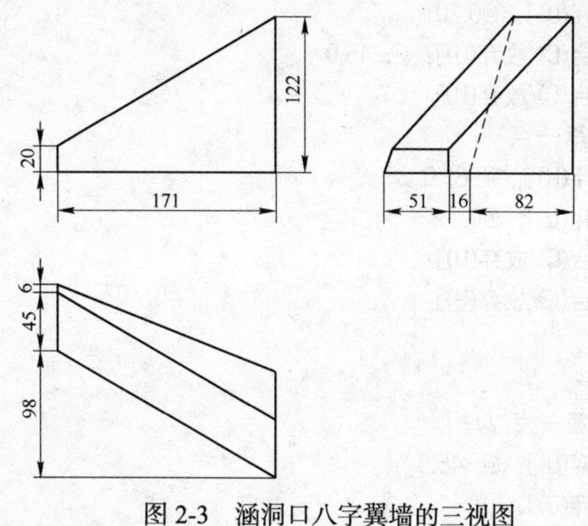

图 2-3　涵洞口八字翼墙的三视图

操作提示：

（1）正视图的绘制：

命令：line
指定第一点：
指定下一点或[放弃(U)]：@0,-20
指定下一点或[放弃(U)]：@171,0
指定下一点或[闭合(C)/放弃(U)]：@0,122
指定下一点或[闭合(C)/放弃(U)]：c

竖直构造线的绘制：

命令：xl
XLINE 指定点或[水平(H)/垂直(V)/角度(A)/二等分(B)/偏移(O)]：v
指定通过点：（选择正视图左侧的点）
指定通过点：

（2）俯视图的绘制：

命令：line
指定第一点：
指定下一点或[放弃(U)]：@0,-51
指定下一点或[放弃(U)]：@171,-98
指定下一点或[闭合(C)/放弃(U)]：@0,82
指定下一点或[闭合(C)/放弃(U)]：c

对象捕捉开启设置，勾选平行，利用平行捕捉绘制平行线。

水平构造线的绘制：

命令：xl
XLINE 指定点或[水平(H)/垂直(V)/角度(A)/二等分(B)/偏移(O)]：h
指定通过点：（选择正视图下部的点）
指定通过点：

（3）侧视图的绘制：

命令：_line 指定第一点：
指定下一点或[放弃(U)]：@51，0
指定下一点或[放弃(U)]：@0,20
指定下一点或[闭合(C)/放弃(U)]：@-45,0
指定下一点或[闭合(C)/放弃(U)]：c
命令：_line 指定第一点：
指定下一点或[放弃(U)]：@98，0
指定下一点或[放弃(U)]：@0,122
指定下一点或[闭合(C)/放弃(U)]：
指定下一点或[闭合(C)/放弃(U)]：
命令：
命令：
命令：_line 指定第一点：
指定下一点或[放弃(U)]：@-45,0
指定下一点或[放弃(U)]：

指定下一点或[闭合(C)/放弃(U)]:
命令: _line 指定第一点:
指定下一点或[放弃(U)]: @-82,0
指定下一点或[放弃(U)]:
指定下一点或[闭合(C)/放弃(U)]:

2.2.2 构造线绘制角平分线

构造线绘制如图 2-4 所示的角平分线，体会构造线二等分的用法。

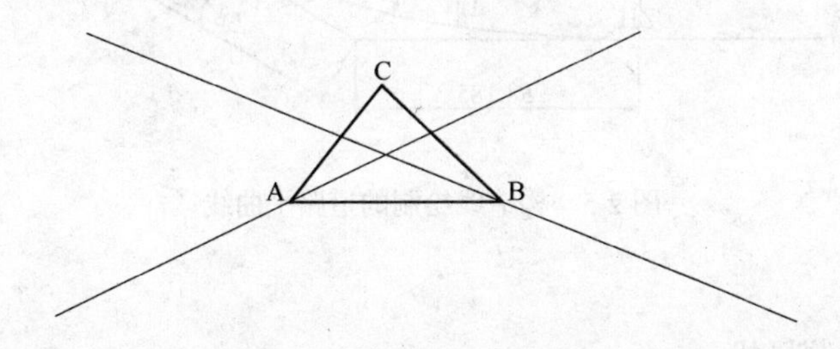

图 2-4 构造线绘制角平分线

操作提示：

命令: _xline 指定点或[水平(H)/垂直(V)/角度(A)/二等分(B)/偏移(O)]: B
指定角的顶点:
指定角的起点:
指定角的端点:
指定角的端点:
命令:
命令:
命令: _xline 指定点或[水平(H)/垂直(V)/角度(A)/二等分(B)/偏移(O)]: B
指定角的顶点:
指定角的起点:
指定角的端点:
指定角的端点:

2.2.3 构造线绘制缓和曲线

构造线绘制如图 2-5 所示的道路平曲线。已知偏角为左偏 $\alpha_{左}=30°15'28"$，缓和曲线长 LS=35，切线长 T=58.185，外距 E=5.75，圆曲线半径 R=150，平曲线总长 L=114.302，中间圆曲线长 LY=（L–2LS）=44.302。各交点及主点坐标如下，试绘制该曲线。

起点坐标： X=43771.7949，Y=43250.6576
交点坐标： X=43869.1368，Y=43250.6008
终点坐标： X=43935.6313，Y=43289.3913
ZH 点坐标：X=43811.9514，Y=43250.6347

HY 点坐标：X=43845.9047，Y=43251.9742

QZ 点坐标：X=43867.6377，Y=43256.1521

YH 点坐标：X=43888.5195，Y=43263.4822

HZ 点坐标：X=43919.3953，Y=43279.9199

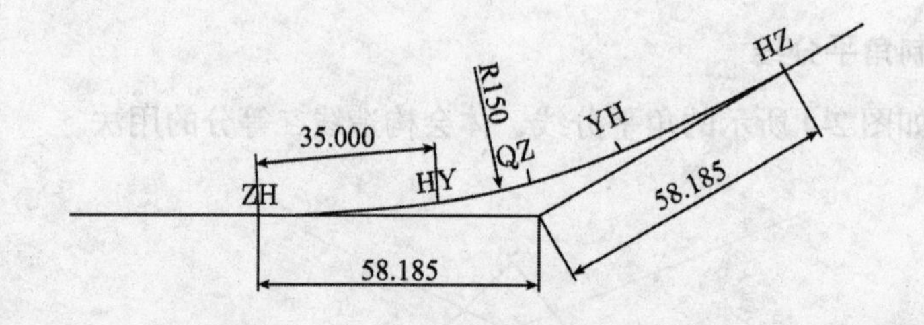

图 2-5 构造线绘制的道路平曲线

操作提示：

（1）多段线绘制导线：

命令：_pline
指定起点：43771.7949,43250.6576
当前线宽为 0.0000
指定下一个点或[圆弧(A)/半宽(H)/长度(L)/放弃(U)/宽度(W)]:
43869.1368, 43250.6008
指定下一点或[圆弧(A)/闭合(C)/半宽(H)/长度(L)/放弃(U)/宽度(W)]:
43935.6313,43289.3913

（2）多段线绘制通过 ZH、HY、QZ、YH、HZ 五点的折线：

命令：_pline
指定起点：43810.9514,43250.6347
当前线宽为 0.0000
指定下一个点或[圆弧(A)/半宽(H)/长度(L)/放弃(U)/宽度(W)]:
43845.9047, 43251.9742
指定下一点或[圆弧(A)/闭合(C)/半宽(H)/长度(L)/放弃(U)/宽度(W)]:
43867.6377,43256.1521
指定下一点或[圆弧(A)/闭合(C)/半宽(H)/长度(L)/放弃(U)/宽度(W)]:
43888.5195,43263.4822
指定下一点或[圆弧(A)/闭合(C)/半宽(H)/长度(L)/放弃(U)/宽度(W)]:
43919.3953,43279.9199
指定下一点或[圆弧(A)/闭合(C)/半宽(H)/长度(L)/放弃(U)/宽度(W)]:

（3）再使用编辑多段线命令 PEDIT，选择样条曲线修改线形。或依次点击菜单【修改】，【对象】，【多段线】，【回车】即可。

2.2.4 多段线绘制干密度和含水量关系曲线图

多段线绘制干密度和含水量关系曲线图，体会多段线拟合曲线的用法。五点法绘制最佳含水量图如图 2-6 所示。

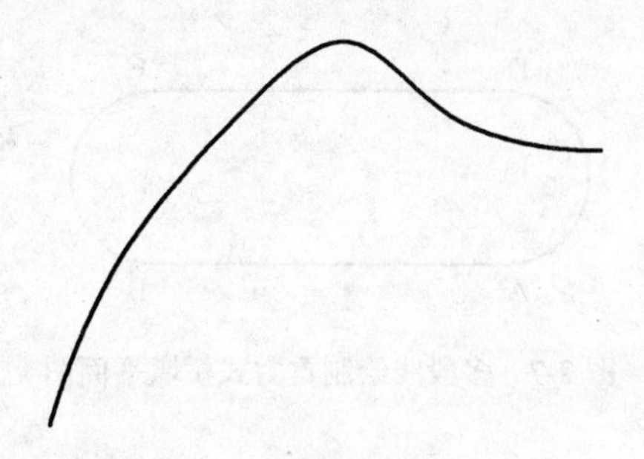

图 2-6 五点法绘制最佳含水量图

操作提示：

命令：_pline
指定起点：183.43,152.77
当前线宽为 0.0000
指定下一个点或[圆弧(A)/半宽(H)/长度(L)/放弃(U)/宽度(W)]：w
指定起点宽度<0.0000>：0.600
指定端点宽度<0.6000>：
指定下一个点或[圆弧(A)/半宽(H)/长度(L)/放弃(U)/宽度(W)]：
>>输入 ORTHOMODE 的新值<0>：
正在恢复执行 PLINE 命令。
指定下一个点或[圆弧(A)/半宽(H)/长度(L)/放弃(U)/宽度(W)]：@14.18,26.97
指定下一点或[圆弧(A)/闭合(C)/半宽(H)/长度(L)/放弃(U)/宽度(W)]：@18.27,14.72
指定下一点或[圆弧(A)/闭合(C)/半宽(H)/长度(L)/放弃(U)/宽度(W)]：
>>输入 ORTHOMODE 的新值<0>：
正在恢复执行 PLINE 命令。
指定下一点或[圆弧(A)/闭合(C)/半宽(H)/长度(L)/放弃(U)/宽度(W)]：@15,-9.27
指定下一点或[圆弧(A)/闭合(C)/半宽(H)/长度(L)/放弃(U)/宽度(W)]：@13.9,-2.37
指定下一点或[圆弧(A)/闭合(C)/半宽(H)/长度(L)/放弃(U)/宽度(W)]：
自动保存到 C:\Users\Administrator\appdata\local\temp\Drawing1_1_1_0041.sv$...
命令：
命令：pedit
选择多段线或[多条(M)]：
输入选项[闭合(C)/合并(J)/宽度(W)/编辑顶点(E)/拟合(F)/样条曲线(S)/非曲线化(D)/线型生成(L)/反转(R)/放弃(U)]：f
输入选项[闭合(C)/合并(J)/宽度(W)/编辑顶点(E)/拟合(F)/样条曲线(S)/非曲线化(D)/线型生成(L)/反转(R)/放弃(U)]：

2.2.5 多段线绘制重力式桥墩平面图

多段线绘制如图 2-7 所示的重力式桥墩平面图，体会多段线中圆弧的用法。

图 2-7 多段线绘制重力式桥墩平面图

操作提示：

命令：_pline
指定起点：
当前线宽为 0.6000
指定下一个点或[圆弧(A)/半宽(H)/长度(L)/放弃(U)/宽度(W)]：w
指定起点宽度<0.6000>：0
指定端点宽度<0.0000>：
指定下一个点或[圆弧(A)/半宽(H)/长度(L)/放弃(U)/宽度(W)]：w
指定起点宽度<0.0000>：0.5
指定端点宽度<0.5000>：
指定下一个点或[圆弧(A)/半宽(H)/长度(L)/放弃(U)/宽度(W)]：
>>输入 ORTHOMODE 的新值<0>：
正在恢复执行 PLINE 命令。
指定下一个点或[圆弧(A)/半宽(H)/长度(L)/放弃(U)/宽度(W)]：@50,0
指定下一点或[圆弧(A)/闭合(C)/半宽(H)/长度(L)/放弃(U)/宽度(W)]：a
指定圆弧的端点或
[角度(A)/圆心(CE)/闭合(CL)/方向(D)/半宽(H)/直线(L)/半径(R)/第二个点(S)/放弃(U)/宽度(W)]：
@0,25
指定圆弧的端点或
[角度(A)/圆心(CE)/闭合(CL)/方向(D)/半宽(H)/直线(L)/半径(R)/第二个点(S)/放弃(U)/宽度(W)]：l
指定下一点或[圆弧(A)/闭合(C)/半宽(H)/长度(L)/放弃(U)/宽度(W)]：@-50,0
指定下一点或[圆弧(A)/闭合(C)/半宽(H)/长度(L)/放弃(U)/宽度(W)]：a
指定圆弧的端点或
[角度(A)/圆心(CE)/闭合(CL)/方向(D)/半宽(H)/直线(L)/半径(R)/第二个点(S)/放弃(U)/宽度(W)]：cl

2.2.6 多段线绘制指北针

多段线绘制如图 2-8 所示的指北针，体会多段线的宽度用法。

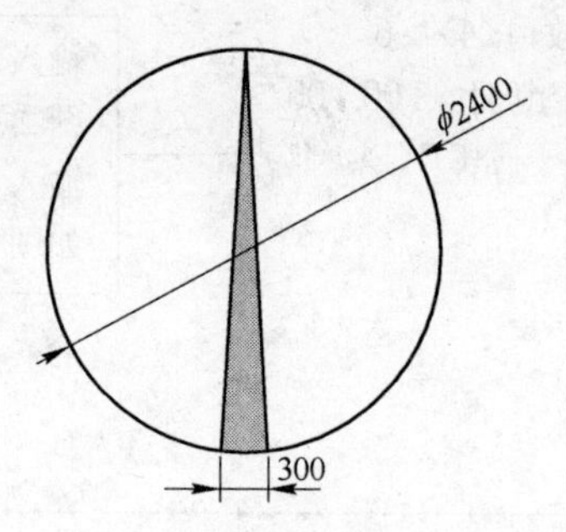

图 2-8 多段线绘制指北针

操作提示：

命令：
命令：_circle 指定圆的圆心或[三点(3P)/两点(2P)/相切、相切、半径(T)]:
指定圆的半径或[直径(D)]：d
指定圆的直径：2400
命令：
命令：
命令：_pline
指定起点：>>
正在恢复执行 PLINE 命令。
指定起点：
当前线宽为 0.0000
指定下一个点或[圆弧(A)/半宽(H)/长度(L)/放弃(U)/宽度(W)]：w
指定起点宽度<0.0000>：
指定端点宽度<0.0000>：300

2.2.7 绘制正多边形

绘制如图 2-9 所示的正六边形，已知中心点坐标（100,100），中心点至正六边形任意顶点距离为 50。体会内接于圆和外切于圆的区别。

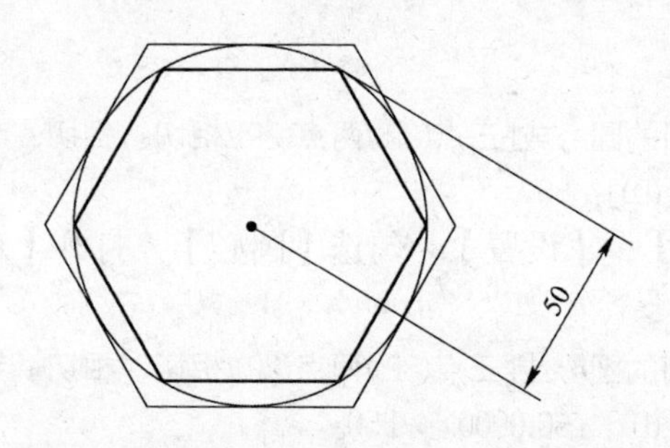

图 2-9 正六边形的绘制

操作提示：

命令：_polygon 输入边的数目<4>：6
指定正多边形的中心点或[边(E)]：100,100
输入选项[内接于圆(I)/外切于圆(C)]<I>：i
指定圆的半径：50

> 输入 i 得到的是内接于圆的正六边形如图 2-9 加粗部分；
> 输入 c 得到的是外切于圆的正六边形，如图 2-9 未加粗的正六边形

2.3 曲线图形的绘制

学习要点：

（1）掌握圆的绘制方法。
（2）掌握圆弧的 7 种绘制方法；尤其注意起终点方向和半径的正负号对绘制圆弧的影响。
（3）了解圆环的绘制方法及应用。
（4）熟练掌握椭圆及椭圆弧的绘制方法。
（5）掌握样条曲线的绘制方法及应用。

2.3.1 同心圆的绘制

绘制半径分别为 50 和 150 的同心圆，如图 2-10 所示。

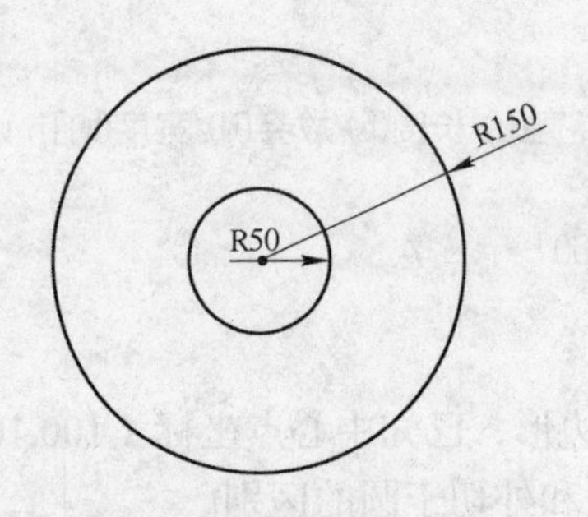

图 2-10 同心圆的绘制

操作提示：

命令：_circle 指定圆的圆心或[三点(3P)/两点(2P)/相切、相切、半径(T)]:
指定圆的半径或[直径(D)]：50

右键点击【对象捕捉】，【设置】，勾选【圆心】，打开【对象捕捉】，如图 2-11 所示。

命令：_circle 指定圆的圆心或[三点(3P)/两点(2P)/相切、相切、半径(T)]:
指定圆的半径或[直径(D)] <50.0000>：150

捕捉 栅格 正交 极轴 对象捕捉 对象追踪 线宽 模型

图 2-11 对象捕捉打开状态

2.3.2　相切圆的绘制

绘制两个已知圆的相切圆，如图 2-12 所示。

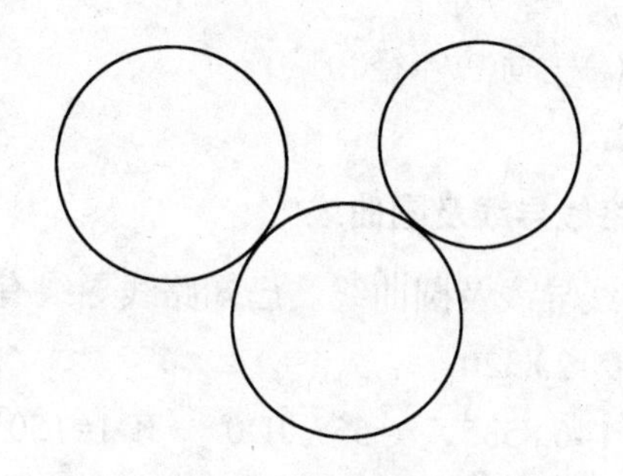

图 2-12　两个已知圆的相切圆的绘制

操作提示：

命令：_circle 指定圆的圆心或[三点(3P)/两点(2P)/相切、相切、半径(T)]:t
指定对象与圆的第一个切点：——点取第一个圆边
指定对象与圆的第二个切点：——点取第二个圆边
指定圆的半径<84.4760>：

2.3.3　圆弧的绘制

绘制如图 2-13 所示的圆弧，体会圆弧起讫点顺序以及半径正负号的区别。

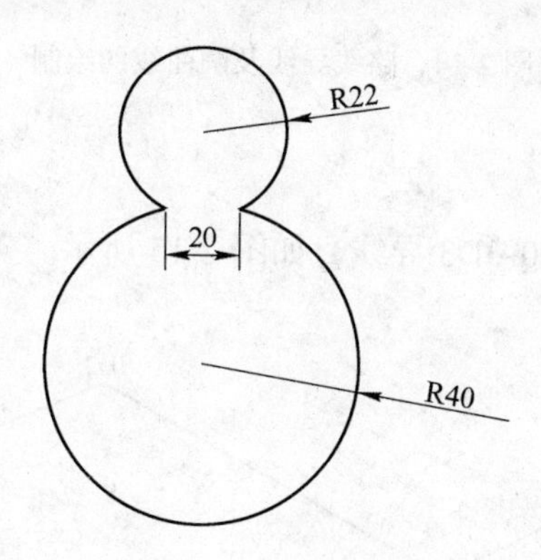

图 2-13　圆弧的绘制

操作提示：

（1）下半部分：

命令：_arc 指定圆弧的起点或[圆心(C)]:
指定圆弧的第二个点或[圆心(C)/端点(E)]：e
指定圆弧的端点：@20,0 ——绘制起讫点间逆时针方向的弧
指定圆弧的圆心或[角度(A)/方向(D)/半径(R)]：r
指定圆弧的半径：-40 ——半径为正绘制劣弧，半径为负绘制优弧

（2）上半部分：

命令：_arc 指定圆弧的起点或[圆心(C)]:
指定圆弧的第二个点或[圆心(C)/端点(E)]：e
指定圆弧的端点：
指定圆弧的圆心或[角度(A)/方向(D)/半径(R)]：r
指定圆弧的半径：-22

2.3.4 多段线和圆曲线绘制路线导线及圆曲线

绘制如图 2-14 所示的路线导线及圆曲线。已知路线导线有两个交点，数据如下：

JD0：X=83.0611， Y=212.8320

JD1：X=217.7713，Y=146.8535，α=55°, JD0 — JD1=150

JD2：X=392.5840，Y=244.0159，α=51°, JD1 — JD2=200

JD3：X=522.1830，Y=191.0622， JD2 — JD3=140

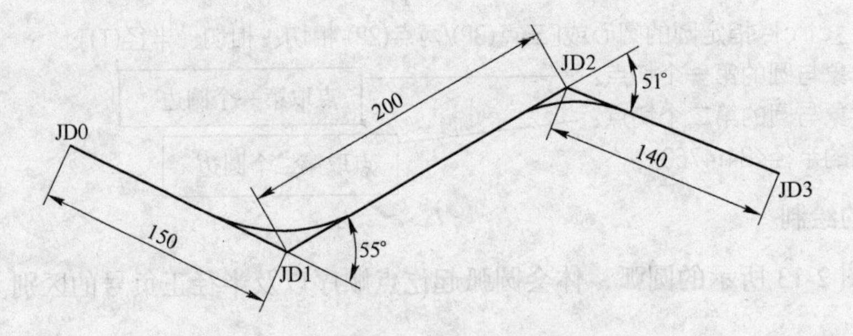

图 2-14　路线导线及圆曲线的绘制

操作提示：

（1）利用多段线绘制 JD0~JD3 导线，如图 2-15 所示。

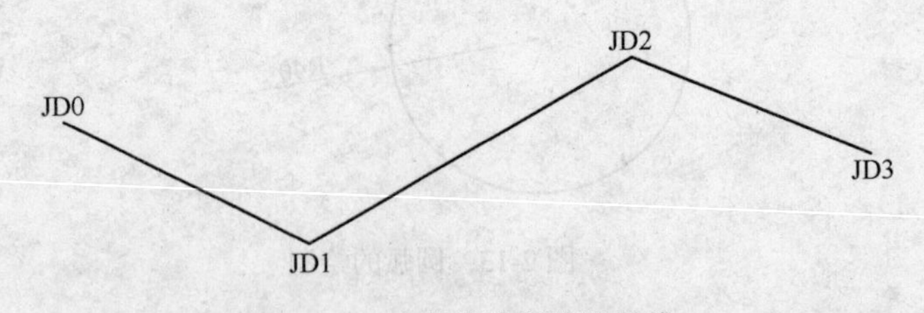

图 2-15　多段线绘制路线导线

命令：_pline
指定起点：83.0611,212.8320
当前线宽为 0.0000
指定下一个点或[圆弧(A)/半宽(H)/长宽(L)/放弃(U)/宽度(W)]：217.7713,146.8535
指定下一点或[圆弧(A)/闭合(C)/半宽(H)/长度(L)/放弃(U)/宽度(W)]:
392.5840,244.0159

指定下一点或[圆弧(A)/闭合(C)/半宽(H)/长度(L)/放弃(U)/宽度(W)]:

522.1830,191.0622

指定下一点或[圆弧(A)/闭合(C)/半宽(H)/长度(L)/放弃(U)/宽度(W)]:

命令:

命令:

（2）绘制导线间的圆曲线，如图 2-16 所示。

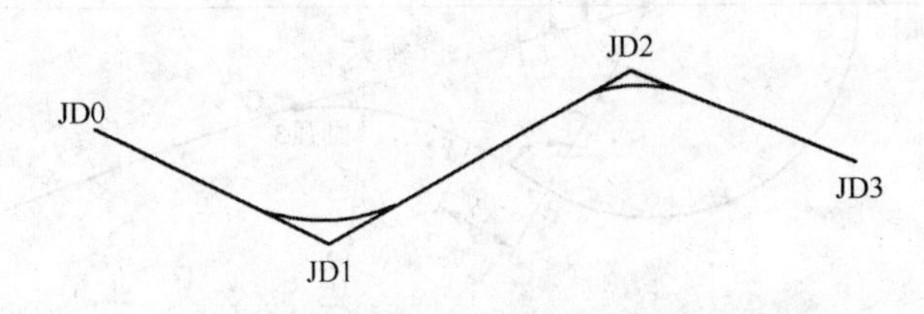

图 2-16　绘制导线间的圆曲线

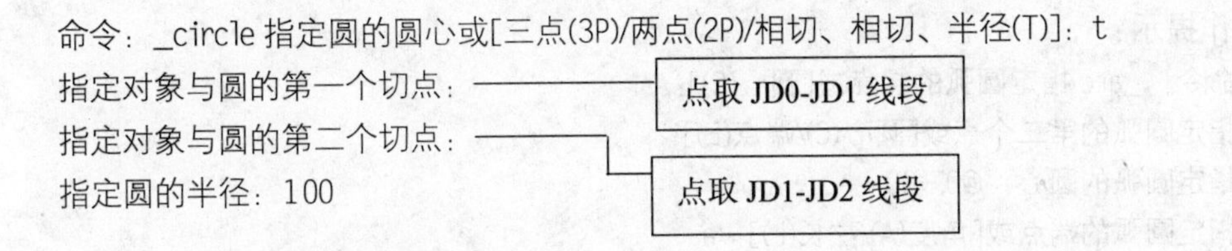

命令：_circle 指定圆的圆心或[三点(3P)/两点(2P)/相切、相切、半径(T)]：t

指定对象与圆的第一个切点：　点取 JD1-JD2 线段

指定对象与圆的第二个切点：　点取 JD2-JD3 线段

指定圆的半径：<100.0000>：80

（3）修剪绘制的相切圆，保留圆曲线部分。

命令：_trim

当前设置：投影=UCS，边=无

选择剪切边...

选择对象：找到 1 个

选择对象：

选择要修剪的对象，或按住 Shift 键选择要延伸的对象，或[投影(P)/边(E)/放弃(U)]:

选择要修剪的对象，或按住 Shift 键选择要延伸的对象，或[投影(P)/边(E)/放弃(U)]:

选择要修剪的对象，或按住 Shift 键选择要延伸的对象，或[投影(P)/边(E)/放弃(U)]:

2.3.5　圆弧绘制回头曲线

圆弧绘制一回头曲线，如图 2-17 所示。

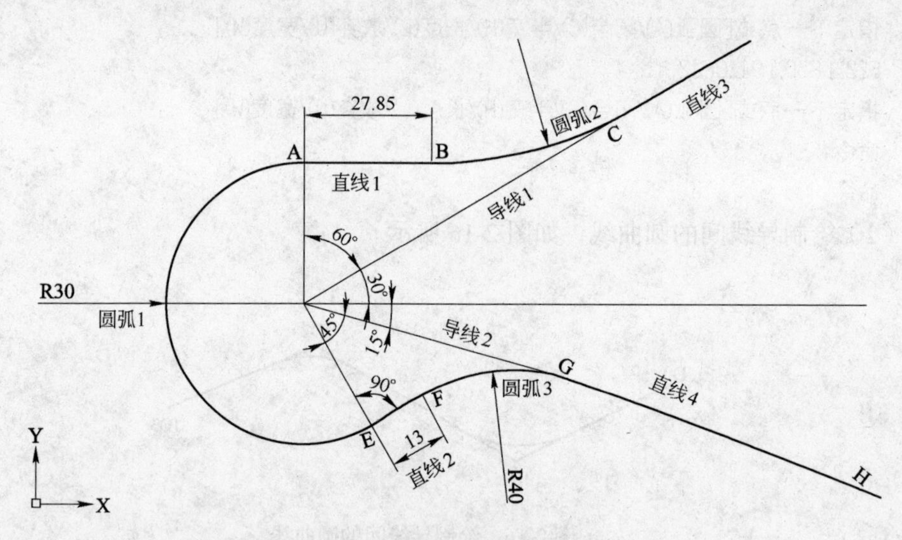

图 2-17　圆弧绘制的回头曲线

操作提示：

命令：_arc 指定圆弧的起点或[圆心(C)]:
指定圆弧的第二个点或[圆心(C)/端点(E)]:
指定圆弧的圆心：@0,-30
指定圆弧的端点或[角度(A)/弦长(L)]：a
指定包含角：210
命令：_line 指定第一点：
指定下一点或[放弃(U)]：@27.8461,0
指定下一点或[放弃(U)]:
命令：_line 指定第一点：
指定下一点或[放弃(U)]：@12.9992<30
指定下一点或[放弃(U)]:
命令：_arc 指定圆弧的起点或[圆心(C)]:
指定圆弧的第二个点或[圆心(C)/端点(E)]:
指定圆弧的圆心：@0,90
指定圆弧的端点或[角度(A)/弦长(L)]：per
到
命令：_arc 指定圆弧的起点或[圆心(C)]：c
指定圆弧的圆心：from
基点：<偏移>：@40<-60
指定圆弧的起点：per
到
指定圆弧的端点或[角度(A)/弦长(L)]:

2.3.6　圆环绘制钢筋断面图

圆环绘制如图 2-18 所示的钢筋断面图，体会圆环的绘制方法。

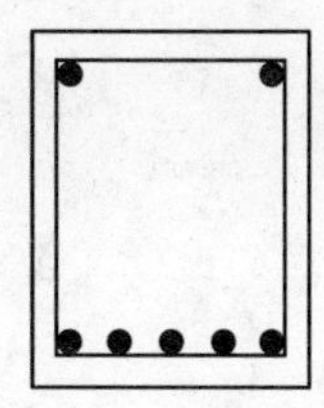
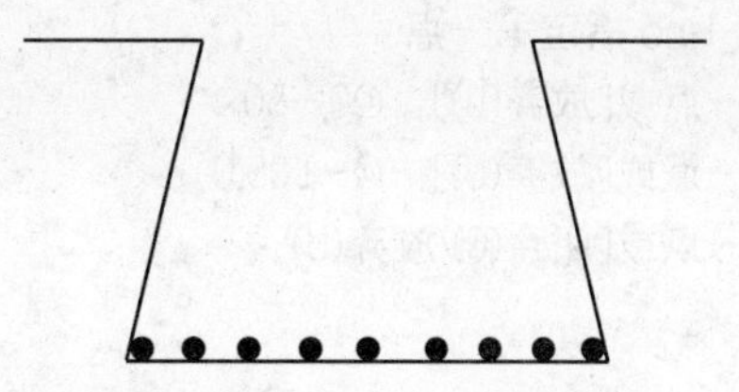

图 2-18 圆环绘制的钢筋断面

操作提示：

命令：_donut
指定圆环的内径<0.0000>：0
指定圆环的外径<100.0000>：80
指定圆环的中心点或<退出>：
指定圆环的中心点或<退出>：

2.3.7 坐便器的绘制（椭圆或椭圆弧）

绘制如图 2-19 所示的坐便器，体会椭圆或椭圆弧的绘制方法。

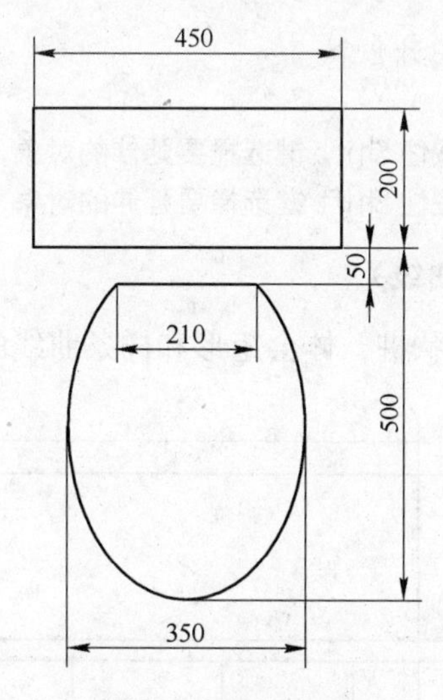

图 2-19 坐便器的绘制

操作提示：

直线绘制水箱部分，(也可以用后一节的矩形绘制)。做辅助线找到椭圆上侧象限点，然后绘制椭圆，最后把多余部分剪切掉。

命令：_line 指定第一点：
指定下一点或[放弃(U)]：@0,-200
指定下一点或[放弃(U)]：@450,0
指定下一点或[闭合(C)/放弃(U)]：@0,200
指定下一点或[闭合(C)/放弃(U)]：c
命令：
命令：

命令：_line 指定第一点：
指定下一点或[放弃(U)]：@0,-50
指定下一点或[放弃(U)]：@-105,0
指定下一点或[闭合(C)/放弃(U)]：
命令：
命令：
命令：_line 指定第一点：
指定下一点或[放弃(U)]：@105,0
指定下一点或[放弃(U)]：
命令：_ellipse
指定椭圆的轴端点或[圆弧(A)/中心点(C)]：
指定轴的另一个端点：@0,-500
指定另一条半轴长度或[旋转(R)]：175
命令：_trim
当前设置：投影=UCS，边=无
选择剪切边...
选择对象：找到 1 个
选择对象：找到 1 个，总计 2 个
选择对象：
选择要修剪的对象，或按住 Shift 键选择要延伸的对象，或[投影(P)/边(E)/放弃(U)]：
选择要修剪的对象，或按住 Shift 键选择要延伸的对象，或[投影(P)/边(E)/放弃(U)]：

2.3.8 管状桩的绘制（样条曲线）

绘制如图 2-20 所示的管状桩，体会矩形和样条曲线的用法。

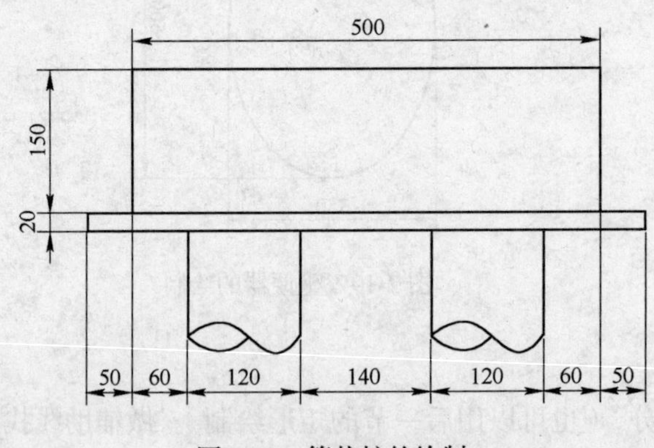

图 2-20 管状桩的绘制

操作提示：

命令：_rectang
指定第一个角点或[倒角(C)/标高(E)/圆角(F)/厚度(T)/宽度(W)]：
指定另一个角点或[尺寸(D)]：@600,20
命令：_rectang
指定第一个角点或[倒角(C)/标高(E)/圆角(F)/厚度(T)/宽度(W)]：
指定另一个角点或[尺寸(D)]：@500,150

命令：_line 指定第一点：
指定下一点或[放弃(U)]：@0,-110
指定下一点或[放弃(U)]：
命令：
命令：
命令：_move
选择对象：找到 1 个
选择对象：
指定基点或位移：指定位移的第二点或〈用第一点作位移〉：@110,0
命令：_copy 找到 1 个
指定基点或位移：指定位移的第二点或〈用第一点作位移〉：@120,0
指定位移的第二点：@260,0
命令：_spline
指定第一个点或[对象(O)]：
指定下一点：
指定下一点或[闭合(C)/拟合公差(F)]<起点切向>：
指定下一点或[闭合(C)/拟合公差(F)]<起点切向>：
指定下一点或[闭合(C)/拟合公差(F)]<起点切向>：
指定下一点或[闭合(C)/拟合公差(F)]<起点切向>：
指定起点切向：
指定端点切向：
命令：_mirror
选择对象：找到 1 个
选择对象：
指定镜像线的第一点：指定镜像线的第二点：
是否删除源对象？[是(Y)/否(N)]<N>：
命令：_trim
当前设置：投影=UCS，边=无
选择剪切边...
选择对象：找到 1 个
选择对象：
选择要修剪的对象，或按住 Shift 键选择要延伸的对象，或[投影(P)/边(E)/放弃(U)]：
选择要修剪的对象，或按住 Shift 键选择要延伸的对象，或[投影(P)/边(E)/放弃(U)]：
命令：
命令：_copy
选择对象：找到 1 个
选择对象：找到 1 个，总计 2 个
选择对象：
指定基点或位移：指定位移的第二点或〈用第一点作位移〉：

2.3.9 样条曲线绘制等高线

样条曲线绘制如图 2-21 所示的等高线。

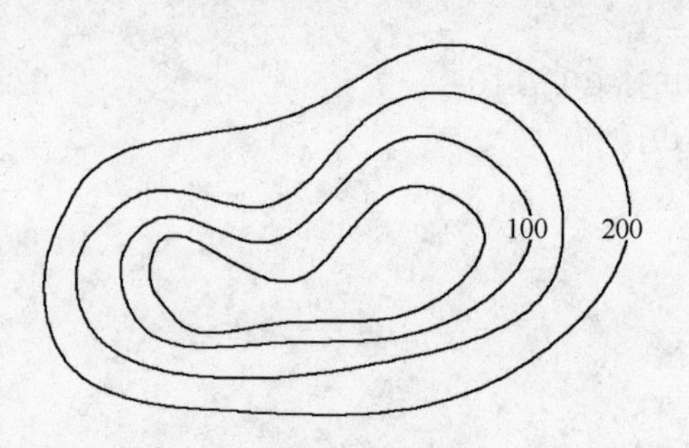

图 2-21　等高线的绘制

操作提示：

命令：_spline
指定第一个点或[对象(O)]：
指定下一点：
指定下一点或[闭合(C)/拟合公差(F)]<起点切向>：
指定下一点或[闭合(C)/拟合公差(F)]<起点切向>：
指定下一点或[闭合(C)/拟合公差(F)]<起点切向>：
指定下一点或[闭合(C)/拟合公差(F)]<起点切向>：
指定下一点或[闭合(C)/拟合公差(F)]<起点切向>：
指定下一点或[闭合(C)/拟合公差(F)]<起点切向>：
指定下一点或[闭合(C)/拟合公差(F)]<起点切向>：C
指定切向：

2.4　矩形的绘制、图案填充及多线的绘制

学习要点：

（1）熟练掌握矩形的绘制方法以及矩形的圆角和倒角。
（2）掌握图案填充的方法。
（3）掌握绘制多线的方法。

2.4.1　已知边长绘制矩形

已知边长，绘制如图 2-22 所示的矩形。

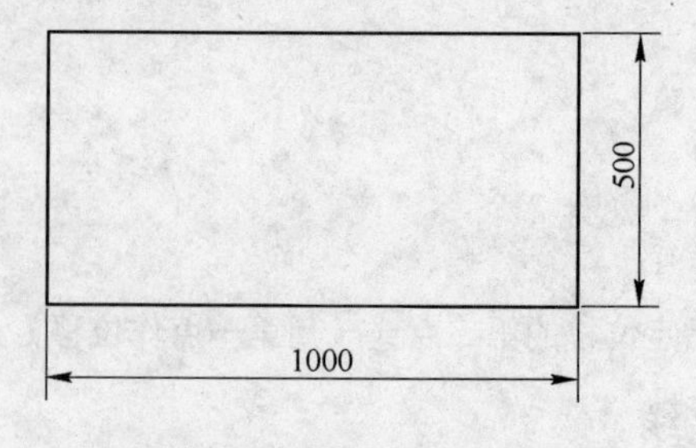

图 2-22　已知边长绘制矩形

操作提示：

命令：_rectang
指定第一个角点或[倒角(C)/标高(E)/圆角(F)/厚度(T)/宽度(W)]:
指定另一个角点或[尺寸(D)]：@1000,500

2.4.2　已知两点绘制带圆角的矩形

如图 2-23 所示，过两点（100,100），（180,160）做圆角半径为 10 的矩形。体会带圆角的矩形绘制法。

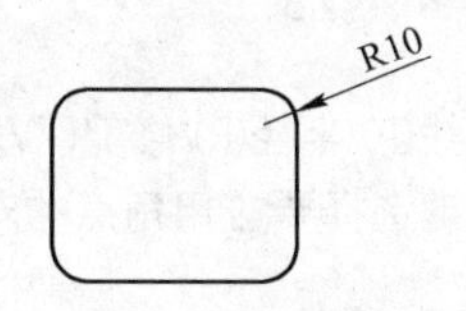

图 2-23　已知两点绘制带圆角的矩形

操作提示：

命令：_rectang
指定第一个角点或[倒角(C)/标高(E)/圆角(F)/厚度(T)/宽度(W)]：f　（若输入 c，即为倒角）
指定矩形的圆角半径<0.0000>：10　（若输入 0，即不设圆角）
指定第一个角点或[倒角(C)/标高(E)/圆角(F)/厚度(T)/宽度(W)]：100,100
指定另一个角点或[尺寸(D)]：180,160

2.4.3　使用倒角和圆角修改矩形

使用倒角和圆角修改如图 2-24 所示的矩形，体会倒角第一倒角距离和第二倒角距离的位置，以及与用矩形绘制倒角的不同。

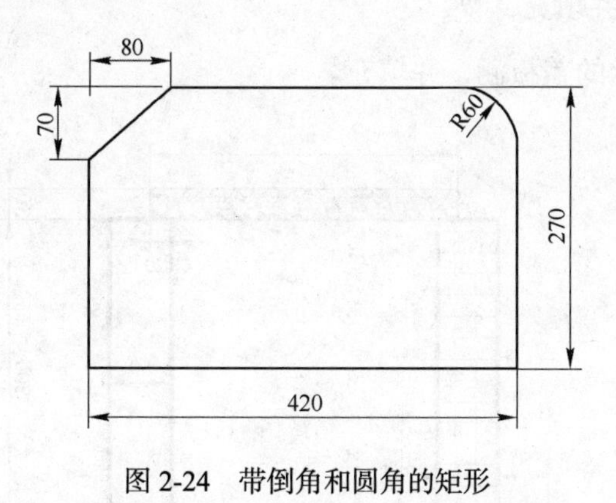

图 2-24　带倒角和圆角的矩形

操作提示：

命令：_rectang
指定矩形的长度<10.0000>：420
指定矩形的宽度<10.0000>：270
指定另一个角点或[面积(A)/尺寸(D)/旋转(R)]:

命令：_fillet
当前设置：模式 = 修剪，半径 = 0.0000
选择第一个对象或[放弃(U)/多段线(P)/半径(R)/修剪(T)/多个(M)]：
自动保存到 C:\Users\Administrator\appdata\local\temp\Drawing1_1_1_8467.sv$...
命令：
命令：
FILLET
当前设置：模式 = 修剪，半径 = 0.0000
选择第一个对象或[放弃(U)/多段线(P)/半径(R)/修剪(T)/多个(M)]：r
指定圆角半径<0.0000>：60
选择第一个对象或[放弃(U)/多段线(P)/半径(R)/修剪(T)/多个(M)]：
选择第二个对象，或按住 Shift 键选择要应用角点的对象：
命令：
命令：
命令：_chamfer
（"修剪"模式)当前倒角距离 1 = 0.0000,距离 2 = 0.0000
选择第一条直线或[放弃(U)/多段线(P)/距离(D)/角度(A)/修剪(T)/方式(E)/多个(M)]：
命令：
CHAMFER
（"修剪"模式)当前倒角距离 1 = 0.0000,距离 2 = 0.0000
选择第一条直线或[放弃(U)/多段线(P)/距离(D)/角度(A)/修剪(T)/方式(E)/多个(M)]：d
指定第一个倒角距离<0.0000>：70
指定第二个倒角距离<70.0000>：80
选择第一条直线或[放弃(U)/多段线(P)/距离(D)/角度(A)/修剪(T)/方式(E)/多个(M)]：
选择第二条直线，或按住 Shift 键选择要应用角点的直线：

2.4.4 矩形绘制盖板涵并填充

绘制如图 2-25 所示的盖板涵，并填充。

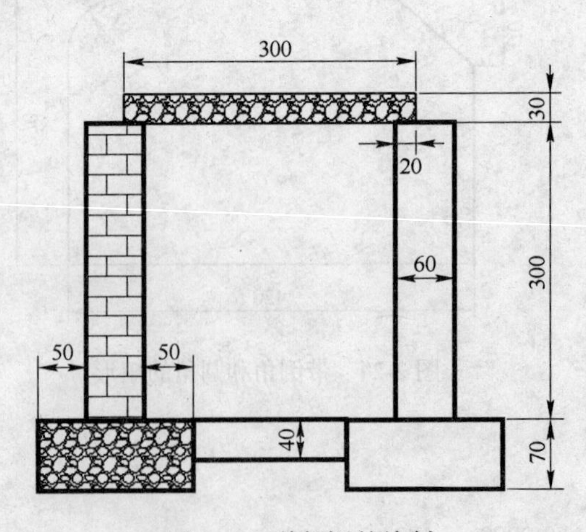

图 2-25 盖板涵的绘制

操作提示：

命令：_rectang
指定第一个角点或[倒角(C)/标高(E)/圆角(F)/厚度(T)/宽度(W)]:
指定另一个角点或[面积(A)/尺寸(D)/旋转(R)]: @60,300
命令：_rectang
指定第一个角点或[倒角(C)/标高(E)/圆角(F)/厚度(T)/宽度(W)]:
指定另一个角点或[面积(A)/尺寸(D)/旋转(R)]: @300, 30
命令：_rectang
指定第一个角点或[倒角(C)/标高(E)/圆角(F)/厚度(T)/宽度(W)]:
指定另一个角点或[面积(A)/尺寸(D)/旋转(R)]: @160,-70
命令：mi ———— 镜像
MIRROR 找到 2 个
指定镜像线的第一点：指定镜像线的第二点：<正交 开>
要删除源对象吗？[是(Y)/否(N)]<N>:
命令：
命令：_rectang
指定第一个角点或[倒角(C)/标高(E)/圆角(F)/厚度(T)/宽度(W)]:
指定另一个角点或[面积(A)/尺寸(D)/旋转(R)]: @160,-40
命令：_bhatch
拾取内部点或[选择对象(S)/删除边界(B)]: 正在选择所有对象...
正在选择所有可见对象...
正在分析所选数据...
正在分析内部孤岛...
拾取内部点或[选择对象(S)/删除边界(B)]:

点击【填充】按钮后，弹出如图 2-26 所示的对话框。

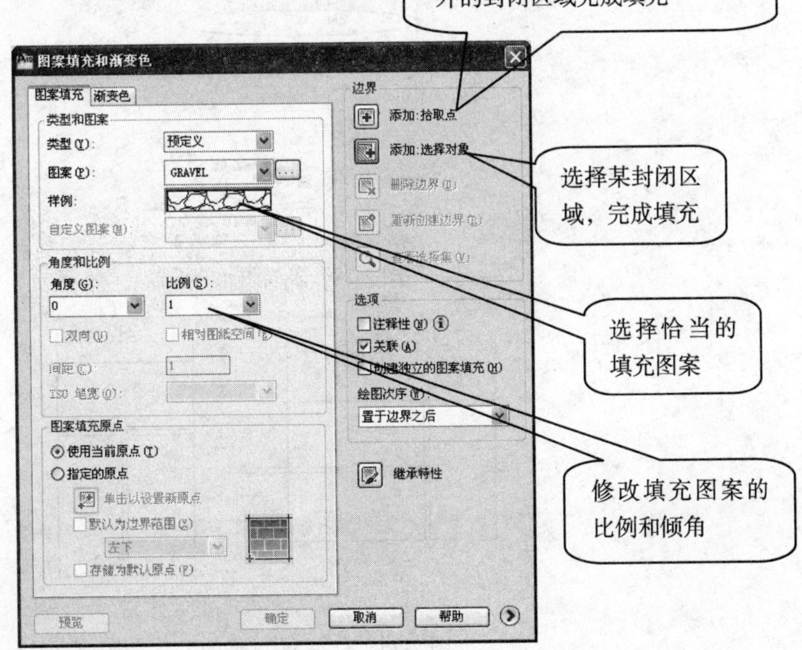

图 2-26 【图案填充和渐变色】对话框

2.4.5　多线的设置、绘制和修改

以图 2-27 为例，说明多线的设置、绘制和修改。体会修改多线对正和比例的变化。

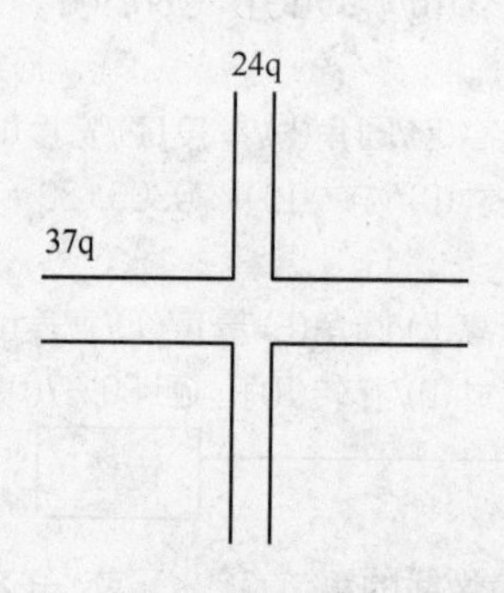

图 2-27　多线的绘制

多线绘制前首先要完成多线的设置。

多线设置：点击菜单【格式】,【多线样式】,【新建】, 在【新样式名称】里取名为【37q】,【继续】, 在【图元】窗口里点击 0.5 所在的行来设置多线上面线距离基线的偏移量，如图 2-28 所示，在偏移处设置偏移量为 120；同理，点选−0.5 所在的行来设置多线下面线距离基线的偏移量，如图 2-28 所示，在偏移处设置偏移量为−250；选择合适的线型、填充颜色和封口，单击【确定】按钮，返回【多线样式】对话框，点【保存】将 37q.mln 文件保存到默认的文件夹中，再单击【确定】按钮，结束多线样式的设置。同理设置【24q】。37 墙和 24 墙的尺寸参数如图 2-29 所示。

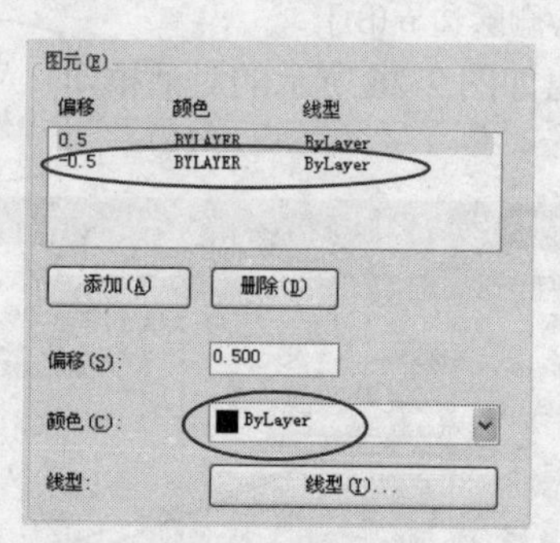

图 2-28　多线图元的设置

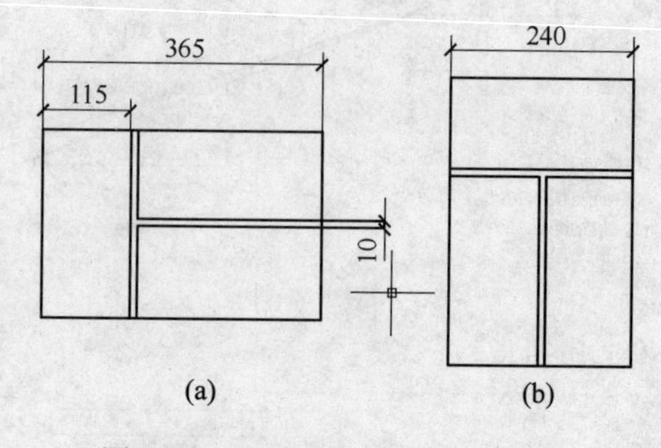

图 2-29　37 墙和 24 墙的尺寸参数

(a) 37 墙尺寸参数；(b) 24 墙尺寸参数

绘制多线：点击菜单【绘图】,【多线】。具体操作如下：

命令：_mline

当前设置：对正 = 无，比例 = 1.00，样式 =37q　——　选择设置好的 37q 样式

指定起点或[对正(J)/比例(S)/样式(ST)]：st

输入多线样式名或[?]：24q

当前设置：对正 = 无，比例 = 1.00，样式 =24q

指定起点或[对正(J)/比例(S)/样式(ST)]：

指定下一点：　——　像绘制直线一样绘制多线，注意体会基线的位置

指定下一点或[放弃(U)]：

多线修改：点击菜单【修改】,【对象】,【多线】，选择合适的显示方式，分别点选两条交叉的多线，【确定】。

2.4.6　用多线绘制墙线

用多线绘制 24 墙和 12 墙围成的结构，如图 2-30 所示。

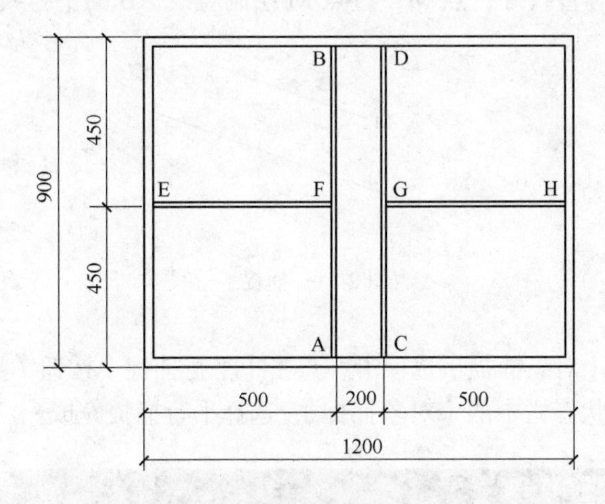

图 2-30　用多线绘制 24 墙和 12 墙围成的结构

(图中数据单位为厘米)

操作提示：点击菜单【绘图】,【多线】。

命令：_mline

当前设置：对正 = 上，比例 = 20.00，样式 = STANDARDL　——　偏移量放大的比例；多线最上面的线随输入点移动

指定起点或[对正(J)/比例(S)/样式(ST)]：st

输入多线样式名或[?]：wall　——　事先设置好的多线样式，上、下各偏移量为 5

输入多线比例<20.00>：24　——　表明将绘制 24 墙

当前设置：对正 = 上，比例 = 24.00，样式 =WALL

指定起点或[对正(J)/比例(S)/样式(ST)]：

指定下一点：1200

指定下一点或[放弃(U)]：900

指定下一点或闭合(C)/[放弃(U)]：1200

指定下一点或闭合(C)/[放弃(U)]：c

当前设置：对正 = 上，比例 = 24.00，样式 =WALL
指定起点或[对正(J)/比例(S)/样式(ST)]：s
输入多线比例<20.00>：12 —— 表明将绘制 12 墙

2.5 对象捕捉、对象追踪的应用

学习要点：

熟练掌握捕捉的技能辅助绘图。

2.5.1 绘制已知直线的平行线

已知直线 AB 和直线外一点 M，过点 M 绘制直线 AB 的平行线，如图 2-31 所示。

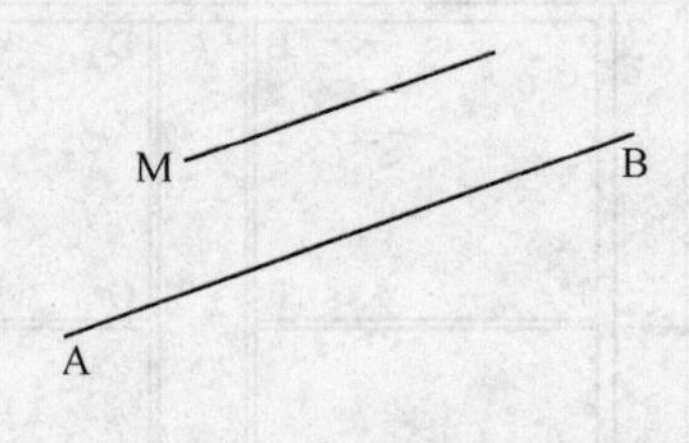

图 2-31　捕捉平行线

方法一：打开【对象捕捉】选项卡，点击【平行捕捉】按钮（见图 2-32），完成捕捉。
方法二：利用状态栏中的【对象捕捉】，选择平行捕捉完成。

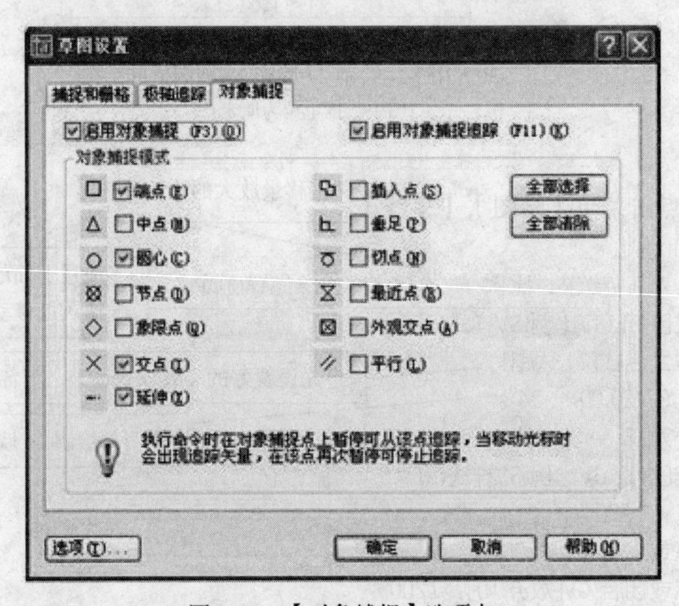

图 2-32　【对象捕捉】选项卡

操作提示：

命令：_line 指定第一点：

打开平行捕捉，当出现如图 2-33(a)所示状态时，将光标移至与 AB 大致平行的位置，当出现如图 2-33(b)所示状态时，拾取一点或输入一段距离即可完成平行线段的绘制。

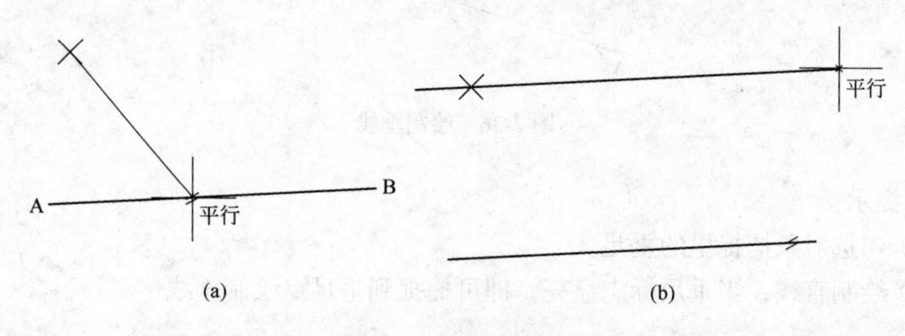

图 2-33　绘制平行线

2.5.2　绘制两个圆的公切线（捕捉切点）

绘制如图 2-34 所示两圆的公切线，练习捕捉切点的用法。

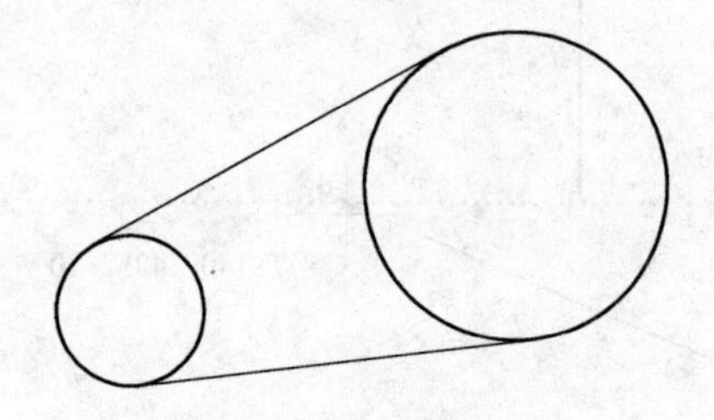

图 2-34　绘制圆的公切线

操作提示：

（1）勾选对象捕捉里的切点，如图 2-35(a)所示。

（2）绘制直线，当切点标志显亮（见图 2-35(b)），即可捕捉到切点绘制切线。

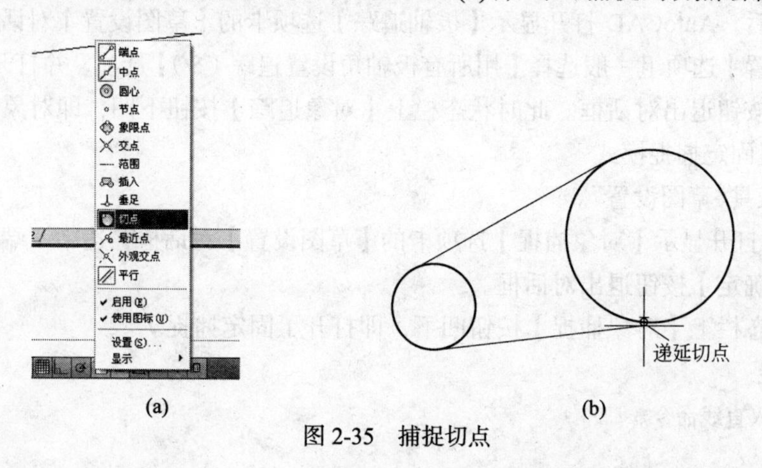

图 2-35　捕捉切点

2.5.3 绘制已知线段的垂线

绘制如图 2-36 所示的已知某直线的垂线，练习捕捉垂足的做法。

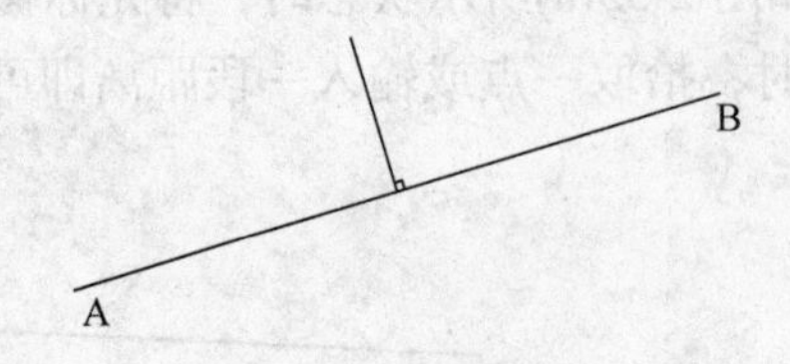

图 2-36 绘制垂线

操作提示：

（1）勾选对象捕捉里的垂足。

（2）绘制直线，当垂足标志显亮，即可捕捉到垂足点绘制垂线。

2.5.4 对象捕捉追踪应用

绘制如图 2-37 所示的直线 cd，要求 d 点在已知直线 ab 的 b 端点的延长线上。练习捕捉追踪的用法。

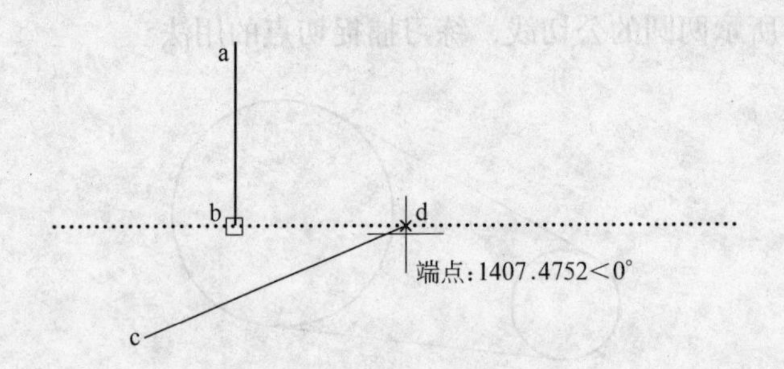

图 2-37 对象捕捉追踪

操作步骤：

（1）设置对象捕捉追踪的模式

命令："工具>草图设置"。

输入命令后，AutoCAD 打开显示【极轴追踪】选项卡的【草图设置】对话框。在【对象捕捉追踪设置】选项组一般选择【用所有极轴角设置追踪（S）】选项，并打开对象追踪，单击【确定】按钮退出对话框。此时状态栏上【对象追踪】按钮下凹，即对象追踪打开。

（2）设置固定捕捉模式

命令："工具>草图设置"。

AutoCAD 打开显示【对象捕捉】选项卡的【草图设置】对话框，选中"端点"等捕捉模式，单击【确定】按钮退出对话框。

此时，状态栏上【对象捕捉】按钮凹下，即打开了固定捕捉。

（3）画线

命令：输入直线命令。

指定第一点：指定 c 点用鼠标直接确定起点。

指定下一点或[放弃(U)]：指定 d 点。

移动鼠标执行固定对象捕捉，捕捉到 b 点后，AutoCAD 在通过 b 点处自动出现一条点状无穷长直线。此时，沿点状线向右移动鼠标至 d 点，确定后即画出直线 cd。

指定下一点或[放弃(U)]：按<Enter>键结束命令。

2.5.5　临时追踪点的应用

下面以图 2-38 为例，应用临时追踪点命令，从点 1 临时追踪至点 3。

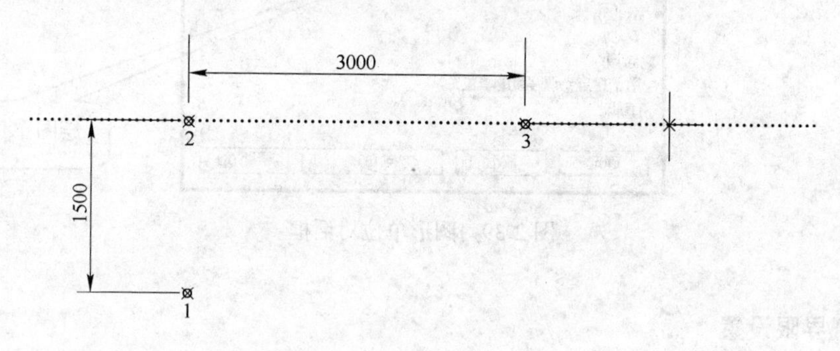

图 2-38　临时追踪点命令应用实例

操作步骤：

输入命令：L　　绘制直线

指定第一点：TT　　使用临时追踪命令

指定临时对象追踪点：使用鼠标捕捉点“1”　　输入临时追踪点进行追踪

指定第一点：TT　　使用临时追踪命令

指定临时对象追踪点：1500　　使用给定距离方式确定 Y 方向点 2 的定位

指定第一点：3000　　使用给定距离方式确定 X 方向点 3 的定位

指定下一点或[取消(U)]　　后面步骤与绘制直线方法相同说明

每次选取追踪点，要先使用一次临时追踪命令，最后的确定点（如点 3）之前不再使用临时追踪命令。

临时追踪点与对象追踪捕捉的不同是：临时追踪点捕捉点之前的追踪不画出线段，这可以在绘图时减少线条的重复和编辑工作。

2.6　绘图单位、精度和图纸界限设置

2.6.1　绘图单位、精度设置

操作提示：

点击菜单【格式】，【单位】，弹出如图 2-39 所示的对话框。

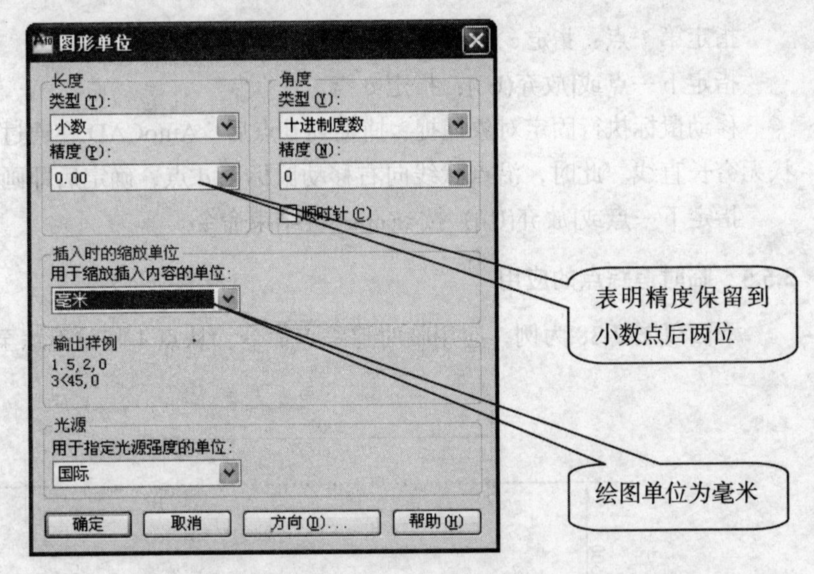

图 2-39 图形单位对话框

2.6.2 图纸界限设置

点击菜单【格式】，【图纸界线】，命令行如下：

命令：_limits

重新设置模型空间界限：

指定左下角点或[开(ON)/关(OFF)]<0.0000,0.0000>：

指定右上角点<420.0000,297.0000>：

可重设图纸左下角点，开(on)/关(off)指打开或关闭图纸界线检查功能

重设右上角点。420 × 297 为 A3 图纸大小

3　二维图形编辑

3.1　复制、缩放的练习

学习要点：

（1）掌握复制和缩放的方法。
（2）理解复制和移动的区别。
（3）体会基点位置选取不同的影响。

绘制如图 3-1(a)所示的相切圆，然后缩放。练习复制、捕捉象限点、相切圆。参照把图形缩放到需要的尺寸的用法。

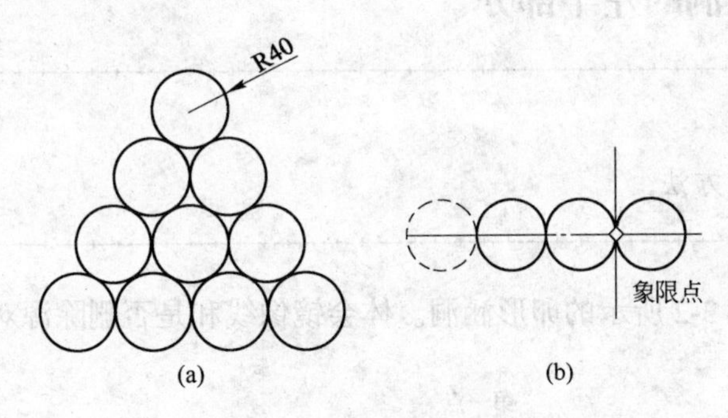

图 3-1　相切圆的绘制
(a) 缩放的练习；(b) 复制圆

操作提示：

（1）绘制单圆：

命令：_circle 指定圆的圆心或[三点(3P)/两点(2P)/切点、切点、半径(T)]：
指定圆的半径或[直径(D)]：40

（2）通过捕捉象限点复制成一横排圆，如图 3-1(b)所示。

点击编辑工具条中的 ，操作提示：

命令：_copy
选择对象：找到 1 个
选择对象：
当前设置：复制模式 = 多个
指定基点或[位移(D)/模式(O)]<位移>：指定第二个点或<使用第一个点作为位移>：
指定第二个点或[退出(E)/放弃(U)]<退出>：
指定第二个点或[退出(E)/放弃(U)]<退出>：

选择要复制的圆形

基点选择左侧的象限点

（3）作相切圆，完成图3-1(a)的绘制：

命令：_circle 指定圆的圆心或[三点(3P)/两点(2P)/切点、切点、半径(T)]：t

指定对象与圆的第一个切点：

指定对象与圆的第二个切点：

指定圆的半径<40.0000>：

（4）缩放至指定尺寸：

命令:_scale 或编辑工具条中的按钮或菜单【修改】,【缩放】

选择对象:指定对角点:找到13个 —— 选择要缩放的图形，或回车结束SCALE命令

选择对象:

指定基点: —— 选要缩放的图形的基准点

指定比例因子或［复制(C)/参照(R)］<1.0000>: r

指定参照长度 <1.0000>: 指定第二点

指定新的长度或［点(P)］<1.0000>: 500 —— 参照可以把图形缩放到需要的尺寸，不必计算长度

3.2 镜像卵形涵洞的左半部分

学习要点：

掌握镜像的绘图方法。

用镜像绘制如图3-2所示的卵形涵洞。体会镜像线和是否删除源对象的用法。

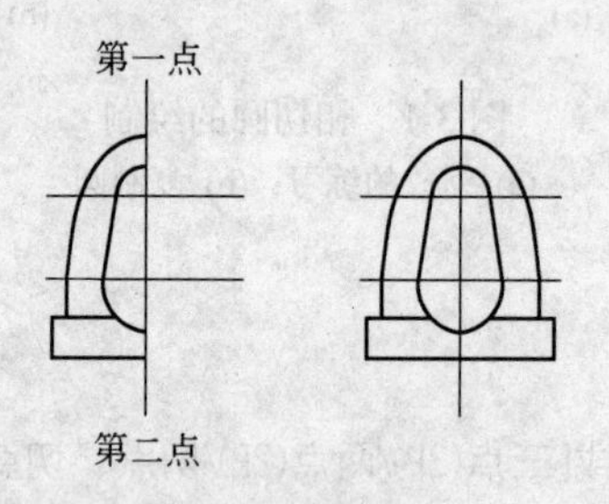

图3-2 镜像卵形涵洞的左半部分

操作提示：

命令：mirror 或编辑工具条中的按钮或菜单【修改】，【镜像】。

选择对象：指定对角点：找到25个

选择对象：

指定镜像线的第一点：指定镜像线的第二点：

要删除源对象吗？[是(Y)/否(N)]<N>：n —— 如果选择“是”，将删除左半部分

3.3　阵列

学习要点：

（1）掌握矩形阵列和环形阵列的方法。

（2）理解输入精确距离和鼠标索取距离的关系，体会距离正负号的影响。

3.3.1　矩形阵列等间距钢筋网

将下列钢筋阵列成行 10 行、15 列，行间距 40、列间距 30 的钢筋网，如图 3-3(a)所示。

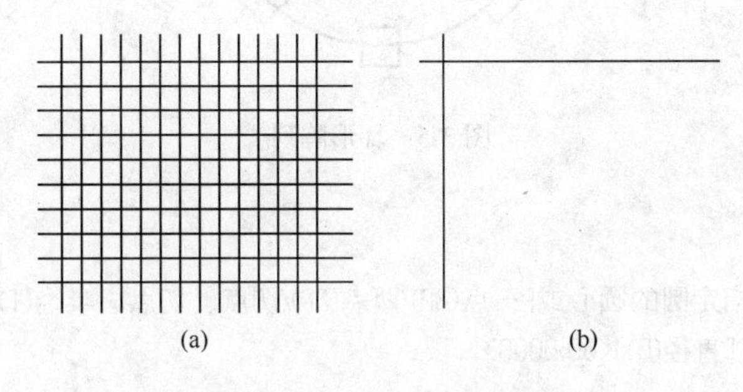

图 3-3　等间距钢筋网

操作提示：

（1）点击编辑工具条中的阵列按钮，将弹出如图 3-4 所示的阵列窗口。选择图 3-3（b）的对象，确定。

（2）将多余部分剪切掉。点击编辑工具条中的修剪按钮。

命令:_trim

当前设置：投影=UCS，边=无

选择剪切边...

选择对象或<全部选择>：找到 1 个　选择要修剪的对象

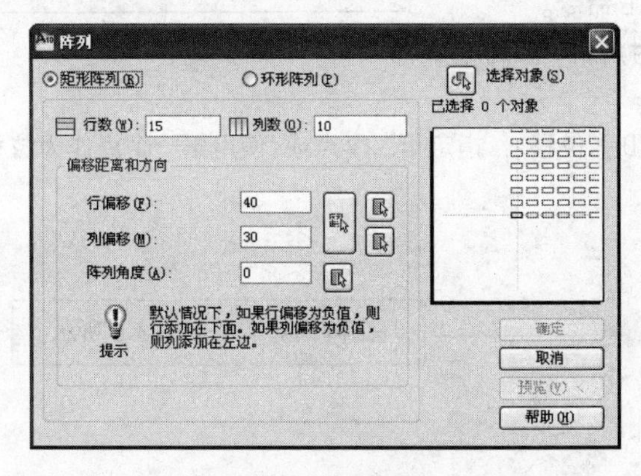

图 3-4　阵列窗口

3.3.2 环形阵列绘制灌注桩钢筋

以点（90,160）为圆心做一半径为 60 的圆，在圆周上做出八个边长为 10 的正方形，且正方形的中心点落在圆周上，如图 3-5 所示。练习环形阵列的用法。

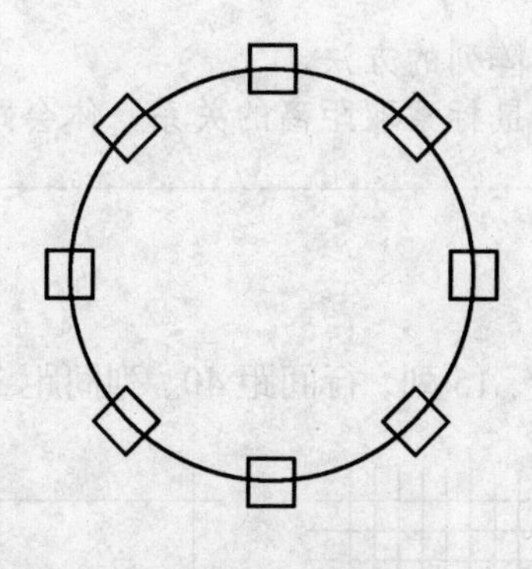

图 3-5 环形阵列

操作提示：

命令：_circle 指定圆的圆心或[三点(3P)/两点(2P)/切点、切点、半径(T)]:90,160
指定圆的半径或[直径(D)]<60.0000>：
命令：
命令：
命令：_pline
指定起点：
当前线宽为 0.0000
指定下一个点或[圆弧(A)/半宽(H)/长度(L)/放弃(U)/宽度(W)]：10
指定下一点或[圆弧(A)/闭合(C)半宽(H)/长度(L)/放弃(U)/宽度(W)]：10
指定下一点或[圆弧(A)/闭合(C)/半宽(H)/长度(L)/放弃(U)/宽度(W)]：10
指定下一点或[圆弧(A)/闭合(C)/半宽(H)/长度(L)/放弃(U)/宽度(W)]：c
命令：_move
选择对象：>>
正在恢复执行 MOVE 命令。
选择对象：指定对角点：找到 1 个
选择对象：
指定基点或[位移(D)]<位移>：指定第二个点或<使用第一个点作为位移>：
命令：
命令：
命令：_array
指定阵列中心点：
选择对象：找到 1 个
选择对象：

当鼠标指定绘制方向时，可直接给出直线的距离

启动对象捕捉和追踪，以矩形的中心点为基点将矩形移动到圆形的象限点处

环形阵列对话框如图 3-6 所示

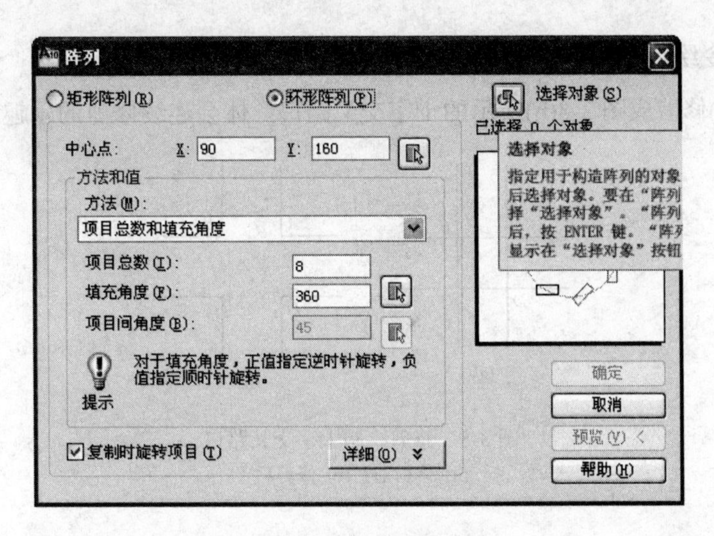

图 3-6 环形阵列对话框

3.4 修剪、延伸

学习要点：

（1）熟练掌握修剪和延伸的方法。

（2）了解 AutoCAD 新增的框选修剪功能。

3.4.1 修剪直线

将图 3-7(a)所示图形修剪成图 3-7(b)所示的图形。

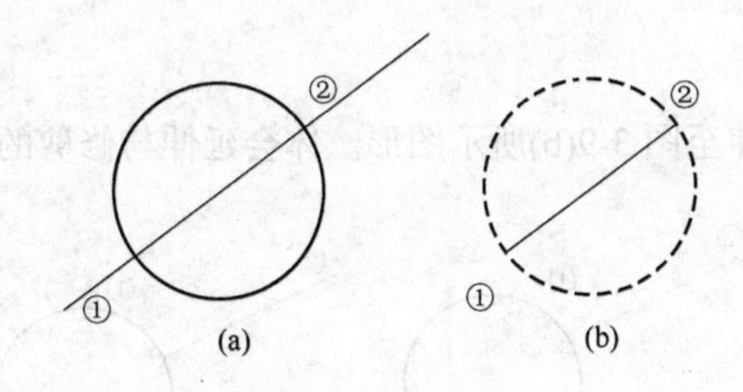

图 3-7 修剪图形
(a) 修剪前；(b) 修剪后

操作提示：

点击编辑工具条中的修剪按钮。

命令:_trim

当前设置：投影=UCS，边=无

选择剪切边… —— 剪切边选择圆形

选择对象或<全部选择>：找到 1 个 —— 选择要修剪掉的对象

3.4.2 修剪命令绘制十字交叉路口

将图 3-8(a)修剪成图 3-8(b)所示的十字交叉路口。体会连续修剪的乐趣。

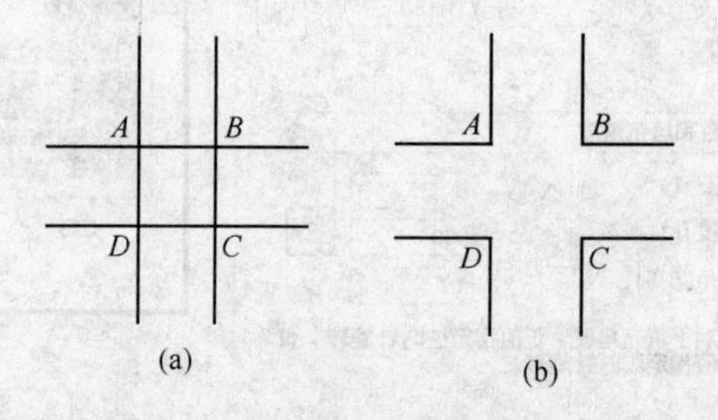

图 3-8 修剪绘制十字交叉路口
(a) 修剪前；(b) 修剪后

操作提示：

命令:_trim
当前设置：投影=UCS，边=无
选择剪切边...
选择对象或<全部选择>：找到 1 个
选择对象：找到 1 个，总计 2 个
选择对象：找到 1 个，总计 3 个
选择对象：
选择要修剪的对象，或按住 Shift 键选择要延伸的对象，或
[栏选(F)/窗交(C)/投影(P)/边(E)/删除(R)/放弃(U)]：
选择要修剪的对象，或按住 Shift 键选择要延伸的对象，或
[栏选(F)/窗交(C)/投影(P)/边(E)/删除(R)/放弃(U)]：
选择要修剪的对象，或按住 Shift 键选择要延伸的对象，或
[栏选(F)/窗交(C)/投影(P)/边(E)/删除(R)/放弃(U)]：

3.4.3 延伸

将图 3-9 (a)图形延伸至图 3-9(b)所示图形。体会延伸与修剪的关系。

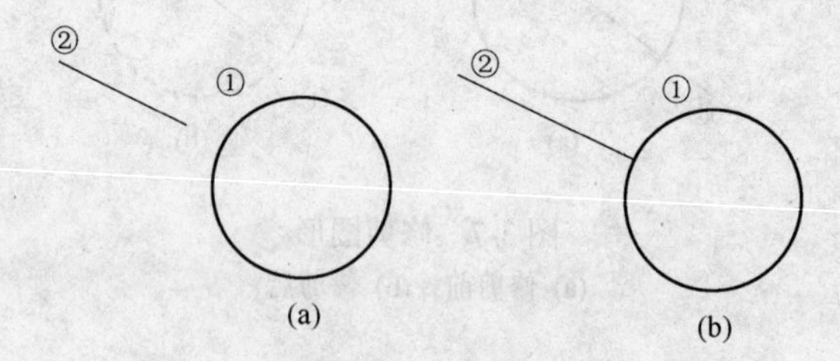

图 3-9 延伸图形
(a) 延伸前；(b) 延伸后

操作提示：

命令：extend
当前设置：投影=无，边=延伸
选择边界的边... 拾取① 选择圆作为边界边

选择对象：找到 1 个

选择对象： 结束选取

选择要延伸的对象，或按住 Shift 键选择要修剪的对象，或 [投影（P）/边（E）/放弃（U）]：
拾取② 选择直线作为延伸对象

选择要延伸的对象，或按住 Shift 键选择要修剪的对象，或 [投影（P）/边（E）/放弃（U）]：
结束命令

3.5 偏移

学习要点：

（1）熟练掌握偏移的方法。

（2）体会偏移封闭区域和偏移线条的区别。

3.5.1 偏移命令绘制边沟

分别用指定偏移距离 60 和指定通过点 B 两种方法偏移如图 3-10 所示的边沟。

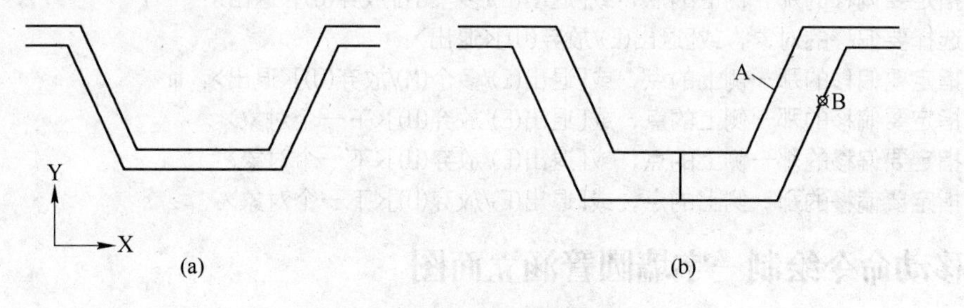

图 3-10 偏移命令绘制边沟

(a) 指定偏移距离；(b) 指定通过点

图 3-10(a)操作提示：

点击编辑工具条中的偏移按钮。

命令：_offset

当前设置：删除源=否 图层=源 OFFSETGAPTYPE=0

指定偏移距离或[通过(T)/删除(E)/图层(L)]<通过>：60

选择要偏移的对象，或[退出(E)/放弃(U)]<退出>：

指定要偏移的那一侧上的点，或[退出(E)/多个(M)/放弃(U)]<退出>：

选择要偏移的对象，或[退出(E)/放弃(U)]<退出>：

图 3-10(b)操作提示：

命令：_offset

当前设置：删除源=否 图层=源 OFFSETGAPTYPE=0

指定偏移距离或[通过(T)/删除(E)/图层(L)]<60.0000>：t

选择要偏移的对象，或[退出(E)/放弃(U)]<退出>：

指定通过点或[退出(E)/多个(M)/放弃(U)]<退出>： —— 点取要通过的点

选择要偏移的对象，或[退出(E)/放弃(U)]<退出>:

3.5.2 偏移命令绘制钢筋混凝土板的钢筋结构平面图

用偏移命令绘制如图3-11所示的钢筋结构平面图。

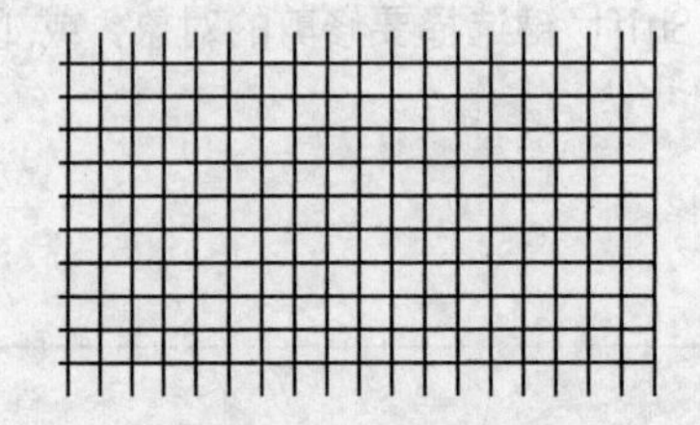

图3-11 偏移命令绘制钢筋结构平面图

操作提示：

命令：_offset
当前设置：删除源=否 图层=源 OFFSETGAPTYPE=0
指定偏移距离或[通过(T)/删除(E)/图层(L)]<50.0000>:
选择要偏移的对象，或[退出(E)/放弃(U)]<退出>:
指定要偏移的那一侧上的点，或[退出(E)/多个(M)/放弃(U)]<退出>:
选择要偏移的对象，或[退出(E)/放弃(U)]<退出>:
指定要偏移的那一侧上的点，或[退出(E)/多个(M)/放弃(U)]<退出>：m
指定要偏移的那一侧上的点，或[退出(E)/放弃(U)]<下一个对象>:
指定要偏移的那一侧上的点，或[退出(E)/放弃(U)]<下一个对象>:
指定要偏移的那一侧上的点，或[退出(E)/放弃(U)]<下一个对象>:

3.6 移动命令绘制一字墙圆管涵立面图

学习要点：

（1）熟练掌握移动的方法。
（2）再次体会移动与复制的区别与联系，以及基点的含义。

利用移动命令将图3-12(a)所示的两分离图形移动合并成图3-12(b)所示图形。

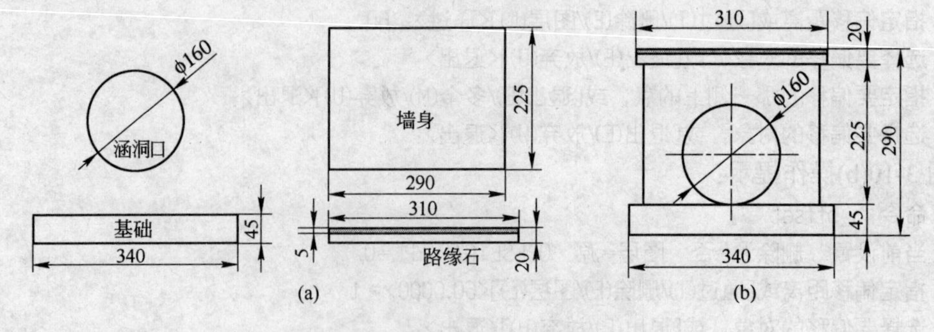

图3-12 移动命令绘制一字墙圆管涵立面图
(a) 绘制分离部分; (b) 将两部分组合在一起

操作提示：

命令：_move 找到 1 个

指定基点或[位移(D)]<位移>：指定第二个点或<使用第一个点作为位移>：<正交 关> *取消*

3.7 旋转、分解

学习要点：

（1）熟练掌握旋转和分解的方法。

（2）体会分解的意义。

将图 3-13(a)中矩形绕 A 点旋转至图 3-13(b)所示的图形，然后将矩形分解，如图 3-13(c)所示。

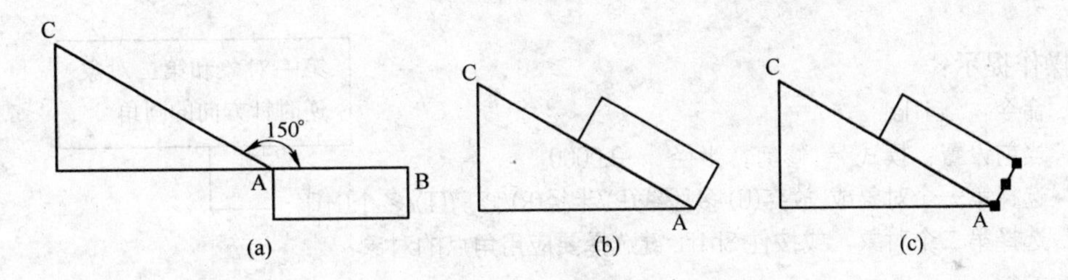

图 3-13 旋转
(a) 旋转前; (b) 旋转后; (c) 分解

操作提示：

点击修改工具条中的 或菜单【修改】，【旋转】。

命令：_rotate

UCS 当前的正确方向：ANGDIR=逆时针 ANGBASE=0

选择对象：找到 1 个 —— 选择矩形

选择对象：

指定基点： —— 选择 A 点

指定旋转角度或[参照(R)]：150

点击修改工具条中的 或菜单【修改】，【分解】。

命令：_explode

选择对象：找到 1 个 —— 选择要修改的对象，如选择矩形，分解后如图 3-13(c)所示

选择对象：

3.8 圆角命令绘制两端带弯钩的直筋

学习要点：

（1）熟练掌握圆角的方法。

（2）体会圆角命令与绘制带圆角矩形的区别。

（3）体会输入半径大小与两对象间距的关系。

利用圆角命令，将图3-14(a)所示圆角绘制成图3-14(b)所示图形。

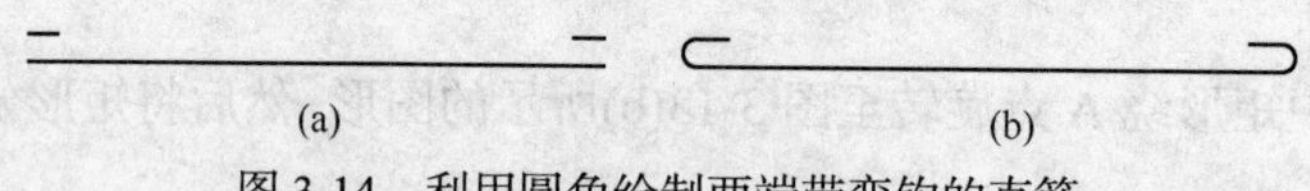

图3-14 利用圆角绘制两端带弯钩的直筋

(a) 圆角前; (b) 圆角后

操作提示：

命令：_fillet

当前设置：模式 = 修剪，半径 = 0.0000

选择第一个对象或[放弃(U)/多段线(P)/半径(R)/修剪(T)/多个(M)]：

选择第二个对象，或按住Shift键选择要应用角点的对象：

命令：

第一对象和第二对象逆时针方向的圆角

3.9 拉长命令完成进度图

学习要点：

了解拉长命令的用途与方法。

绘制3条等长的宽线，利用拉长命令，完成如图3-15所示的进度图。

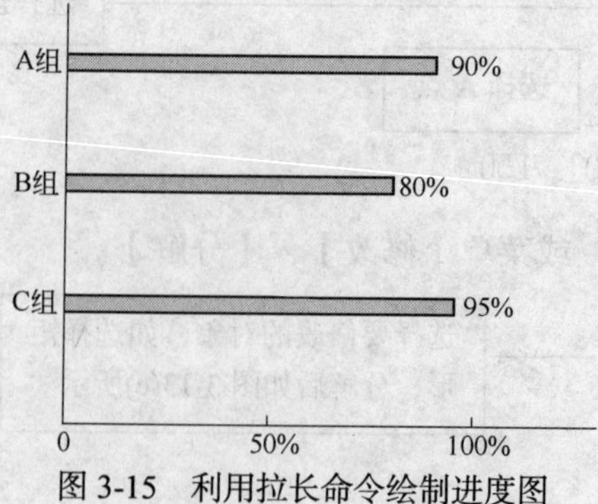

图3-15 利用拉长命令绘制进度图

操作提示：

（1）使用多段线绘制3条等长（100%）的宽线。

（2）点击菜单【修改】,【拉长】或命令行输入 lengthen，回车。

命令：_lengthen
　选择对象或[增量(DE)/百分数(P)/全部(T)/动态(DY)]：p
　输入长度百分数<80.0000>：95
　选择要修改的对象或[放弃(U)]：
　选择要修改的对象或[放弃(U)]：

使用鼠标拾取 C 组多段线右端，线段自动缩短到原长的 95%

（3）同理，操作其他两条多段线。

3.10　夹点编辑法

学习要点：

（1）熟练掌握利用夹点简单编辑图形的方法。
（2）体会夹点颜色变化的含义。

3.10.1　利用夹点移动

利用夹点，将图 3-16(a)所示 A 处图形移动到 B 处。

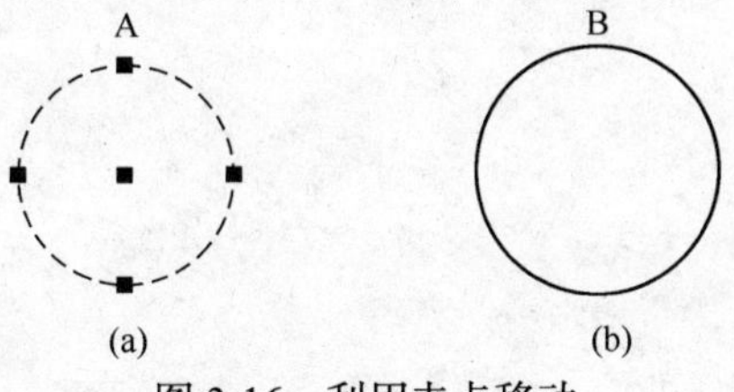

图 3-16　利用夹点移动
(a) 移动前；(b) 移动后

提示：按下 Shift 键可以同时把多个对象转化为热点

操作步骤：

（1）点击 A 处的圆，出现夹点（蓝色的点），如图 3-16(a)所示。
（2）再次点击圆心，将圆心转化为热点（红色）。
（3）鼠标从 A 处圆心移动到 B 处圆心处，完成移动。

提示：尝试如将圆的象限点处夹点转化为热点，移动会如何

3.10.2　利用夹点多重拉伸

利用夹点将图 3-17(a)所示图形拉伸到图 3-17(b)所示图形。

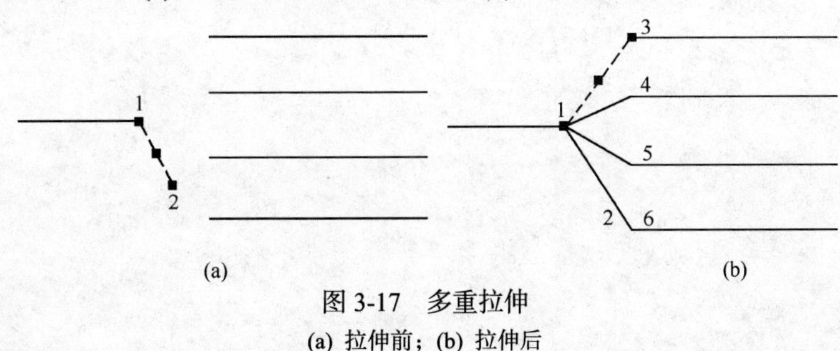

图 3-17　多重拉伸
(a) 拉伸前；(b) 拉伸后

操作步骤：

（1）拾取直线 12，出现夹点，如图 3-17(a)所示。

（2）拾取 2 点使其成为热点（红色），进入夹点编辑状态。

（3）把 2 点拉伸到 3 点，直线 12 变成了 13。

（4）拾取 3 点使其变成热点，命令行如下选择复制，进入多重拉伸模式。

** 拉伸 **

指定拉伸点或[基点(B)/复制(C)/放弃(U)/退出(X)]：c

（5）在多重拉伸模式下，把 3 点拉伸到与其余 3 条直线左端点连接，确认退出。

4　图层、图块、文本、表格

4.1　给地形图分图层

学习要点：

重点掌握给图形分层，并将相应图形放置到各个图层里，用图层控制图形。

难点：图层冻结、锁定与关闭的区别。

将图 4-1(a)所示的地形图分成首曲线、计曲线、碎部点、网格和其他地物 5 个图层，并将相应图形分别放置在各个图层里，显示不同的颜色，如图 4-1(b)所示。

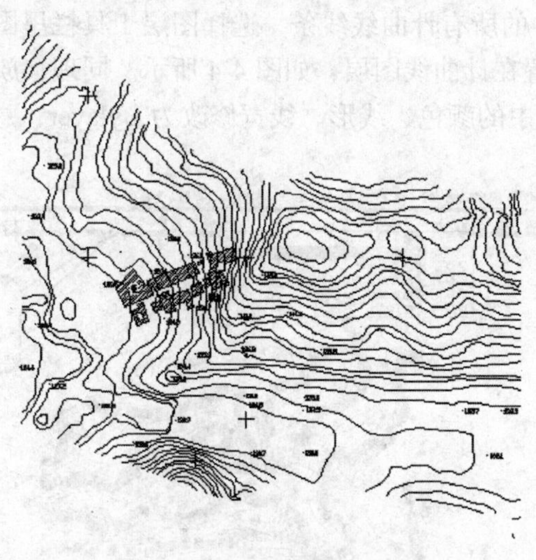

图 4-1　地形图

操作步骤：

（1）点击图层工具栏中【图层】按钮，如图 4-2 所示。

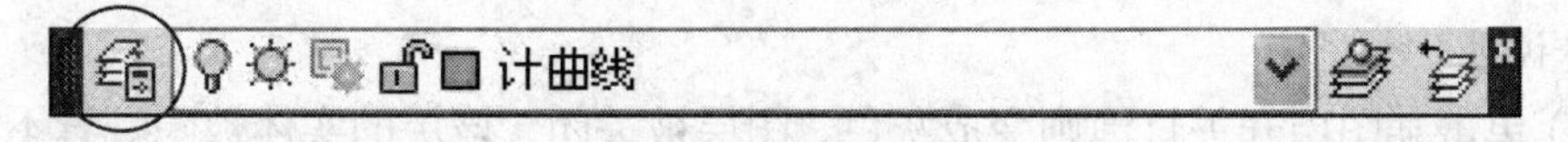

图 4-2　图层工具栏

（2）在打开的图层特性管理器中，点【新建图层】按钮，分别新建首曲线、计曲线、碎部点、网格和其他地物 5 个图层，将每一图层修改成不同的颜色，如图 4-3 所示。关闭图层特性管理器。

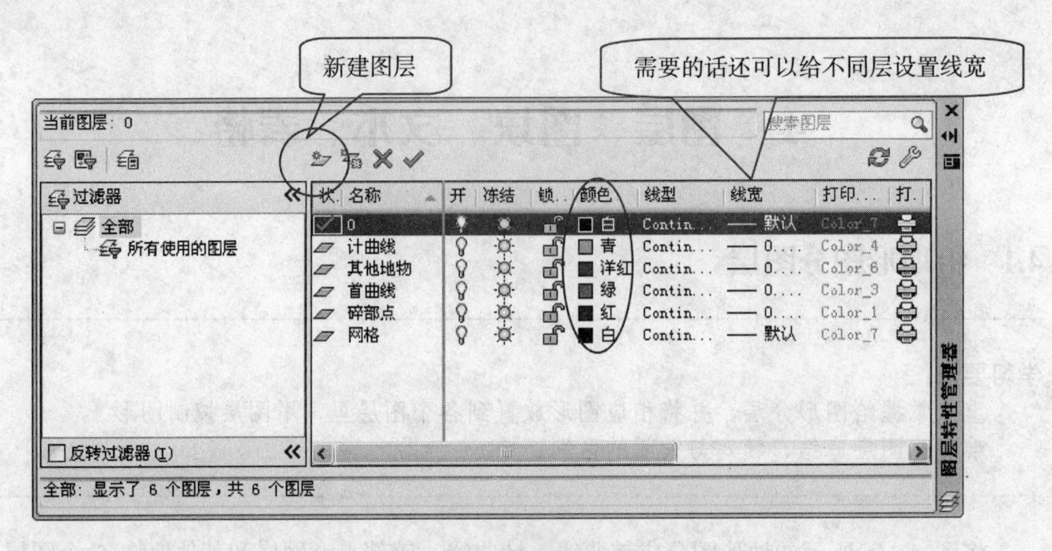

图4-3 图层特性管理器

（3）选择地形图中的所有计曲线线条，选择图层工具栏里图层列表框中的计曲线图层，即将所有计曲线放置在计曲线图层，如图4-4所示。同理，放置其他各图层。

（4）将特性工具栏中的颜色、线形、线宽修改为Bylayer，意为特性随层。

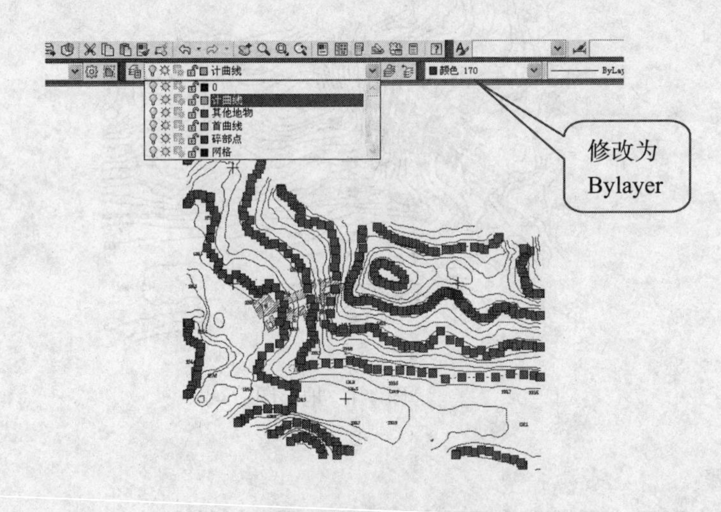

图4-4 修改图层

特殊说明：

（1）单击某图层开关灯泡则变成灰色，图层被关闭，该层的实体被隐藏看不见，但可打印输出。再次点击灯泡则恢复黄色，图层又被打开，该层的实体可见。

（2）某图层被冻结（雪花状态）时，该层的实体图形被隐藏看不见，并且不能打印输出。

（3）某图层被锁定时（锁头是锁定状态），只能绘图不能编辑。

（4）“打印”。控制图层是否被打印。该功能只对没有冻结、没有关闭的图层起作用。

4.2 图块的应用

学习要点：

（1）掌握创建图块与插入图块的用途及方法。

（2）体会内部块与外部块的区别。

难点：基点选择位置不同的影响。

4.2.1 内部块绘制示坡线

用内部块绘制如图 4-5 所示的示坡线。

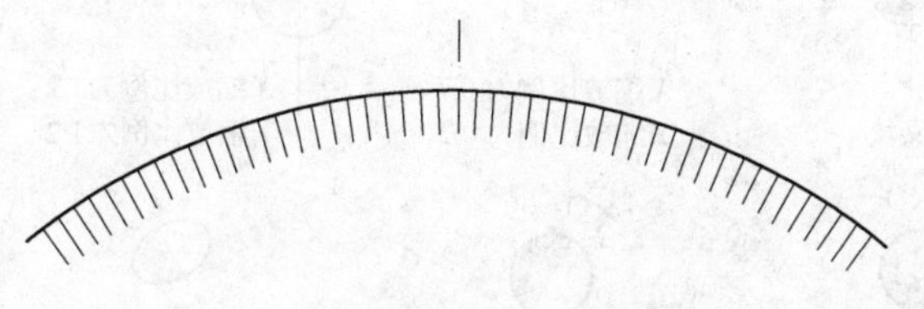

图 4-5 内部块绘制示坡线

操作提示：

（1）绘制短直线。

（2）点击绘图工具条中的按钮，弹出如图 4-6 所示的对话框；拾取基点选择对象后，确定。

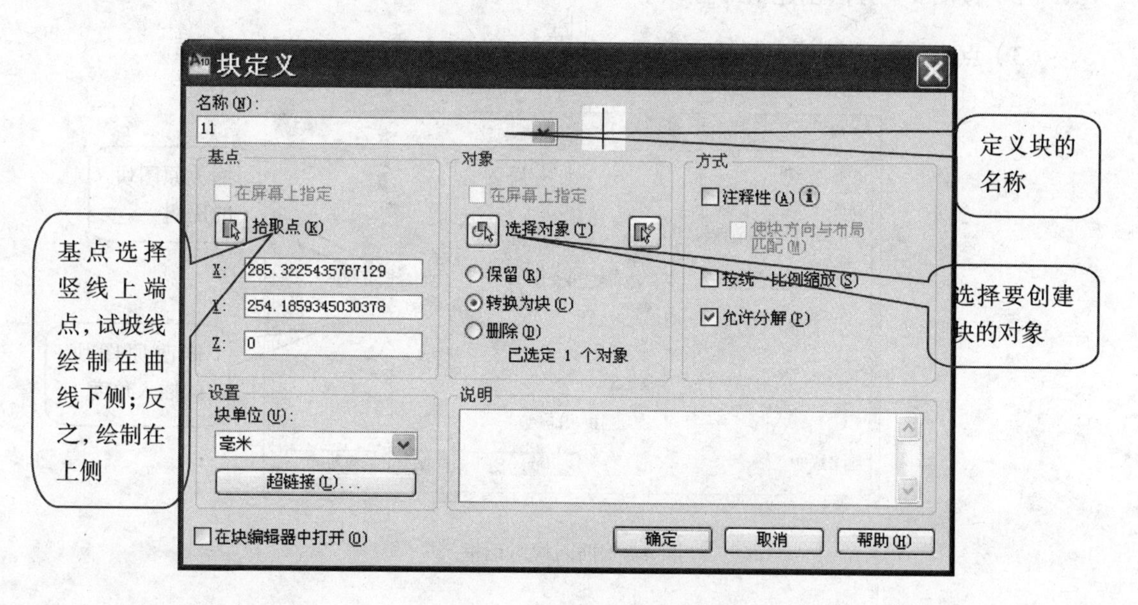

图 4-6 创建图块对话框

（3）点击菜单【绘图】，【点】，【定距等分】，命令行如下：

命令: _measure
选择要定距等分的对象: 选择圆弧
指定线段长度或 [块(B)]: b 输入 b 表示将插入图块；否则，插入点
输入要插入的块名: 11 创建好的图块名称
是否对齐块和对象？[是(Y)/否(N)] <Y>:
指定线段长度: 10 等距插入的距离

4.2.2 块的缩放和旋转绘制公里桩图标

利用块的缩放和旋转，插入如图 4-7 所示的公里桩。

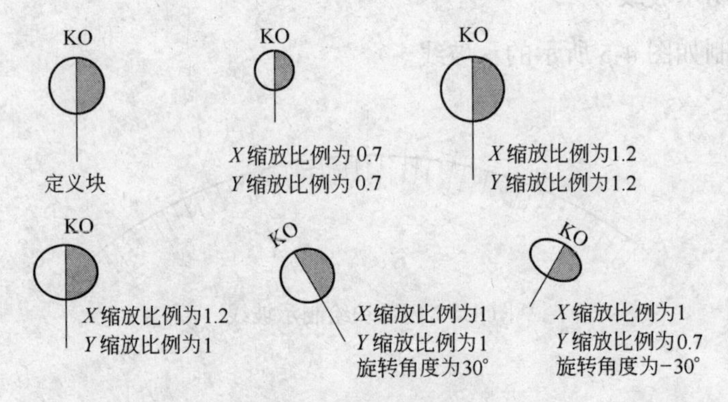

图 4-7 块的缩放和旋转

操作提示：

（1）先绘制一个公里桩。

（2）按图 4-7 方法创建 KM 图块。

（3）点击绘图工具条中的插入图块按钮，将弹出图 4-8 所示的对话框。

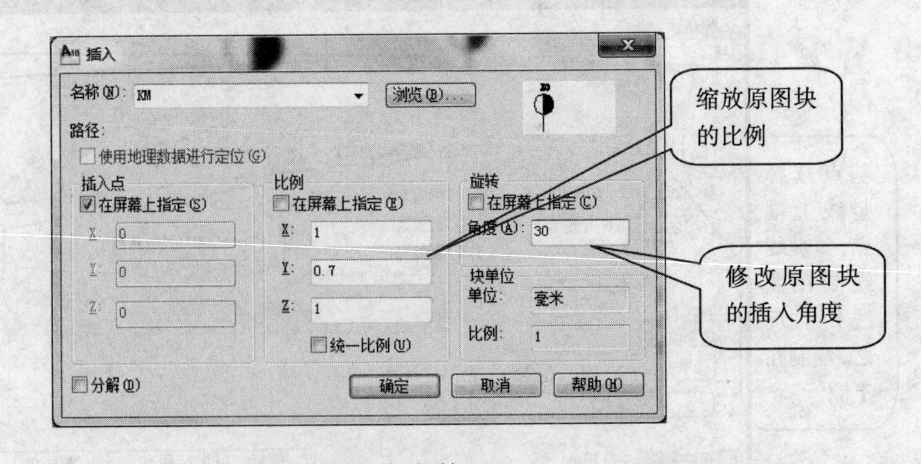

图 4-8 插入块对话框

4.2.3 外部块的方法套图框

利用创建和插入外部块的方式，给已知图形套入图框，如图 4-9 所示。

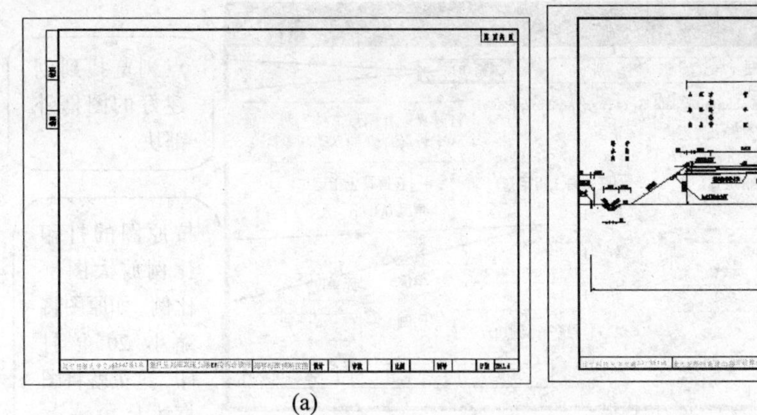
(a)

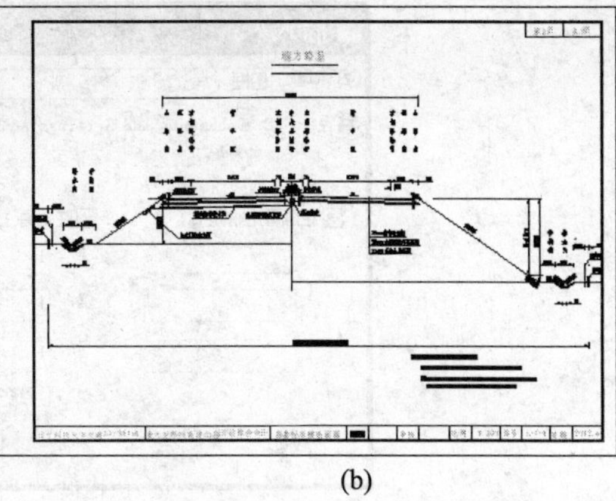
(b)

图 4-9　给标准横断面图套入标准图框
(a) 图框；(b) 套入图框

操作提示：

（1）按 1∶1 绘制 A3 标准图框；或找到现成的 1∶1 比例的 A3 图框。

（2）在命令行里输入 wblock，创建外部图块，弹出如图 4-10 所示的对话框。

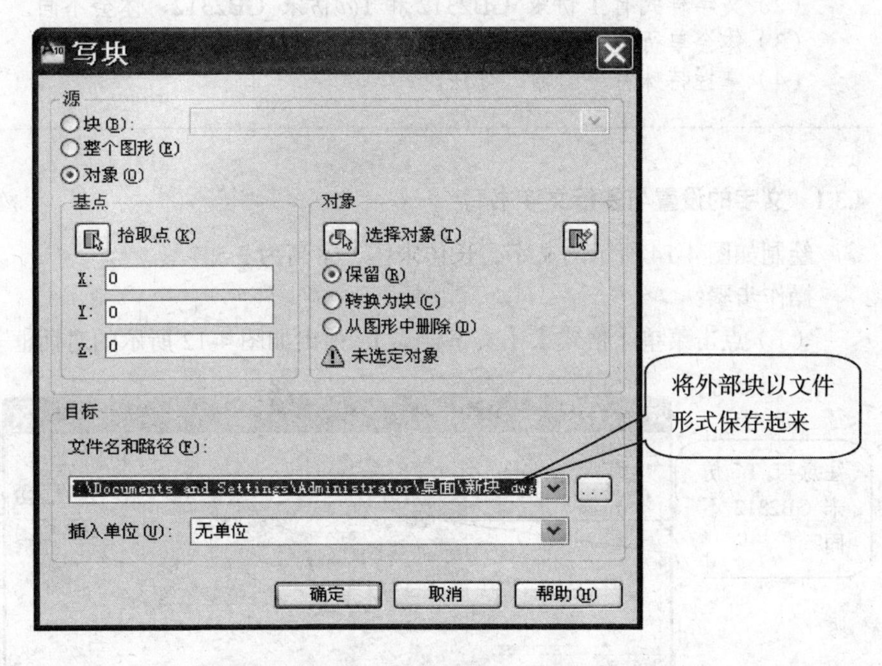

图 4-10　创建外部块对话框

（3）点击绘图工具条中的插入图块按钮，弹出如图 4-11 所示的对话框。

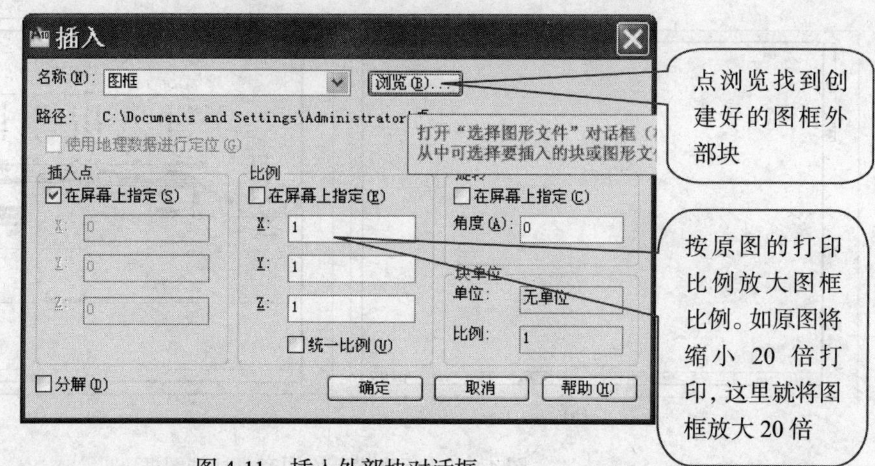

图 4-11 插入外部块对话框

4.3 文字

学习要点：

（1）掌握文字样式的设置方法。

（2）文字样式有 T 仿宋_GB2312 和 T@仿宋_GB2312，体会不同。

（3）体会单行文字和多行文字的区别。

（4）掌握特殊符号的输入方法。

4.3.1 文字的设置与多行文字书写

绘制如图 4-14 所示的文字，长仿宋体，字高为 3.5。

操作步骤：

（1）点击菜单【格式】,【文字样式】，弹出如图 4-12 所示的对话框。

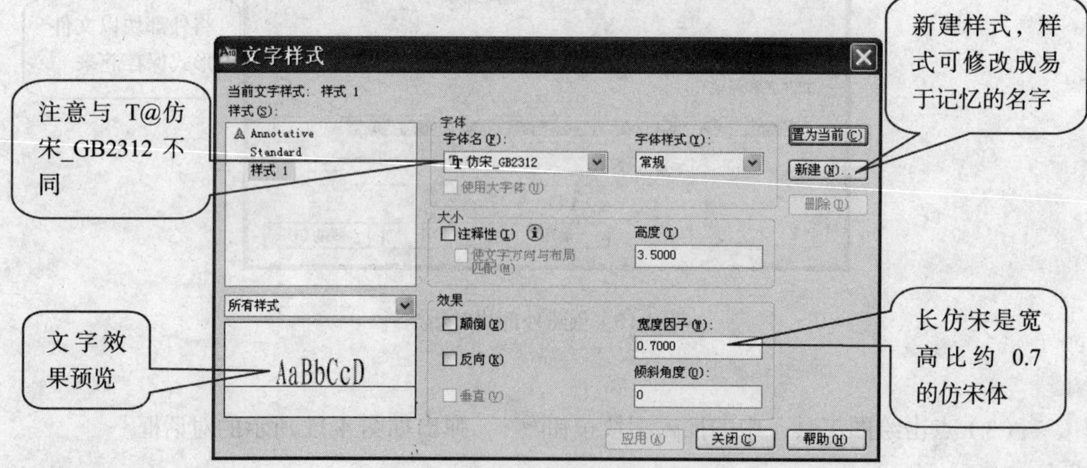

图 4-12 文字样式设置

（2）在样式工具条中选择合适的文字样式，如图 4-13 所示。

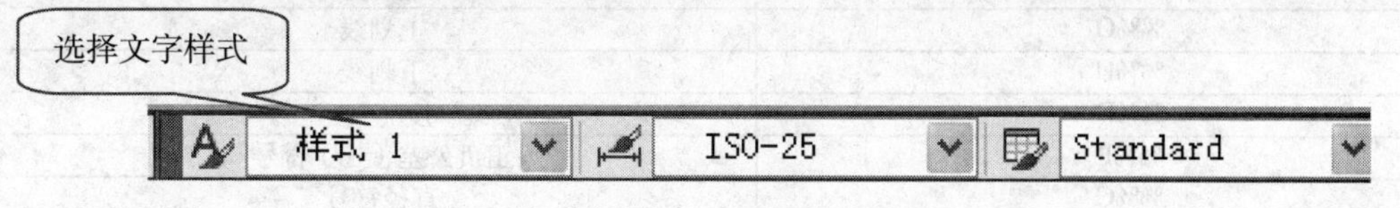

图 4-13　文字样式选择

（3）点击绘图工具条里的多行文字按钮 A，在绘图区域框选一个位置，书写如图 4-14 所示的文字。

附注：
1. 本图尺寸以厘米计，比例 1：100。
2. 路基墙适用于小型泥石流、冲洪积、滑坡、崩塌堆积物体内挡边坡。

图 4-14　文字

4.3.2　对齐文字的书写

在如图 4-15 所示的标题栏中书写居中的文字。

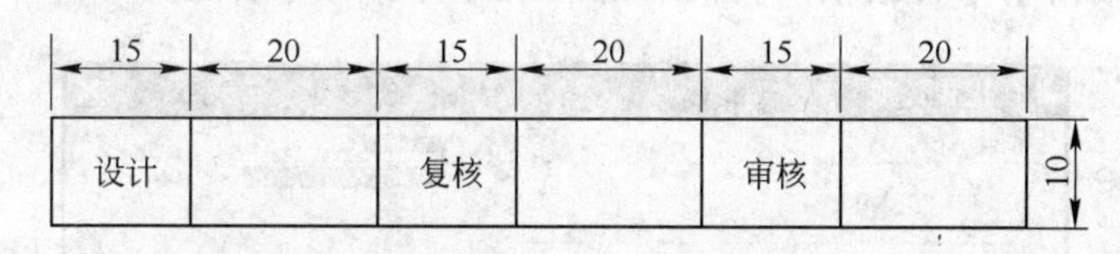

图 4-15　对齐文字

操作提示：

当前文字样式："样式 1" 文字高度：2.5000　注释性：否
指定文字的起点或[对正(J)/样式(S)]：j
输入选项
[对齐(A)/布满(F)/居中(C)/中间(M)/右对齐(R)/左上(TL)/中上(TC)/右上(TR)/左中(ML)/正中(MC)/右中(MR)/左下(BL)/中下(BC)/右下(BR)]：m
指定文字的中间点：
指定高度<2.5000>：5
指定文字的旋转角度<0>：

4.3.3　特殊字符输入

利用"%%"号引导输入如图 4-16 所示的特殊符号，其表达方式参见表 4-1。

(a)	(b)
abc%%Odef%%Oghi	abcdefghi
abc%%Udefghi	abcdefghi
60%%D,%%P	60°,±
%%C80,85%%%	Ø80,85%

图 4-16　特殊字符输入

(a) 输入特殊字符；(b) 结束命令后

表 4-1　特殊字符的表达方式

符　号	功 能 说 明
%%O	上划线
%%U	下划线
%%D	度（°）
%%P	正负公差（±）符号
%%C	直径符号
%%%	百分比（%）符号
%%nnn	标注与 ASC II 码 nnn 对应的符号

注：1. %%O 和%%U 分别是上划线和下划线的开关，第一次输入符号为打开，第二次输入符号为关闭。
　　2. 以“%%”号引导的特殊字符只是在输入命令结束后才会转换过来。
　　3.“%%”号单独使用没有意义，系统将删除它以及后面的所有字符。

“%%”号引导并不是唯一的特殊字符输入方法，还可以在文字输入窗口，直接点击右键，插入符号来插入需要的特殊字符。或者在 word 中复制和剪切后粘贴到 AutoCAD 的文字录入位置。

AutoCAD2010 可以直接点击文字格式工具条中的 @ ，输入特殊符号。

4.3.4　文字的查找替换

点击菜单【编辑】,【查找】，将弹出如图 4-17 所示的对话框。

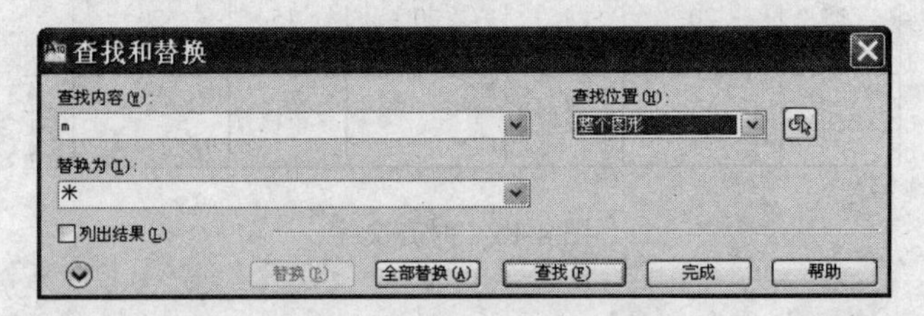

图 4-17　查找和替换对话框

将该文件中所有的 m 替换成米。

4.3.5　编辑文字

（1）双击文字进入文字编辑状态，可以修改错别字，或添减文字。

（2）点击菜单【修改】,【对象】,【文字】,【编辑】进入文字编辑状态，这种方法还可以修改标注中的文字。

4.4　钢筋表的绘制

学习要点：

（1）掌握表格的绘制方法。
（2）熟悉运用表格工具条修改表格。

完成如表 4-2 所示的钢筋表的绘制。

表 4-2　钢筋表

钢筋编号	直径(mm)	单根长度(cm)	根数	共重(kg)	总重(kg)
1	φ8	1902.0	2.0	15.0	102.4
2	φ8	258.0	75.0	76.4	
3	φ8	222.0	6.0	5.3	
4	φ8	60.0	24.0	5.7	

操作步骤：

（1）设置一个表格文字的样式，字体为仿宋体，字高为 3.5 字高，方法参见 4.3.1。

（2）表格的设置。点击菜单【格式】,【表格样式】,【新建】，将弹出如图 4-18 所示的对话框。确定，置为当前。

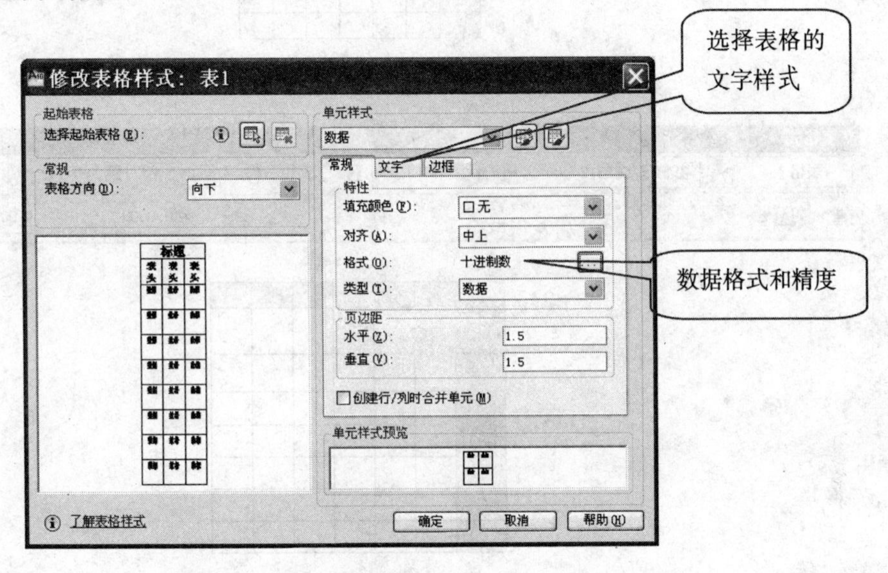

图 4-18　修改表格样式对话框

（3）点击菜单【绘图】,【表格】，弹出如图 4-19 所示的对话框。

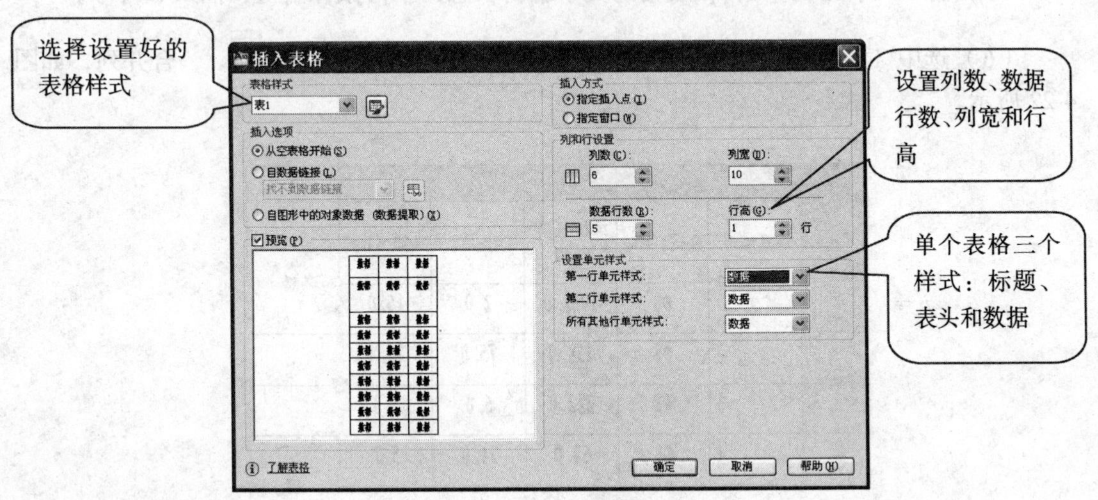

图 4-19　插入表格对话框

（4）在绘图区域插入表格，单击表格进入表格的编辑状态，双击表格进入文字编辑状态，分别如图 4-20 和图 4-21 所示。

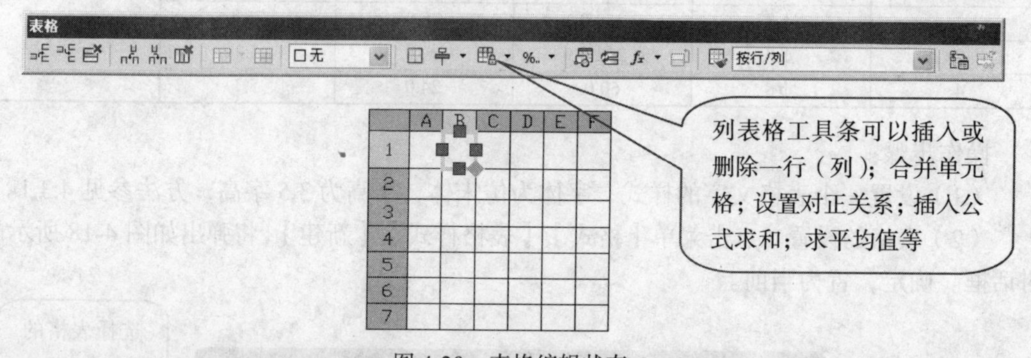

图 4-20　表格编辑状态

	A	B	C	D	E	F
1						
2						
3						
4						
5						
6						
7						

图 4-21　文字编辑状态

（5）输入文字见表 4-2；在表格的文字编辑状态，单击鼠标右键，插入 ϕ 符号。

（6）选中 F2~F5 单元格，单击表格工具条中的合并单元按钮，合并列，如图 4-22 所示。

	A	B	C	D	E	F
1	钢筋编号	直径（mm）	单根长度（cm）	根数	共重（kg）	总重（kg）
2	1	ϕ8	1902.0	2.0	15.0	
3	2	ϕ8	258.0	75.0	76.4	
4	3	ϕ8	222.0	6.0	5.3	
5	4	ϕ8	60.0	24.0	5.7	

图 4-22　合并单元格

（7）鼠标点击总重一列，单击表格工具条中的【插入公式】,【求和】, 如图 4-23 所示；选择求和的对象 E2~E5，回车。

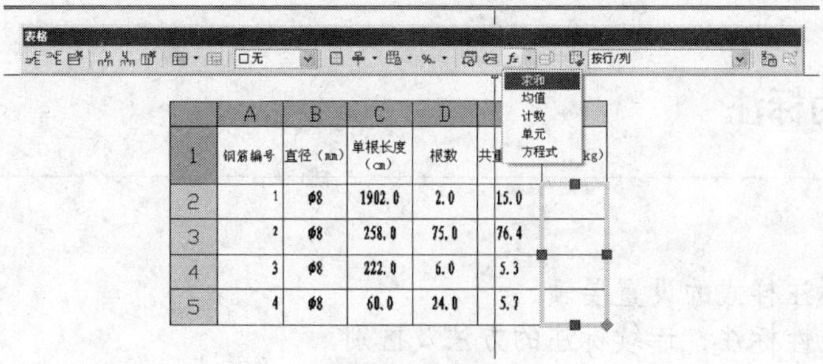

	A	B	C	D	E	
1	钢筋编号	直径（mm）	单根长度（cm）	根数	共重	kg）
2	1	φ8	1902.0	2.0	15.0	
3	2	φ8	258.0	75.0	76.4	
4	3	φ8	222.0	6.0	5.3	
5	4	φ8	60.0	24.0	5.7	

图 4-23　求和

（8）可通过表格工具条中的【数据格式】按钮修改数据格式和精度。

5 尺 寸 标 注

5.1 管状桩的标注

学习要点：

（1）掌握标注样式的设置要领。

（2）掌握线性标注、连续标注的方法及区别。

完成如图 5-1 所示的尺寸标注。

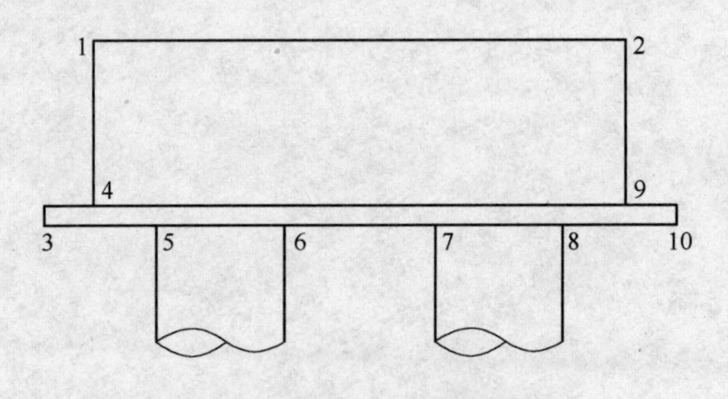

图 5-1 线性标注和连续标注

操作步骤：

（1）新建标注样式。点击菜单【标注】,【标注样式】,【新建】，新建一个标注样式，起容易记忆的名字，【继续】，将弹出如图 5-2 所示的对话框。

（2）在该对话框中依次设置线、符号和箭头、文字、调整等选项卡，如图 5-3~图 5-6 所示。

（3）确定后，将该标注样式置为当前，将会看到样式工具条中，当前显示为刚刚设置好的标注样式。如未选择【置为当前】，也可以在样式工具条中，选择刚刚设置的标注样式。

（4）点击标注工具条中的线性标注按钮或点菜单【标注】,【线性】。命令行将出现：

```
命令: _dimlinear
指定第一条延伸线原点或 <选择对象>:                    捕捉 1 号端点
指定第二条延伸线原点:                                  捕捉 2 号端点
指定尺寸线位置或
[多行文字(M)/文字(T)/角度(A)/水平(H)/垂直(V)/旋转(R)]:
标注文字 = 500
```

（5）同理，用线性标注 3、4 点之间的水平距离，如图 5-7 所示。

(6) 点击标准工具条中的连续标注按钮 或菜单【标注】,【连续标注】。命令行如下:

```
命令: _dimcontinue
指定第二条延伸线原点或 [放弃(U)/选择(S)] <选择>:        点取 5 号端点
标注文字 = 60
指定第二条延伸线原点或 [放弃(U)/选择(S)] <选择>:        点取 6 号端点
标注文字 = 120
指定第二条延伸线原点或 [放弃(U)/选择(S)] <选择>:        点取 7 号端点
标注文字 = 140
指定第二条延伸线原点或 [放弃(U)/选择(S)] <选择>:        点取 8 号端点
标注文字 = 120
指定第二条延伸线原点或 [放弃(U)/选择(S)] <选择>:        点取 9 号端点
标注文字 = 60
指定第二条延伸线原点或 [放弃(U)/选择(S)] <选择>:        点取 10 号端点
标注文字 = 50
指定第二条延伸线原点或 [放弃(U)/选择(S)] <选择>:        回车结束操作
```

(7) 同理完成 1、4、3 点的连续标注。最终标注结果如图 5-7 所示。

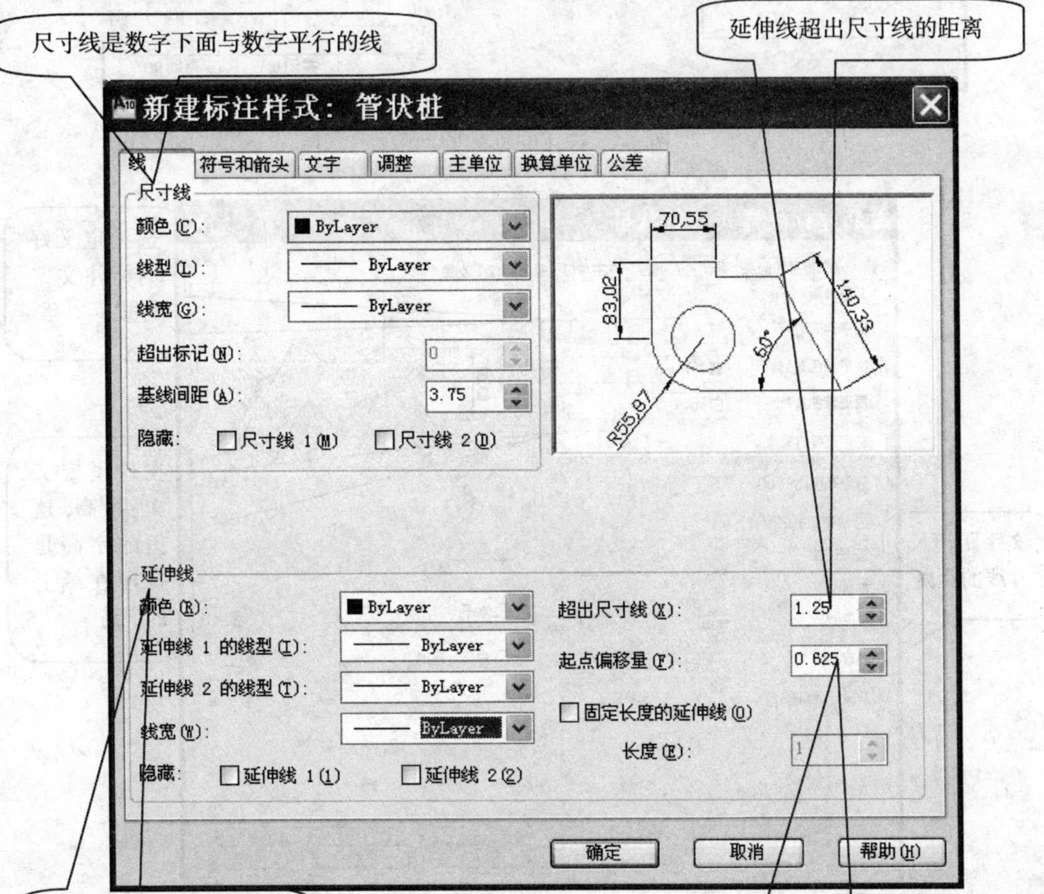

图 5-2 新建标注样式对话框

图 5-3　标注里的文字样式

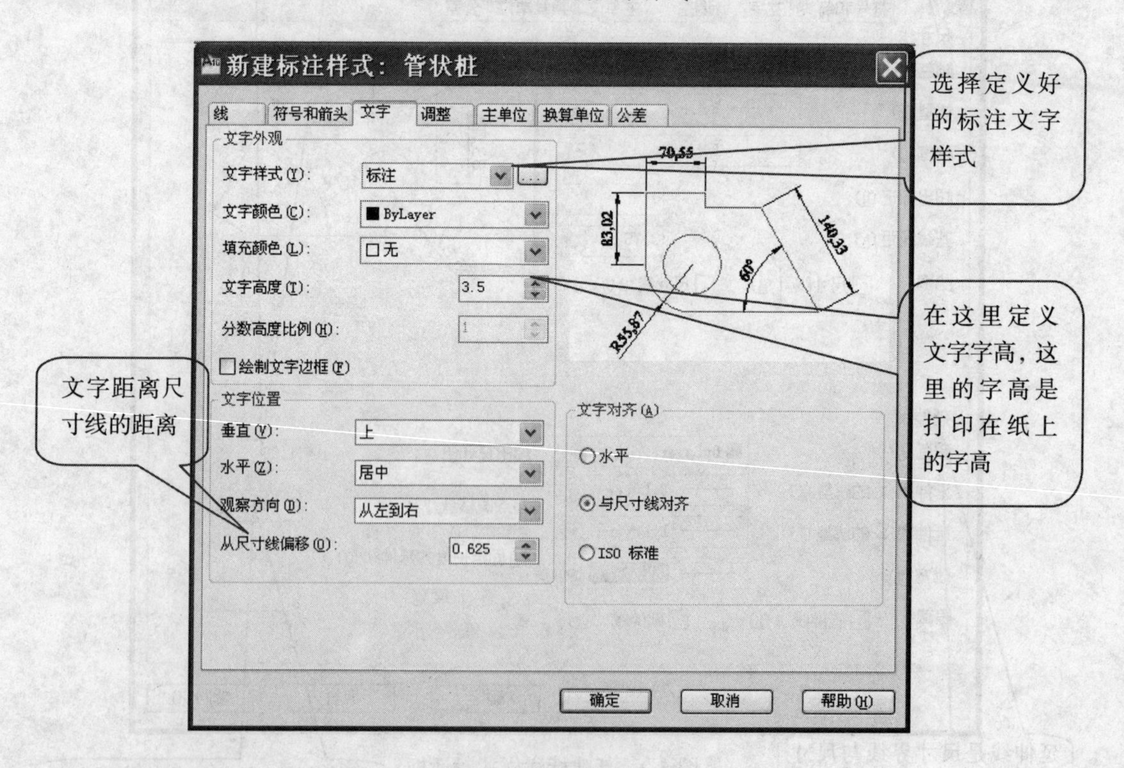

图 5-4　文字选项卡

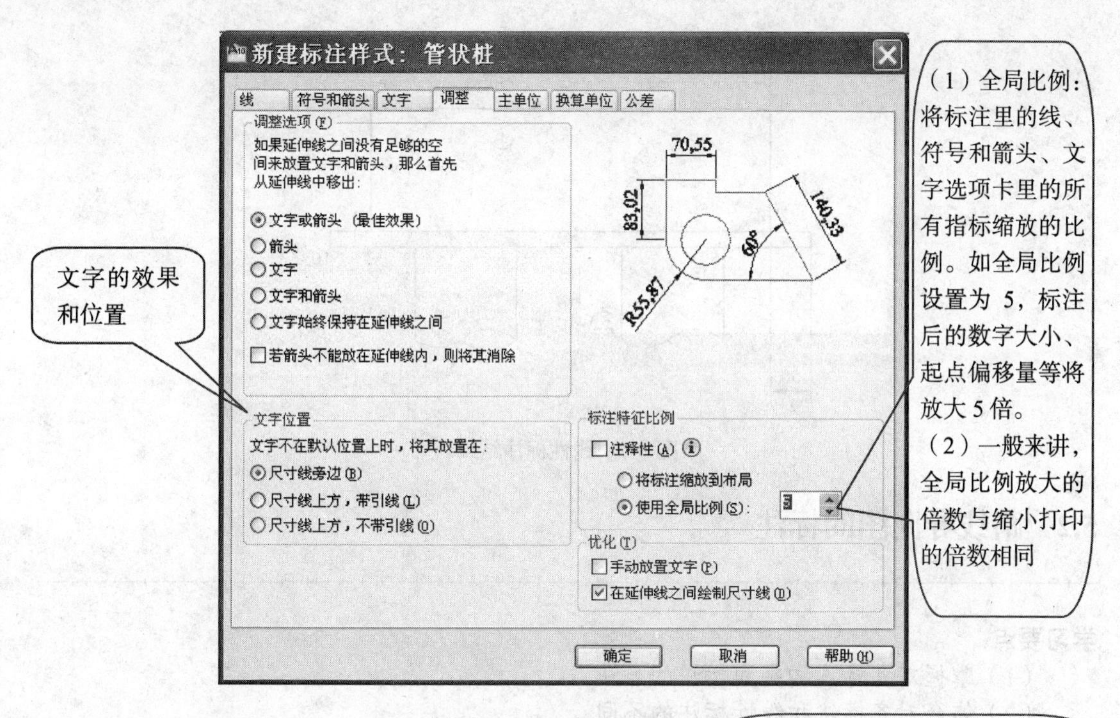

图 5-5　调整选项卡

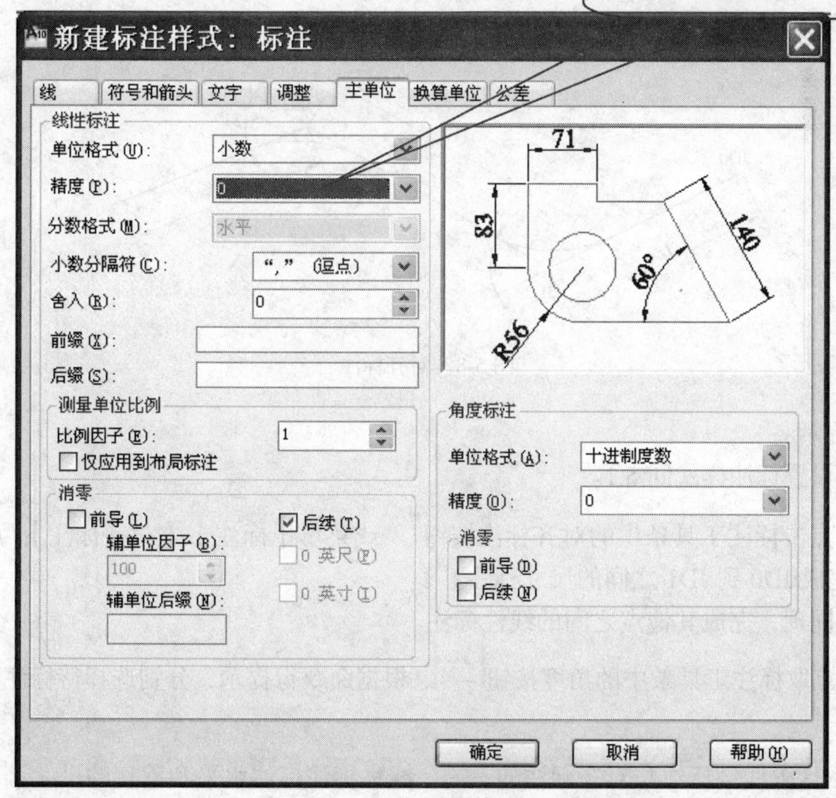

图 5-6　主单位选项卡

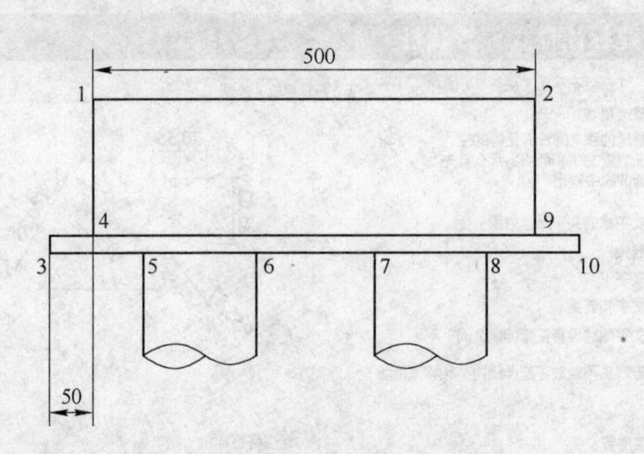

图 5-7 线性标注结果

5.2 路线导向图的标注

学习要点：

（1）掌握对齐标注和夹角标注的方法。

（2）体会对齐标注和线性标注的不同。

将图 2-16 所示的图形完成对齐标注，标注结果如图 5-8 所示。

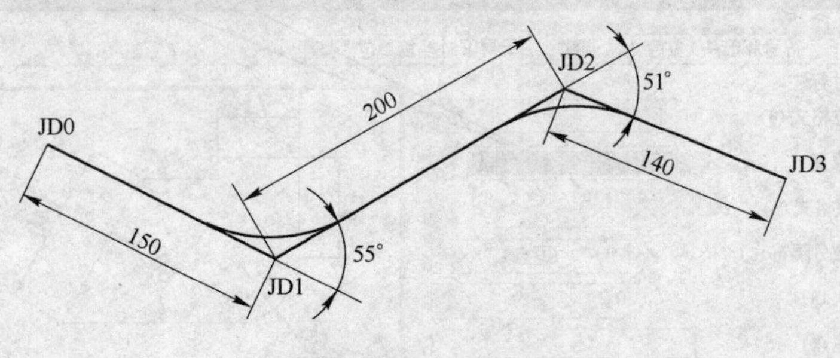

图 5-8 对齐标注

操作提示：

（1）设置标注样式同 5.1。

（2）点击标注工具条中的对齐标注按钮或菜单【标注】,【对齐标注】；点取 JD0 和 JD1；完成 JD0 到 JD1 之间的尺寸标注。

（3）同理，完成其他点之间的线性标注。

（4）点取标注工具条中的角度按钮，根据命令行提示，分别选择待标注角的两条边。

注意：区分线性标注与对齐标注的不同。线性标注标注水平和垂直的尺寸；对齐标注标注倾斜的尺寸。

5.3 圆管涵立面图的标注

学习要点：

（1）巩固连续标注的方法。

（2）会对圆及圆弧进行尺寸标注。

完成如图 5-9 所示的圆管涵立面图尺寸标注。

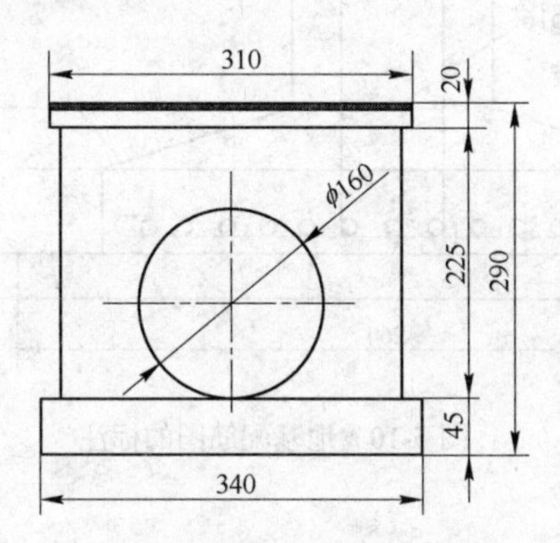

图 5-9 圆管涵立面图的尺寸标注

操作提示：

（1）设置标注样式同 5.1。

（2）点击标注工具条中的直径标注按钮或菜单【标注】,【直径标注】；点取圆心；完成直径标注。

（3）先线性标注完成 45 长度的线段标注；再点击标注工具条中的连续标注按钮或菜单【标注】,【连续标注】，完成 225、20 的标注；点取圆心；完成直径标注。

5.4 地基配筋图的标注

学习要点：

（1）掌握基线标注的方法；体会基线标注和连续标注的不同。

（2）巩固直径标注和线性标注。

完成如图 5-10 所示的地基配筋图的标注。

操作提示：

（1）设置标注样式同 5.1。

（2）点击标注工具条中的线性标注，先标注 15 长度对应的线段；再点击标注工具条中的基线标注按钮 或菜单【标注】,【基线标注】, 完成 44、65、129 部分的基线标注。

（3）点击标注工具条中的直径标注按钮 或菜单【标注】,【直径标注】; 点取圆心；完成直径标注。

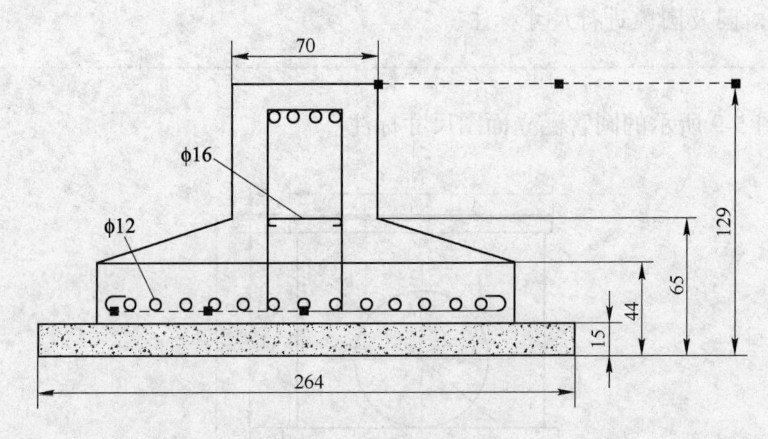

图 5-10 地基配筋图的标注

5.5 钢筋尺寸的标注

学习要点：

（1）了解引线标注的方法。
（2）巩固对齐标注的方法。

完成如图 5-11 所示钢筋的标注。

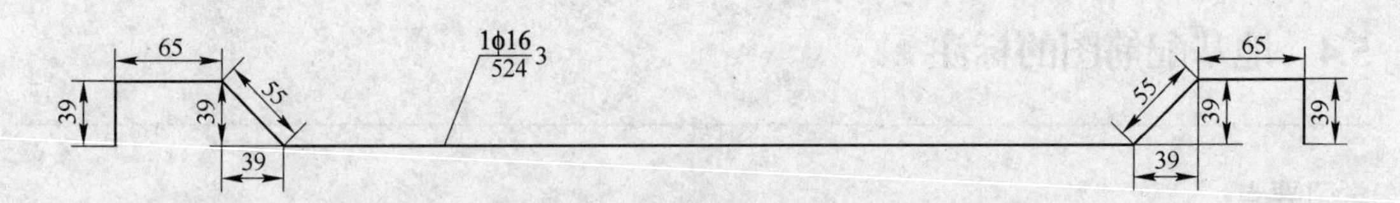

图 5-11 钢筋尺寸的标注

操作提示：

（1）点击菜单【格式】，【多重引线样式】，【新建】，新建样式，继续，设置引线。多重引线样式设置对话框如图 5-12 所示。

（2）菜单【标注】，【多重引线】，根据命令行提示，第一点捕捉钢筋上的一点，第二点点取折线处的一点，输入第一行文字后回车，输入第二行文字。

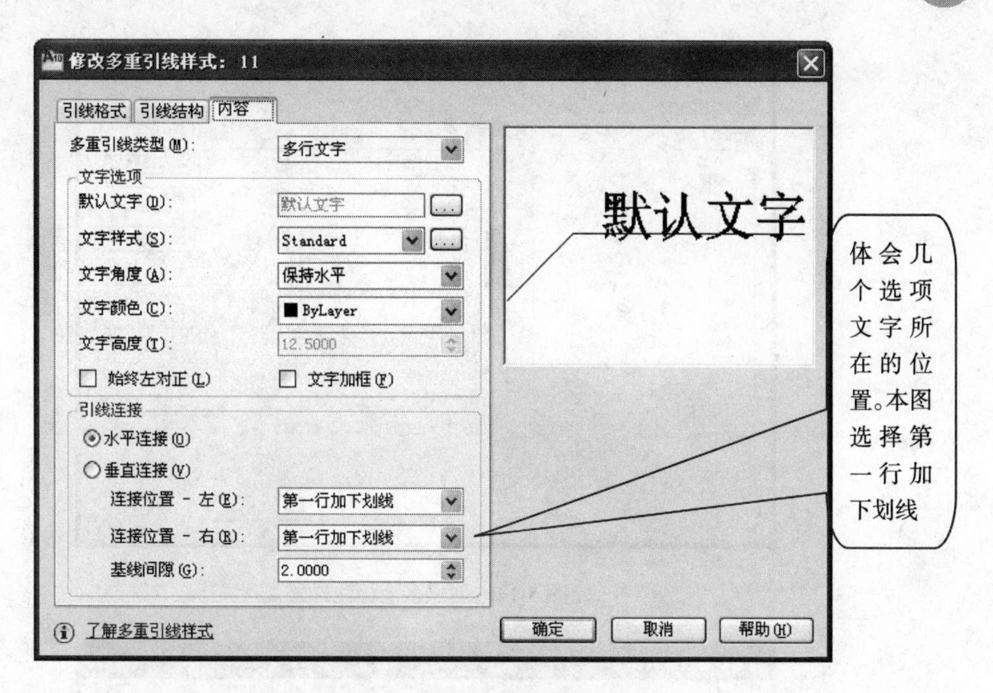

图 5-12　多重引线样式设置对话框

5.6　缩放比例尺的标注

学习要点：

（1）掌握对图形缩放比例尺后，按原尺寸标注的方法。

（2）掌握在一个图形文件下，标注不同比例尺图形的方法。

完成如图 5-13 所示图形的比例尺缩放尺寸标注。

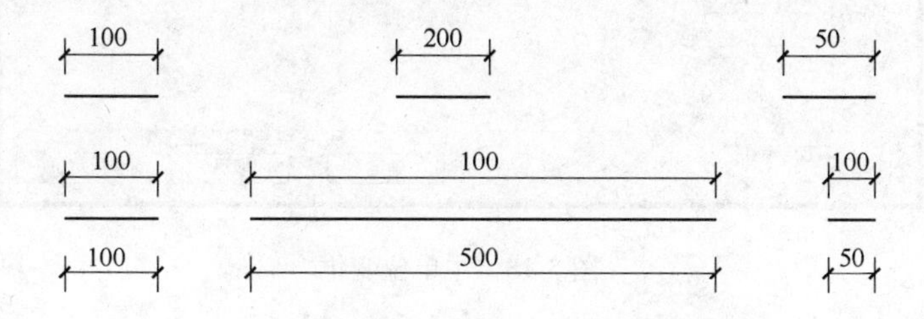

图 5-13　比例尺缩放的标注

操作提示：

（1）分别创建不同的标注样式，如图 5-14 所示。

（2）通过修改主单位中的比例因子，完成不同的标注，如图 5-15 所示。

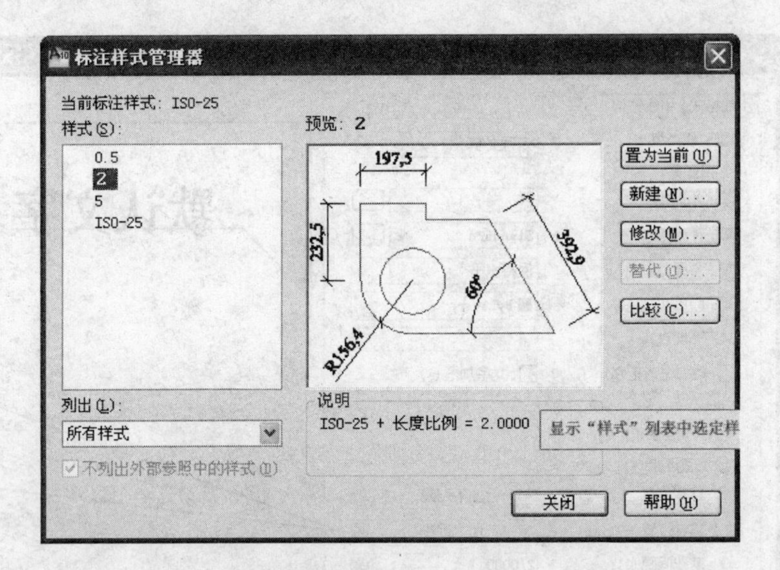

图 5-14　创建多个标注样式

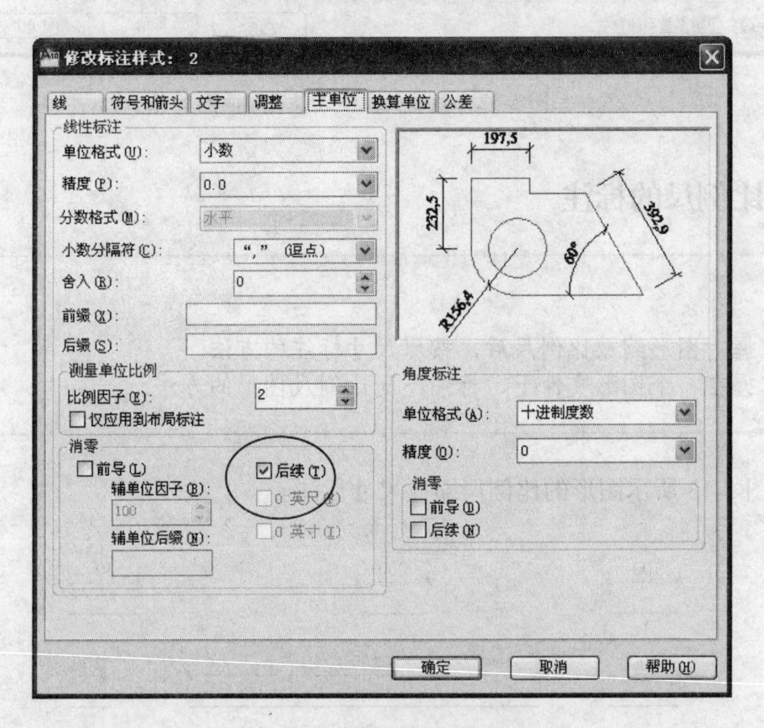

图 5-15　主单位变化

6　图形的打印与布局

6.1　打印

学习要点：

学会打印图形。

点击【文件】，【打印】，将弹出如图 6-1 所示的对话框。按要求设置各项完成打印。

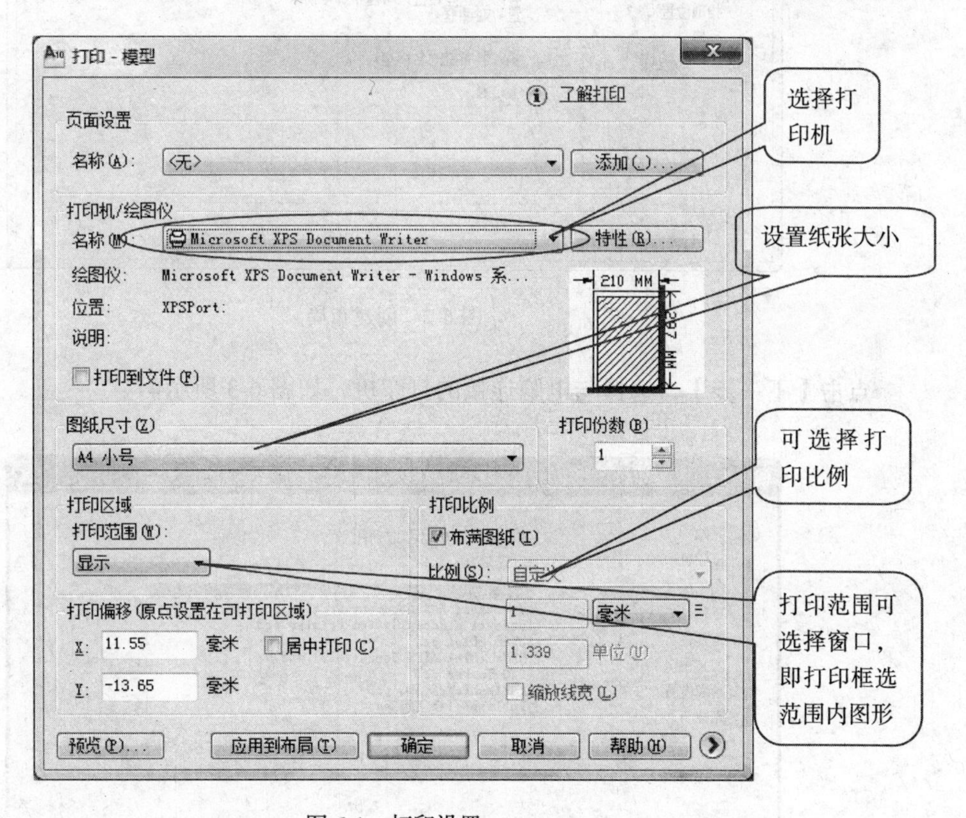

图 6-1　打印设置

6.2　布局打印

学习要点：

了解布局的应用背景及方法。

点击【文件】,【布局】,或命令行输入 layout,将弹出如图 6-2 所示的对话框,创建布局。

命令:layout
输入布局选项[复制(C)/删除(D)/新建(N)/样板(T)/重命名(R)/另存为(SA)/设置(S)/?]<设置>:n
输入新布局名<布局 3>:创建布局举例
命令:layoutwizard

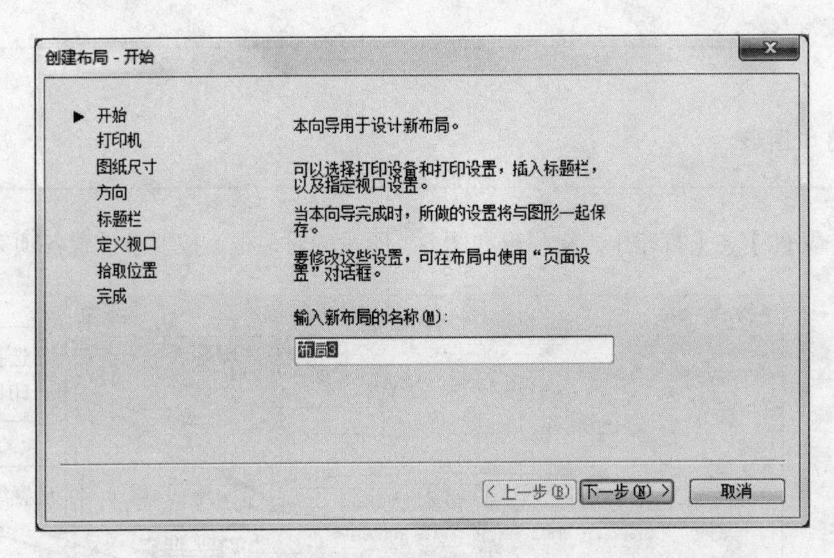

图 6-2　创建布局

点击【下一步】,选择与电脑连接的打印机,如图 6-3 所示。

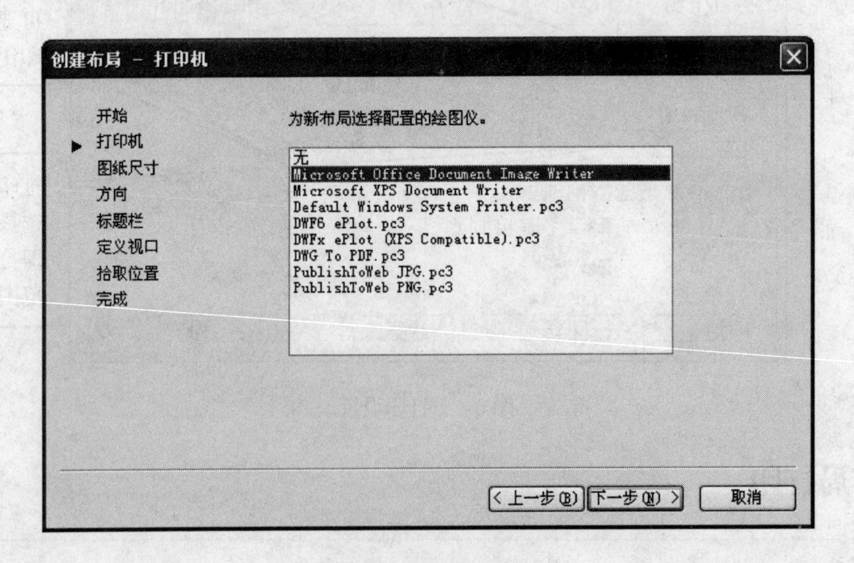

图 6-3　设置打印机

点击【下一步】,设置图纸尺寸,如图 6-4 所示。

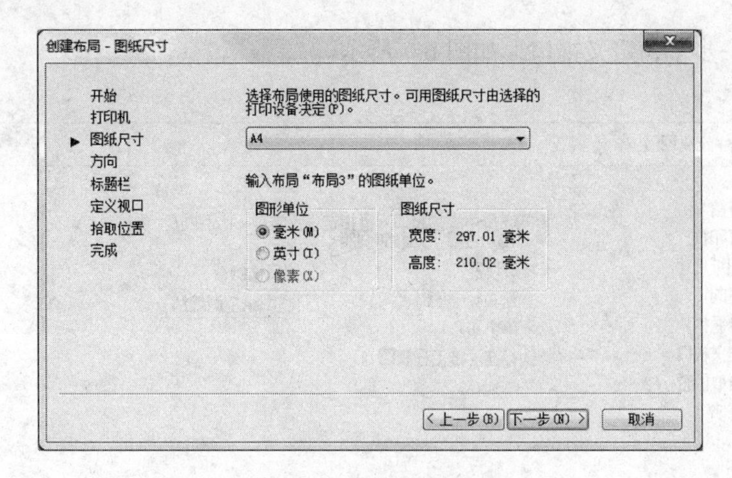

图 6-4 设置图纸尺寸

点击【下一步】，设置图形在图纸上的方向，如图 6-5 所示。

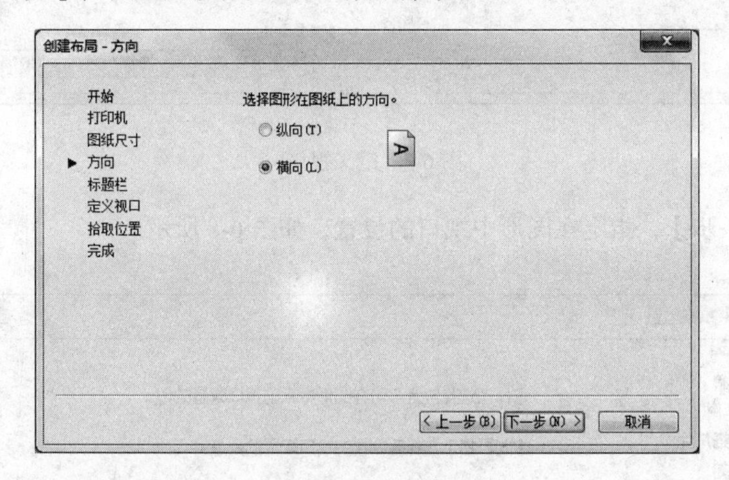

图 6-5 设置方向

点击【下一步】，设置布局的标题栏，如图 6-6 所示。

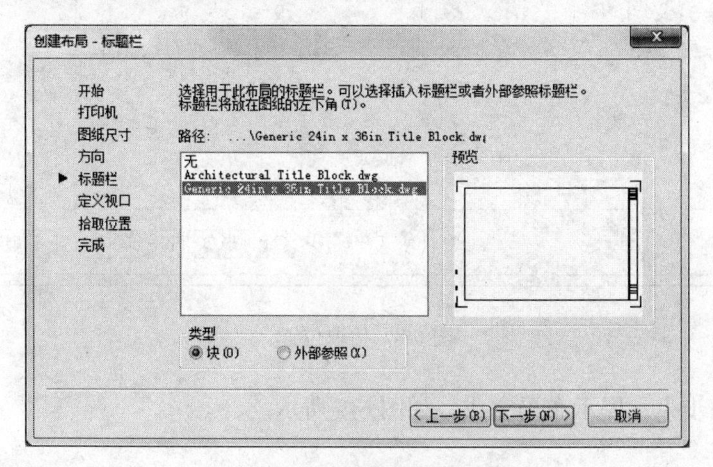

图 6-6 设置标题栏

点击【下一步】，定义视口，如图 6-7 所示。

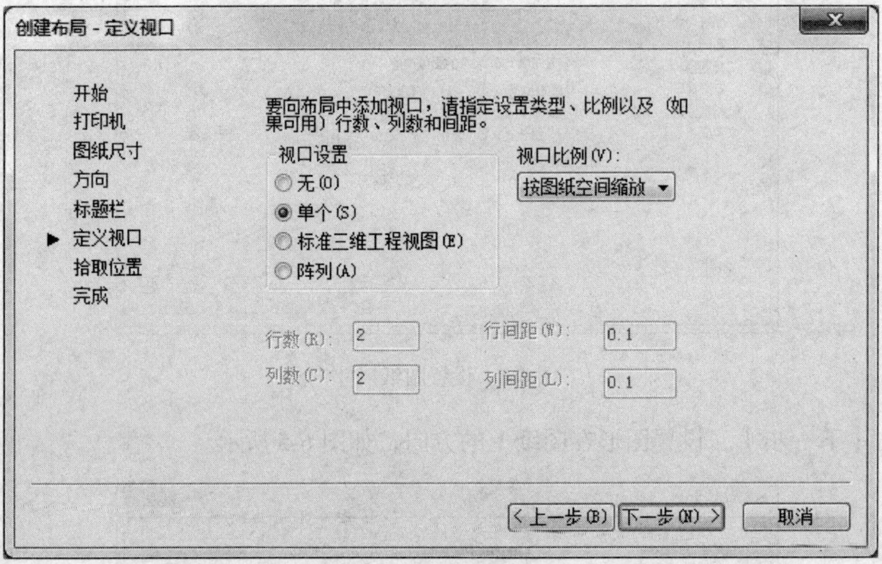

图 6-7 定义视口

点击【下一步】，指定在图形中视口的位置，如图 6-8 所示。

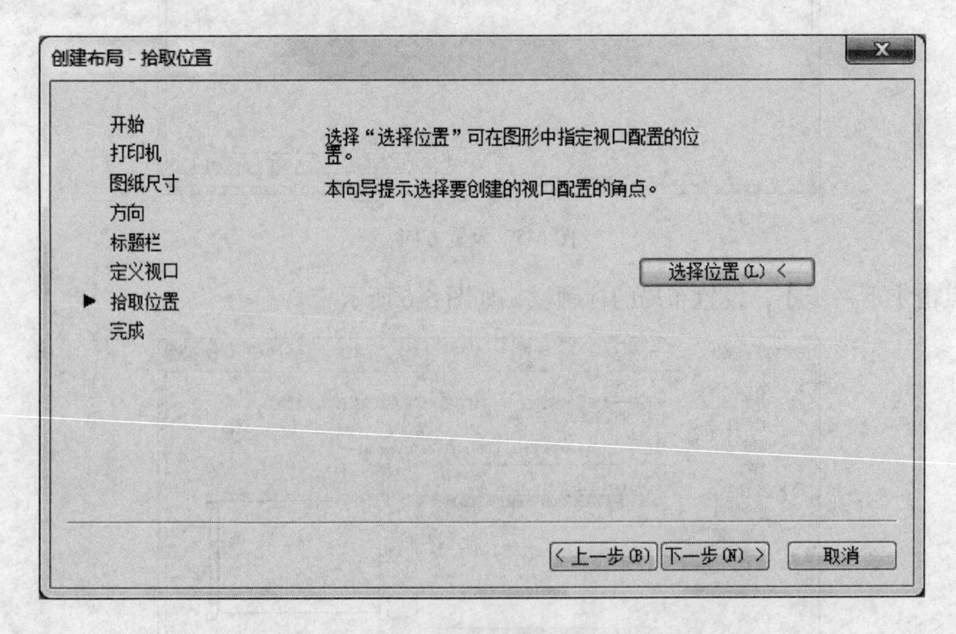

图 6-8 拾取位置

点击【下一步】，提示布局完成，如图 6-9 所示。

图 6-9　布局完成

创建好的布局如图 6-10 所示。可在布局下直接打印图形。

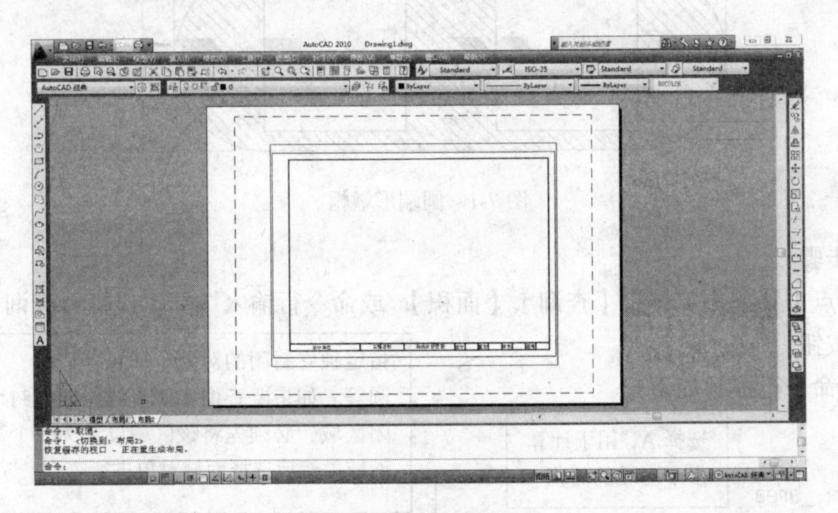

图 6-10　创建好的布局

7 高级应用

7.1 查询圆端形墩帽阴影部分面积

学习要点：

了解查询图形面积的方法。

查询如图 7-1 所示圆端形墩帽阴影部分的面积。

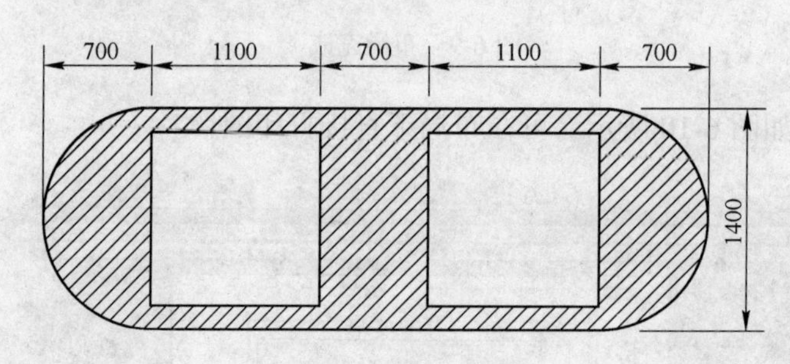

图 7-1 圆端形墩帽

操作步骤：

（1）点击菜单【工具】,【查询】,【面积】；或命令行输入 area；或打开查询工具条，点击面积按钮。

（2）命令行提示如下：

选择 A，用于计算多个区域的面积

指定独立封闭的对象，如正多边形、圆等。如果要查询多条直线构成的封闭区域，必须先将该区域设置为一个面域，然后选择面域对象进行查询

命令: _area
指定第一个角点或 [对象(O)/加(A)/减(S)]: a
指定第一个角点或 [对象(O)/减(S)]: o
（“加”模式）选择对象:

用鼠标选择墩帽的外边缘，得到如下查询信息

面积 = 5599380.4003，周长 = 10198.2297
总面积 = 5599380.4003
（“加”模式）选择对象:

按<Enter>或鼠标右键，结束“加”模式

指定第一个角点或 [对象(O)/减(S)]: s

计算从多个对象中减去的面积、周长，同时计算减去的所有对象的总面积

指定第一个角点或 [对象(O)/加(A)]: o
（“减”模式）选择对象:

鼠标点选左侧矩形，得到如下信息

面积 = 1210000.0000，周长 = 4400.0000
总面积 = 4389380.4003
（“减”模式）选择对象:

鼠标点选右侧矩形，得到如下信息

面积 = 1210000.0000，周长 = 4400.0000
总面积 = 3179380.4003　　按<Enter>或鼠标右键，结束“减”模式
（“减”模式）选择对象：
指定第一个角点或 [对象(O)/加(A)]：　　按<Enter>或鼠标右键，结束查询模式

7.2 特性匹配

学习要点：

了解特性匹配的用法。

将图 7-2 所示图形中圆形的颜色、图层、线型、线宽等特性匹配给矩形。

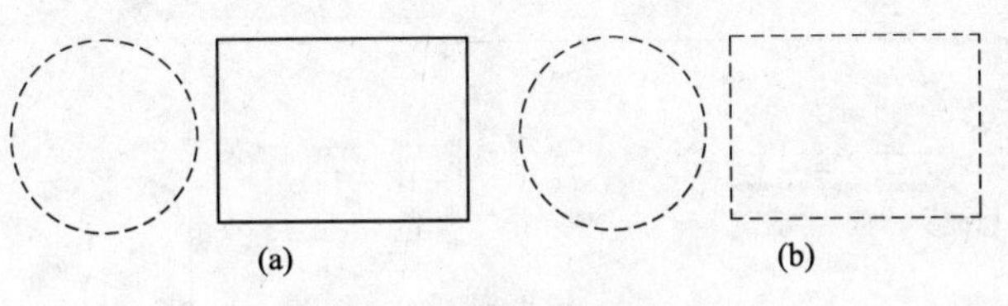

图 7-2 特性匹配实例
(a) 原图; (b) 匹配后的效果

操作步骤：

（1）点击菜单【修改】,【特性匹配】；或命令行输入 MATCHPROP；或标准工具条中的特性匹配按钮。

（2）命令行提示如下：

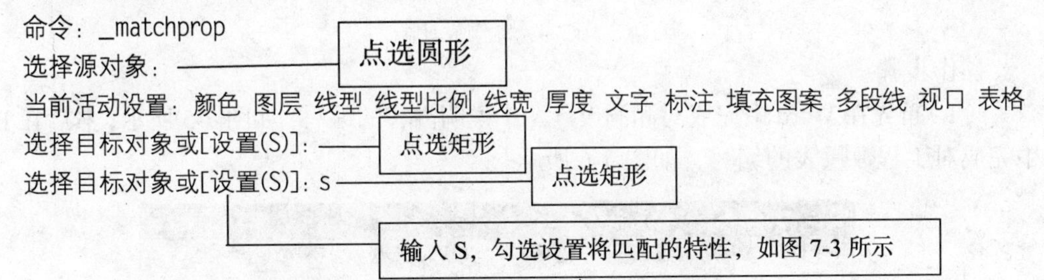

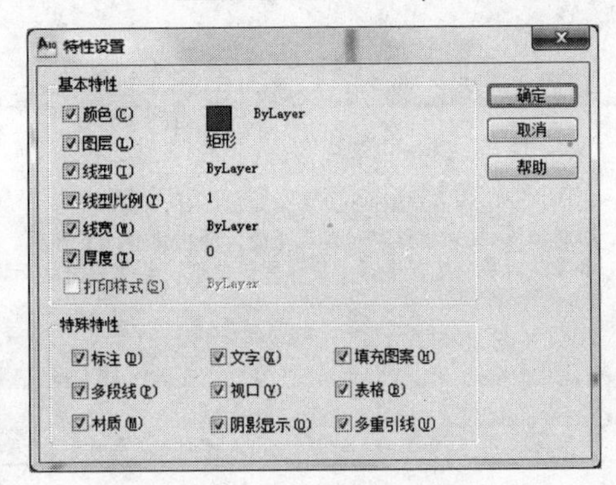

图 7-3 特性设置对话框

7.3 掌握Excel、Word与AutoCAD结合应用技巧

学习要点：

（1）掌握AutoCAD图形复制到Word里的方法。
（2）掌握将Word和Excel嵌入AutoCAD的方法。
（3）掌握使用Excel与AutoCAD结合绘制图形的方法。

7.3.1 将Word下编写的文字和Excel制作的表添加到AutoCAD文件中

分别使用Word和Excel软件编辑文字说明和工程数量表，完成涵洞设计图(见图7-4)。

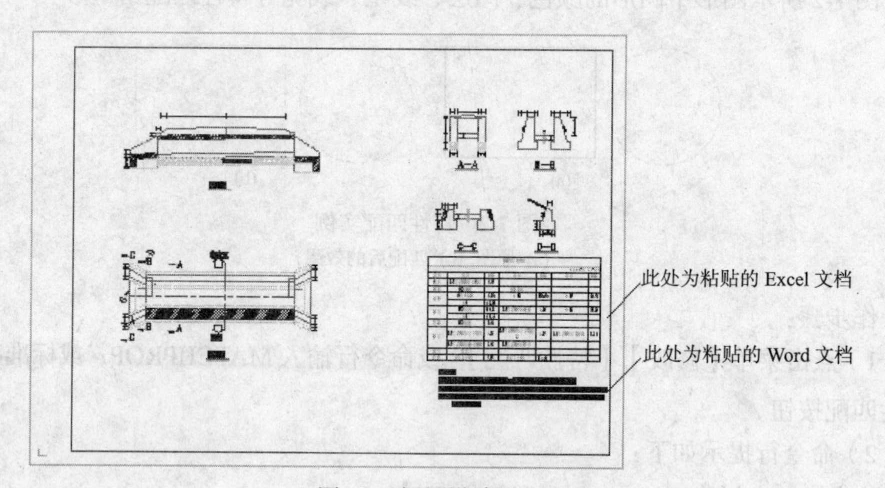

图7-4 涵洞设计图

操作步骤：

（1）首先在Word中完成对涵洞设计图中说明内容的编写，如图7-5所示；然后在Excel中完成对工程数量表的编写，如图7-6所示。

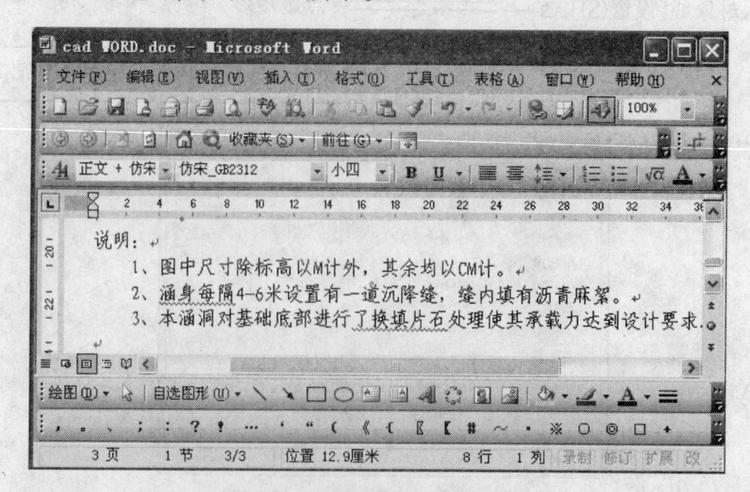

图7-5 Word书写的说明文字

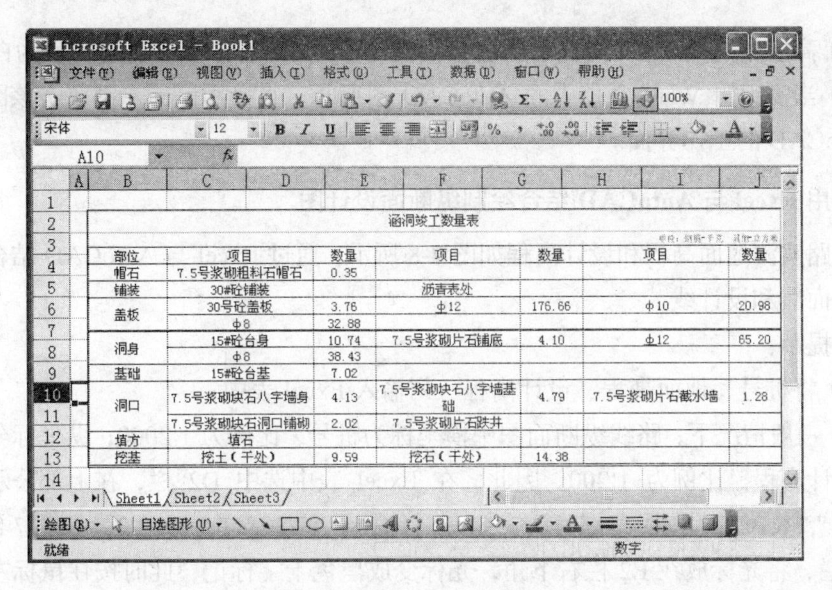

涵洞竣工数量表

部位	项目	数量	项目	数量	项目	数量
帽石	7.5号浆砌粗料石帽石	0.35				
铺装	30#砼铺装		沥青表处			
盖板	30号砼盖板	3.76	ф12	176.66	ф10	20.98
	ф8	32.88				
洞身	15#砼台身	10.74	7.5号浆砌片石铺底	4.10	ф12	65.20
	ф8	38.43				
基础	15#砼台基	7.02				
洞口	7.5号浆砌块石八字墙身	4.13	7.5号浆砌块石八字墙基础	4.79	7.5号浆砌片石截水墙	1.28
	7.5号浆砌块石洞口铺砌	2.02	7.5号浆砌片石跌井			
填方	填石					
挖基	挖土（干处）	9.59	挖石（干处）	14.38		

图 7-6 Excel 编写的表格

（2）将在“Word”中编写的文字说明全部选中，用键盘快捷方式“<Ctrl>+<C>”完成复制，回到 AutoCAD 绘图区，点击【编辑】，【选择性粘贴】，打开【选择性粘贴】对话框，并选择粘贴为“AutoCAD”，完成对说明文字部分的粘贴。

（3）将在“Excel”中完成的工程数量表选中，用键盘快捷方式“<Ctrl>+<C>”完成复制，回到 AutoCAD 绘图区后，重复第（2）步工作，完成工程数量表的粘贴。

（4）调整插入文字说明和表格的位置和大小，使其与已经完成的涵洞设计图相互协调，完成涵洞设计图的绘制，如图 7-4 所示。

7.3.2 将 AutoCAD 图形输入到 Word 文档中

将图 7-2 所示的 AutoCAD 格式图形插入到 Word 文档中。

操作提示：

（1）选定对象，在 AutoCAD 中点击菜单【编辑】,【复制】; 或命令行输入 COPYCLIP；或使用键盘<Ctrl>+<C>。

（2）打开 Word 文档，使用菜单【编辑】,【粘贴】; 或使用键盘<Ctrl>+<V>，将内容插入到 Word 文档中。

（3）AutoCAD 图形插入到 Word 文档后，通过图片工具栏中的裁剪工具（见图 7-7）对空边进行修整，通过鼠标拖动角点来调整图形的大小。

图 7-7 图片工具栏与裁剪工具

（4）高版本 AutoCAD 的背景颜色粘贴到 Word 文档后，都会自动转换为白色。

（5）当需编辑 Word 文档中的 AutoCAD 图形时，直接用鼠标左键双击该图形，自动打开 AutoCAD 的工作界面。

7.3.3 使用 Excel 与 AutoCAD 结合绘制纵断面设计图

某公路实测地面高程和设计高程如图 7-8 所示，通过 Excel 与 AutoCAD 结合绘制纵断面图的地面线和设计线。

操作提示：

（1）将桩号、地面高程、设计高程三列输入 Excel 表中；

（2）一般情况下，路线纵断面图中横坐标为桩号，比例为 1:2000；纵坐标分别为地面高程和设计高程，比例为 1:200。因此，在 Excel 表中选中 D2 栏，在上部公示栏中输入 =A2/20& "," &B2/2，按回车键确认。在 E2 行输入=A2/20& "," &C2/2，如图 7-8 所示。再选中 E2 栏，将光标放在 E2 栏右下角，光标变成黑色十字标记，此时按住鼠标左键同时向下拖动十字光标直至最后一行，自动生成 E 列设计线绘制坐标。同理，生成 D 列设计线绘制坐标如图 7-9 所示。

（3）回到 AutoCAD 中，在命令行输入直线命令 LINE，在命令行提示“指定第一点”后，粘贴 D 列地面线坐标数据，命令行自动将所有地面线高程点坐标完成直线连接。同理，绘制设计线高程，如图 7-10 所示。命令提示行显示如下：

```
LINE 指定第一点: 114.5,197.979
指定下一点或 [放弃(U)]: 116,198.349
指定下一点或 [放弃(U)]: 117,198.719
指定下一点或 [闭合(C)/放弃(U)]: 118,199.0885
指定下一点或 [闭合(C)/放弃(U)]: 119,199.4585
指定下一点或 [闭合(C)/放弃(U)]: 120,199.829
指定下一点或 [闭合(C)/放弃(U)]: 121,200.199
指定下一点或 [闭合(C)/放弃(U)]: 122,200.569
指定下一点或 [闭合(C)/放弃(U)]: 123,200.939
指定下一点或 [闭合(C)/放弃(U)]: 123.971,201.3085
指定下一点或 [闭合(C)/放弃(U)]: 125,201.679
指定下一点或 [闭合(C)/放弃(U)]: 126,202.049
指定下一点或 [闭合(C)/放弃(U)]: 127,202.4185
指定下一点或 [闭合(C)/放弃(U)]: 127.75,202.789
指定下一点或 [闭合(C)/放弃(U)]: 129.11,203.1585
指定下一点或 [闭合(C)/放弃(U)]: 130,203.529
指定下一点或 [闭合(C)/放弃(U)]: 131,203.8985
指定下一点或 [闭合(C)/放弃(U)]: 132,204.205
指定下一点或 [闭合(C)/放弃(U)]: 133,204.281
指定下一点或 [闭合(C)/放弃(U)]: 133.65,204.0465
```

指定下一点或 [闭合(C)/放弃(U)]: 134,203.5775
指定下一点或 [闭合(C)/放弃(U)]: 135,203.017
指定下一点或 [闭合(C)/放弃(U)]: 136.135,202.2435
指定下一点或 [闭合(C)/放弃(U)]: 136.5,201.874
指定下一点或 [闭合(C)/放弃(U)]: 136.8,201.304
指定下一点或 [闭合(C)/放弃(U)]: 138,200.734
指定下一点或 [闭合(C)/放弃(U)]: 139,200.164
指定下一点或 [闭合(C)/放弃(U)]: 140,199.594
指定下一点或 [闭合(C)/放弃(U)]: 141,199.0245
指定下一点或 [闭合(C)/放弃(U)]: 142,198.479
指定下一点或 [闭合(C)/放弃(U)]: 143.24915,198.0785
指定下一点或 [闭合(C)/放弃(U)]: 144,197.849
指定下一点或 [闭合(C)/放弃(U)]: 145,197.7675
指定下一点或 [闭合(C)/放弃(U)]: 146,197.7465
指定下一点或 [闭合(C)/放弃(U)]: 147,197.715
指定下一点或 [闭合(C)/放弃(U)]: 148,197.685
指定下一点或 [闭合(C)/放弃(U)]:

（4）插入图框，绘制坐标网格及下部各栏。

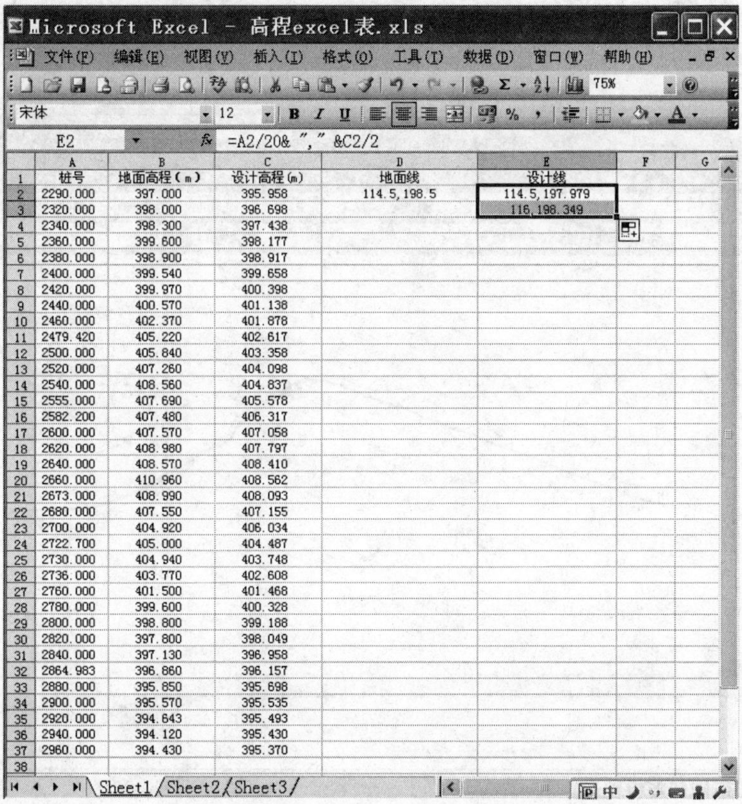

Microsoft Excel - 高程excel表.xls

文件(F) 编辑(E) 视图(V) 插入(I) 格式(O) 工具(T) 数据(D) 窗口(W) 帮助(H)

宋体 12 75%

E2 =A2/20& "," &C2/2

	A	B	C	D	E	F	G
1	桩号	地面高程(m)	设计高程(m)	地面线	设计线		
2	2290.000	397.000	395.958	114.5,198.5	114.5,197.979		
3	2320.000	398.000	396.698		116,198.349		
4	2340.000	398.300	397.438				
5	2360.000	399.600	398.177				
6	2380.000	398.900	398.917				
7	2400.000	399.540	399.658				
8	2420.000	399.970	400.398				
9	2440.000	400.570	401.138				
10	2460.000	402.370	401.878				
11	2479.420	405.220	402.617				
12	2500.000	405.840	403.358				
13	2520.000	407.260	404.098				
14	2540.000	408.560	404.837				
15	2555.000	407.690	405.578				
16	2582.200	407.480	406.317				
17	2600.000	407.570	407.058				
18	2620.000	408.980	407.797				
19	2640.000	408.570	408.410				
20	2660.000	410.960	408.562				
21	2673.000	408.990	408.093				
22	2680.000	407.550	407.155				
23	2700.000	404.920	406.034				
24	2722.700	405.000	404.487				
25	2730.000	404.940	403.748				
26	2736.000	403.770	402.608				
27	2760.000	401.500	401.468				
28	2780.000	399.600	400.328				
29	2800.000	398.800	399.188				
30	2820.000	397.800	398.049				
31	2840.000	397.130	396.958				
32	2864.983	396.860	396.157				
33	2880.000	395.850	395.698				
34	2900.000	395.570	395.535				
35	2920.000	394.643	395.493				
36	2940.000	394.120	395.430				
37	2960.000	394.430	395.370				
38							

Sheet1 / Sheet2 / Sheet3

图 7-8　Excel 输入的某公路实测地面高程和设计高程值

Microsoft Excel - 高程excel表.xls

D2 =A2/20& "," &B2/2

桩号	地面高程(m)	设计高程(m)	地面线	设计线
2290.000	397.000	395.958	114.5,198.5	114.5,197.979
2320.000	398.000	396.698	116,199	116,198.349
2340.000	398.300	397.438	117,199.15	117,198.719
2360.000	399.600	398.177	118,199.8	118,199.0885
2380.000	398.900	398.917	119,199.45	119,199.4585
2400.000	399.540	399.658	120,199.77	120,199.829
2420.000	399.970	400.398	121,199.985	121,200.199
2440.000	400.570	401.138	122,200.285	122,200.569
2460.000	402.370	401.878	123,201.185	123,200.939
2479.420	405.220	402.617	123.971,202.61	123.971,201.3085
2500.000	405.840	403.358	125,202.92	125,201.679
2520.000	407.260	404.098	126,203.63	126,202.049
2540.000	408.560	404.837	127,204.28	127,202.4185
2555.000	407.690	405.578	127.75,203.845	127.75,202.789
2582.200	407.480	406.317	129.11,203.74	129.11,203.1585
2600.000	407.570	407.058	130,203.785	130,203.529
2620.000	408.980	407.797	131,204.49	131,203.8985
2640.000	408.570	408.410	132,204.285	132,204.205
2660.000	410.960	408.562	133,205.48	133,204.281
2673.000	408.990	408.093	133.65,204.495	133.65,204.0465
2680.000	407.550	407.155	134,203.775	134,203.5775
2700.000	404.920	406.034	135,202.46	135,203.017
2722.700	405.000	404.487	136.135,202.5	136.135,202.2435
2730.000	404.940	403.748	136.5,202.47	136.5,201.874
2736.000	403.770	402.608	136.8,201.885	136.8,201.304
2760.000	401.500	401.468	138,200.75	138,200.734
2780.000	399.600	400.328	139,199.8	139,200.164
2800.000	398.800	399.188	140,199.4	140,199.594
2820.000	397.800	398.049	141,198.9	141,199.0245
2840.000	397.130	396.958	142,198.565	142,198.479
2864.983	396.860	396.157	143.24915,198.43	143.24915,198.0785
2880.000	395.850	395.698	144,197.925	144,197.849
2900.000	395.570	395.535	145,197.785	145,197.7675
2920.000	394.643	395.493	146,197.3215	146,197.7465
2940.000	394.120	395.430	147,197.06	147,197.715
2960.000	394.430	395.370	148,197.215	148,197.685

图 7-9 生成地面线和设计线坐标

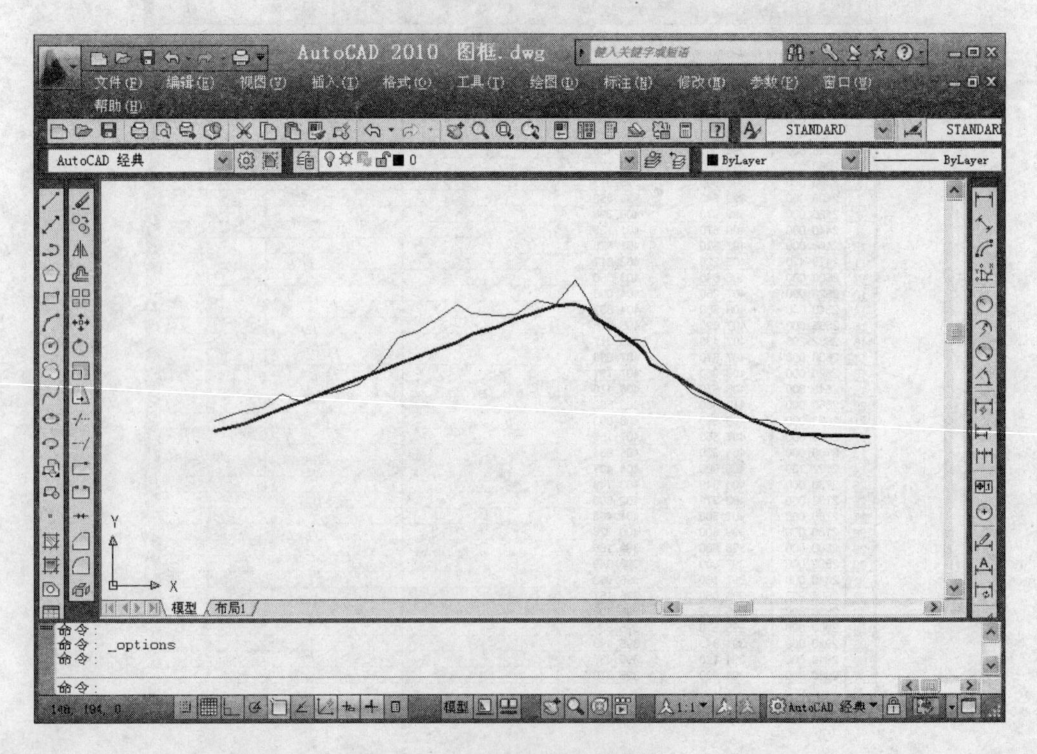

图 7-10 绘制地面线和设计线

7.4 地形图的矢量化

学习要点：

（1）了解光栅地形图矢量化的方法。

（2）了解光栅地形图作为底图进行设计的方法。

利用 DTM 绘制的地形图可以在 AutoCAD 中进行编辑和修改。手工勾绘的地形图通过扫描仪扫描成图像后，能够在 AutoCAD 中插入光栅图像，作为底图辅助完成设计，但不能直接修改，一些 CAD 平台上添加的专业软件（如维地）不能批量识别，需手工输入数据，大大增加了工作量，降低工作效率。扫描图像如果想变成矢量化图形，必须借助图形矢量化工具，或利用在 AutoCAD 中描图的方法来完成。

7.4.1 光栅图形的应用

如果要在 AutoCAD 中引入光栅图形，可选择下面两种操作方法之一：

（1）菜单选择法。其具体执行步骤如下：

1）选择下拉式菜单的【插入（I）】/【光栅图像（I）】选项，则会出现【选择图像文件】对话框，如图 7-11 所示。

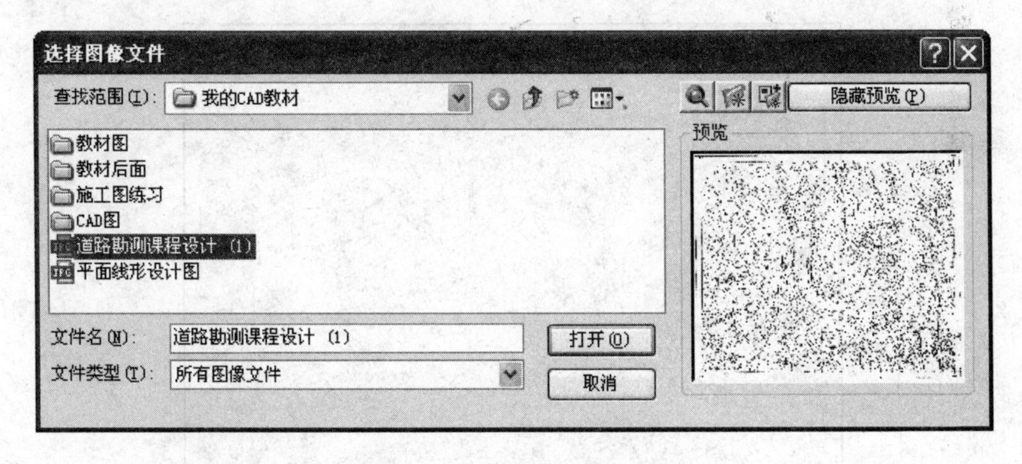

图 7-11 【选择图像文件】对话框

2）在图 7-11 所示的对话框中，选择要插入的图像文件，并单击【打开】，则会出现如图 7-12 所示的【图像】对话框，选择适当的位置，插入图像，单击【确定】按钮即可将相应的光栅图形引入到 AutoCAD 中，如图 7-13 所示。

（2）命令法。如果采用输入命令的方式，则键入 IMAGE 命令并按 <Enter> 键，在弹出的外部参照对话框中，按 【附着图像（I）】按钮，则显示如图 7-12 所示的【图像】对话框，并指定插入点和指定缩放比例因子即可完成插入。光栅图形插入 AutoCAD 后，经局部放大后的图形如图 7-13 所示。

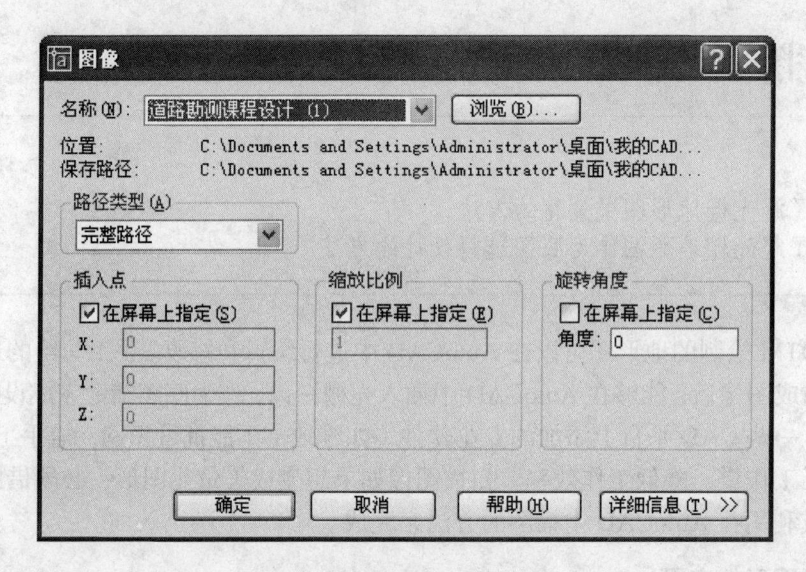

图 7-12 【图像】对话框

在图 7-13 的基础上，采用描图的方法，用多段线的折线描取所关心的图形，对于需要光滑的部分采用多段线编辑命令编辑。此办法对于那些比较复杂的立体图形也是一种行之有效的描图办法。选择线条或图形，点击右键可以调节前置和后置的顺序。

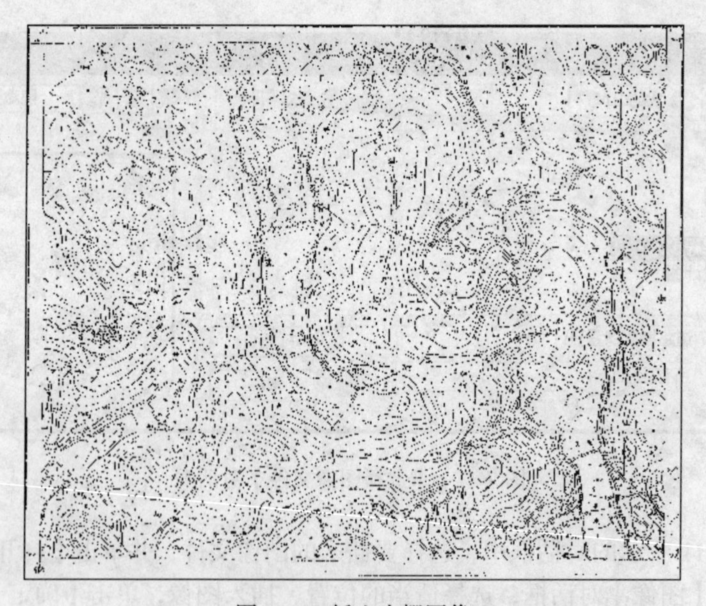

图 7-13 插入光栅图像

7.4.2 AutoCAD 图形的矢量化

所谓图形的矢量化，就是把原来的在 AutoCAD 中不能被编辑的图像变化成可以随意修改的线条图的过程。常用的矢量化软件有 R2V、Scan2CAD 等。

（1）R2V。R2V 是一种高级光栅（扫描）图矢量化软件系统，该软件通过将强有力的智能化数字技术与方便易用的菜单驱动图形用户界面有机地结合到 Window 环境中，为用户提供了全面的从自动化光栅图像到矢量图形的转换工具。它可以处理多种光栅图像，是一种可以用光栅图像为背景的适量编辑工具。由于该软件具有良好的适应性和高精度，因此非常适合于在 GIS、地形图、CAD 及科学计算等方面应用。使用 R2V 可以自动矢量化地图及其他图样，自动快速地完成航片或卫片的数字化及地理解析工作，以及用最新的航测照片或其他图像更新现存的矢量数据集。

（2）Scan2CAD。Scan2CAD 是一种功能强大的能将位图转化为矢量图的工具。它具有强大的图形编辑功能，支持 OCR 文字识别。另外，它还可以将不同类型对象自动放到不同的层上。

下面以 R2V32 为例介绍矢量化步骤。这个软件能把用户所喜欢的图片，变成 CAD 可以直接打开的格式。

首先，将 JPG、BMP 等格式的图片，经 PS 处理，变成灰度图（在 PS 打开彩色图后，点击图像—调整—灰度，把颜色去掉）。

然后，把这个没颜色的图片用 R2V32 软件打开（最好把对比度调高一些，这样后期矢量化的时候不会出现断线）。找到矢量里面有个自动矢量化；把对比度调高些，以免有些对比度较低的图案矢量不了。

最后，将图片另存成 DXF 格式，就可以用 CAD 直接打开。

注意: 尽量找些边界清晰的图片转换!!!

8 识读与绘制道路工程图

8.1 道路路线平面图的识读与绘制

学习要点：

（1）能识读道路平面图。

（2）掌握道路平面图各要素的绘制。

道路工程图的图示方法与一般工程图不同，它的平面图是地形图（地形图的绘制参见附录4），立面图是纵断面图，侧面图是横断面图，并且大都各自画在单独的图纸上。道路路线设计的最后结果是以平、纵、横断面图来表达，利用这三种工程图纸来表达道路的空间位置、线型和尺寸。绘制道路工程图时，应遵守《道路工程制图标准》（GB50162—1992）。

8.1.1 道路路线平面图的识读

道路路线平面图如图8-1所示。带着下面几个问题识读图8-1：

（1）此路线大致走向是什么样的？

（2）此路线位于什么样的地形中？

（3）此图展示的路线有多长？起点在哪里？终点在哪里？

（4）此路线途经了哪些地方？路线附近地面有哪些地物？

（5）平曲线的几何要素如何识读？

8.1.1.1 作用及投影

路线平面图的作用是表达路线的空间位置（坐标）、走向（左右转弯）、几何尺寸（直线长度、曲线半径等）以及沿线两侧带状的地形、地物情况。

路线平面图是路线在水平面上的投影图，是从上向下投影所得到的水平投影图。

8.1.1.2 表达方式

图8-1所示为某公路从K2+000至K3+430段共1430m的路线平面图。

A 地形部分

（1）比例尺。路线平面图的地形图是经过勘测而绘制的，可根据地形的起伏情况采用相应的比例。城镇区一般采用1:500或1:1000，山岭重丘区一般采用1:2000，微丘及平原区一般采用1:5000。

（2）方向。平面图上应画出指北针或测量坐标网，用来指明道路所在地区的方位与走向。指北针的箭头所指为正北方向。坐标网用“X|Y”表示，X轴向为南北方向（上为北），Y轴方向为东西方向。坐标值的标注应靠近被标注点，书写方向应平行于网格或网格延长线。

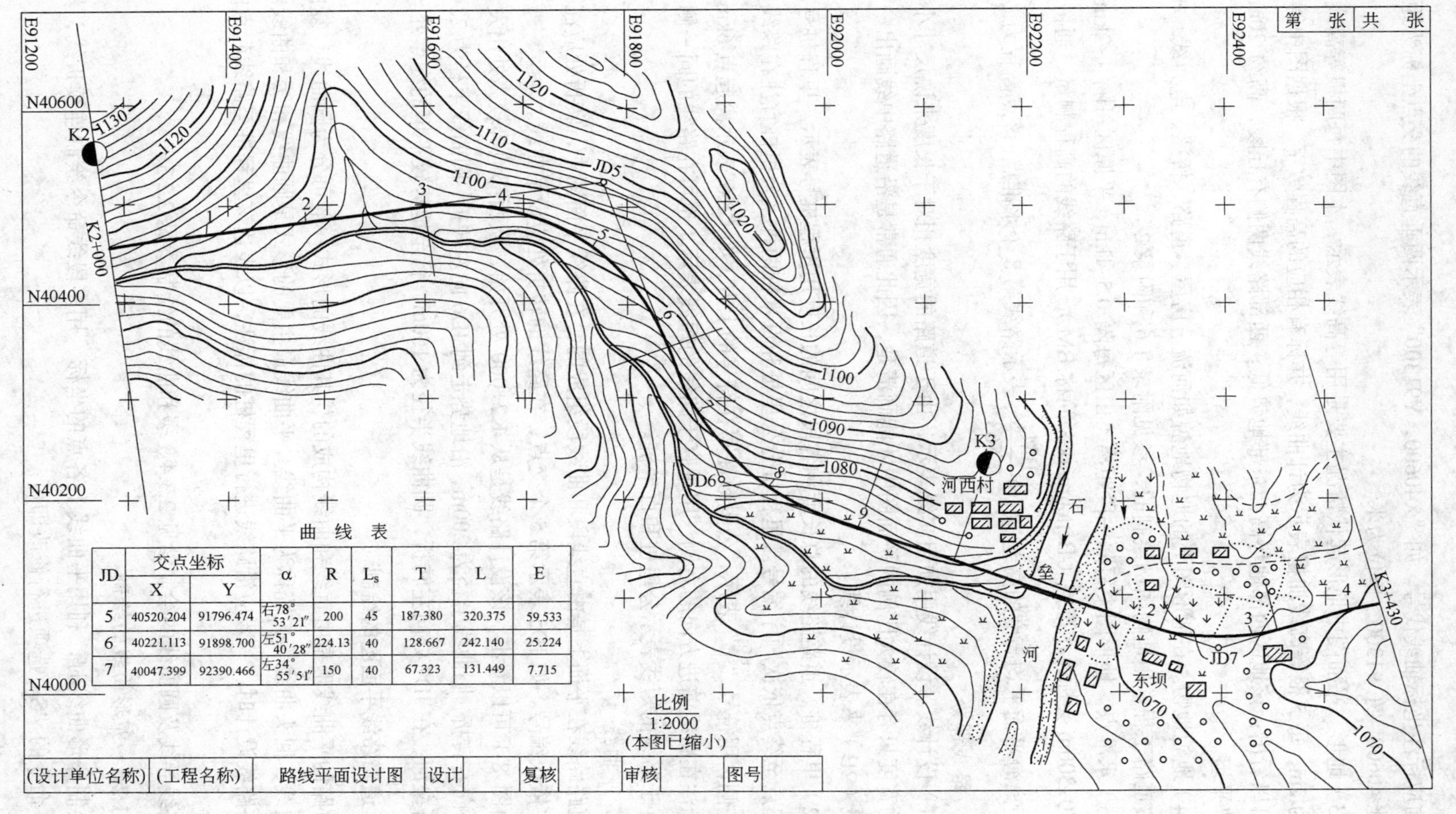

曲　线　表

JD	交点坐标 X	交点坐标 Y	α	R	L_s	T	L	E
5	40520.204	91796.474	右78°53′21″	200	45	187.380	320.375	59.533
6	40221.113	91898.700	左51°40′28″	224.13	40	128.667	242.140	25.224
7	40047.399	92390.466	左34°55′51″	150	40	67.323	131.449	7.715

(设计单位名称)	(工程名称)	路线平面设计图	设计		复核		审核		图号	

图 8-1　道路路线平面图

数值前应标注坐标轴线代号。如“X40600，Y91300”表示两垂直线的交点坐标为距坐标网原点北40600、东91300，单位为米。

（3）地形。平面图中地形起伏情况主要是用等高线表示，本图中每两根等高线之间的高差为2m，每5根等高线加粗表示为计曲线，并标有相应的高程数字。根据图中等高线的疏密可以看出：该地区西部地势高，东部地势低；西部路线两侧有丘陵，高约20m；河东侧地势平坦。

（4）地貌地物。在地形图上的地物地貌如河流、房屋、道路、桥梁、电力线、植被等，都是按道路工程常用地物图例绘制的，参见附录1.6和附录2。

（5）水准点。地形图中每隔一段距离（山区每隔0.5~1km，平原区每隔1~2km）距离中线50~300m会标有水准点（Benchmark，简称BM），用于路线的高程测量，通俗讲即为该点距离海平面平均高度的高差。如$\otimes\frac{BM_8}{7.563}$，表示路线第8个水准点，该点高程为7.563m。

B 路线部分

（1）设计线。设计线用加粗实线表示，由于道路的宽度相对于长度来说尺寸小得多，公路的宽度只有在较大比例的平面图中才能画清楚，因此通常是沿道路中线画出一条加粗的实线（2B）来表示设计线。

（2）里程桩。道路路线的总长度和各段之间的长度用里程桩号表示。里程桩号应从路线的起点至终点依次顺序编号。里程桩分公里桩和百米桩两种，公里桩宜注在路线前进方向的左侧，用符号“K6 ⚲”表示，公里数注写在符号的上方，如“K6”表示离起点6km。百米桩宜标注在路线前进方向的右侧，用垂直于路线的短线表示。也可在路线的同一侧，均采用垂直于路线的短线表示公里桩和百米桩。

C 平曲线

道路路线在平面上是由直线段和曲线段组成的，在路线平面图中，转折处应注写交点代号并依次编号。如JD5,表示第5个交点，在路线的转折处应设平曲线。

由图8-1可以看出，该设计路线是从K2+000处开始，从西部地势较高处出发，交点JD5处向右转折，圆曲线半径为200m，沿地势走到JD6向左转折，圆曲线半径为224.13m，途经石垒河，在JD7处向左转折，圆曲线半径为150m，行至地势较平坦的终点处。

8.1.2 道路路线平面图的绘制

道路的平曲线形是由直线和曲线构成的，其曲线的形式一般可分为圆曲线、复曲线、缓和曲线、回头曲线等，统称为平曲线。平曲线最主要的形式是圆曲线和缓和曲线。在进行道路路线设计时，一般应沿路线进行里程桩的标注，以表达该里程桩至路线起点的水平距离。

路线导线及圆曲线的绘制参见2.3.4。缓和曲线的绘制参见2.2.3。

8.1.2.1 卵形曲线的绘制

绘制卵形曲线时，利用平曲线上各点的坐标，用多段线命令绘制连续折线，然后用PEDIT命令的“S”选项进行修改即可。

8.1.2.2　里程桩的标注

对图 8-2 所示路线中线进行桩号的标注。

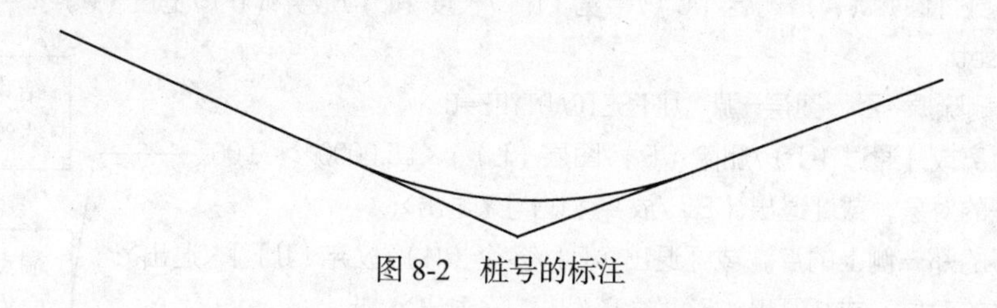

图 8-2　桩号的标注

操作提示：

（1）先以图 8-2 为基础，利用偏移命令绘制法线的辅助线，绘制完成的辅助线如图 8-3 所示。

```
命令: _offset
当前设置: 删除源=否　图层=源　OFFSETGAPTYPE=0
指定偏移距离或 [通过(T)/删除(E)/图层(L)] <通过>: 5
选择要偏移的对象，或 [退出(E)/放弃(U)] <退出>:            ——选择中线
指定要偏移的那一侧上的点，或 [退出(E)/多个(M)/放弃(U)] <退出>:  ——向标注的方向偏移，短线绘制 5，长线绘制 15
选择要偏移的对象，或 [退出(E)/放弃(U)] <退出>: *取消*

命令: _offset
当前设置: 删除源=否　图层=源　OFFSETGAPTYPE=0
指定偏移距离或 [通过(T)/删除(E)/图层(L)] <5.0000>: 15
选择要偏移的对象，或 [退出(E)/放弃(U)] <退出>:            ——选择 1 线
指定要偏移的那一侧上的点，或 [退出(E)/多个(M)/放弃(U)] <退出>:
选择要偏移的对象，或 [退出(E)/放弃(U)] <退出>:
```

3
2
1

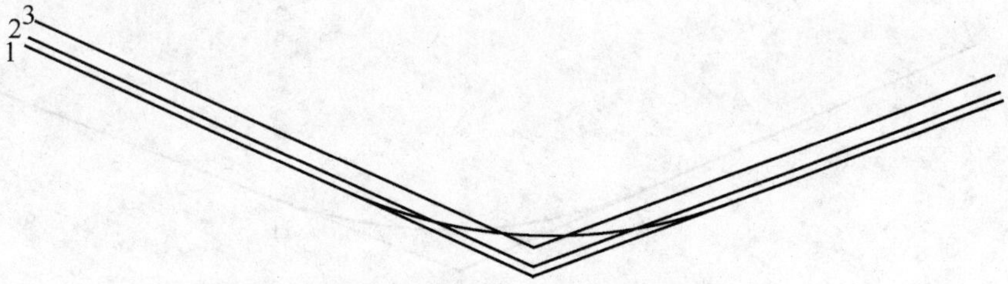

图 8-3　利用偏移命令绘制法线的辅助线

（2）绘制直线路段公里桩、百米桩的标注线，如图 8-4 所示。

```
命令: _pline                 ——绘制第一根法线
指定起点:                    ——点 1 号端点
当前线宽为 15.0000
指定下一个点或 [圆弧(A)/半宽(H)/长度(L)/放弃(U)/宽度(W)]: w
指定起点宽度 <15.0000>: 0
```

指定端点宽度 <0.0000>: 0

指定下一个点或 [圆弧(A)/半宽(H)/长度(L)/放弃(U)/宽度(W)]: （点3号端点）

指定下一点或 [圆弧(A)/闭合(C)/半宽(H)/长度(L)/放弃(U)/宽度(W)]: （结束第一根法线绘制）

命令: _offset

当前设置: 删除源=否 图层=源 OFFSETGAPTYPE=0

指定偏移距离或 [通过(T)/删除(E)/图层(L)] <15.0000>: 100 （端点处的法线向右偏移 100 个单位）

选择要偏移的对象，或 [退出(E)/放弃(U)] <退出>:

指定要偏移的那一侧上的点，或 [退出(E)/多个(M)/放弃(U)] <退出>:

选择要偏移的对象，或 [退出(E)/放弃(U)] <退出>:

选择要偏移的对象，或 [退出(E)/放弃(U)] <退出>:

指定要偏移的那一侧上的点，或 [退出(E)/多个(M)/放弃(U)] <退出>:

选择要偏移的对象，或 [退出(E)/放弃(U)] <退出>:

命令: _trim （利用2线为边界，剪切后一根法线，如图 8-5 所示）

当前设置:投影=UCS，边=无

选择剪切边...

选择对象或 <全部选择>: 找到 1 个

删除辅助线，如图 8-5 所示。

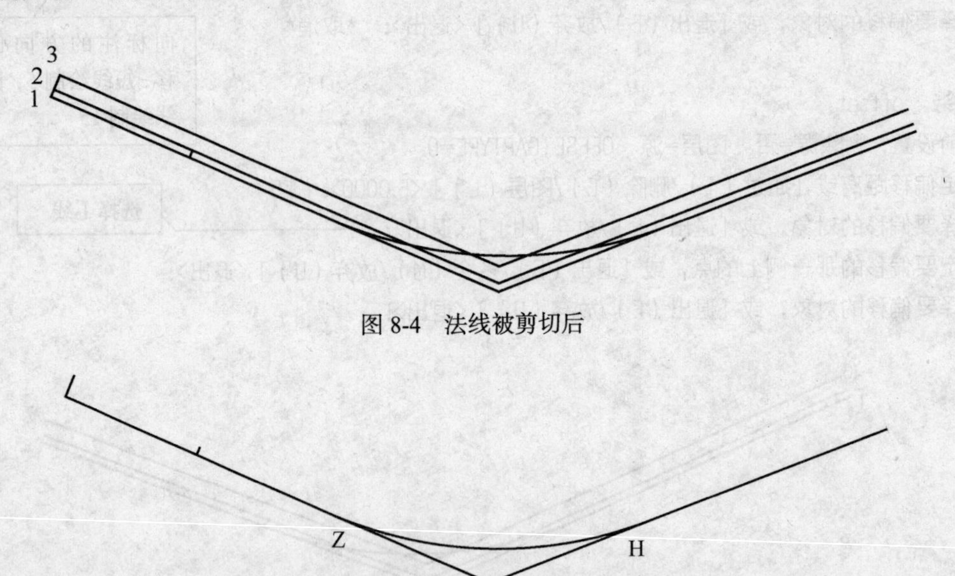

图 8-4 法线被剪切后

图 8-5 删除辅助线

（3）绘制曲线路段的主点法线。Z、H 点处的法线长度为 5 个单位，先利用平曲线和偏移命令作法线的辅助线，如图 8-6 所示。

命令: _offset （绘制曲线路段法线）

当前设置: 删除源=否 图层=源 OFFSETGAPTYPE=0

指定偏移距离或 [通过(T)/删除(E)/图层(L)] <100.0000>: 5

选择要偏移的对象，或 [退出(E)/放弃(U)] <退出>: （选择曲线）

指定要偏移的那一侧上的点，或 [退出（E）/多个（M）/放弃（U）] <退出>:
选择要偏移的对象，或 [退出（E）/放弃（U）] <退出>:

绘制 Z、H 点处法线

命令: _pline
指定起点:
当前线宽为 0.0000
指定下一个点或 [圆弧（A）/半宽（H）/长度（L）/放弃（U）/宽度（W）]:
指定下一点或 [圆弧（A）/闭合（C）/半宽（H）/长度（L）/放弃（U）/宽度（W）]:

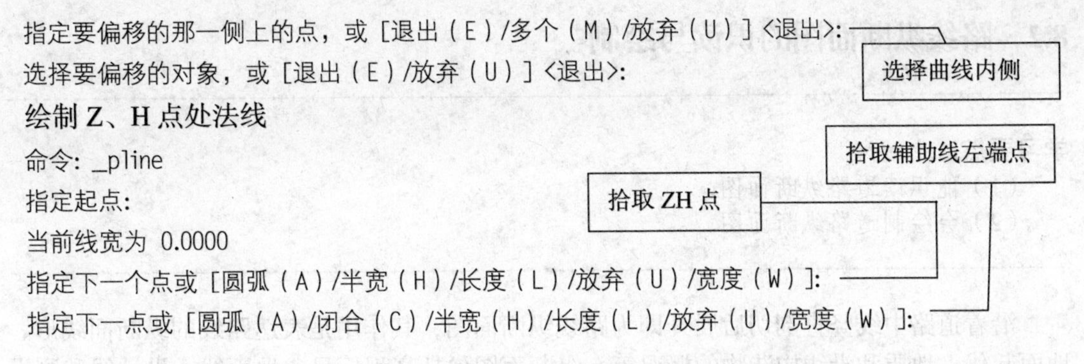

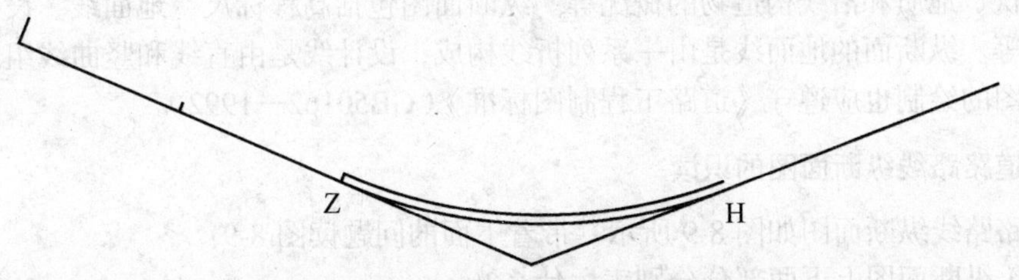

图 8-6　绘制 ZH 点的法线辅助线

同理，绘制其他各主点的法线，法线起点可以采用直接输入对应主点的中线坐标的方法确定。最后，去掉辅助线后得到图 8-7。

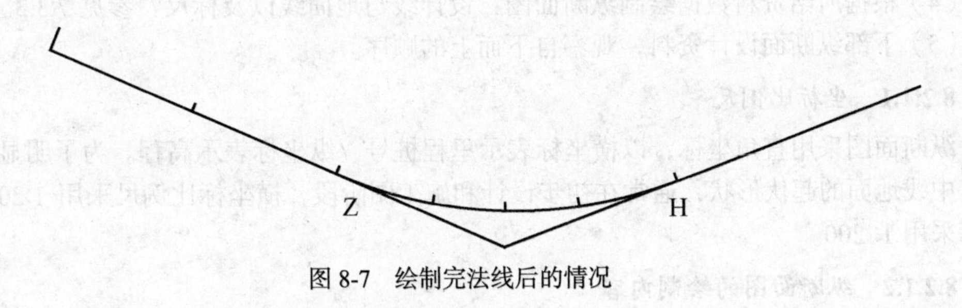

图 8-7　绘制完法线后的情况

（4）标注公里桩和百米桩。绘制公里桩符号 ◐，公里桩符号为直径 5 个单位的圆，右边半圆填充黑色。以块的形式插入公里桩。

输入公里桩和百米桩的数字，指定文字的旋转角度或参照，如图 8-8 所示。

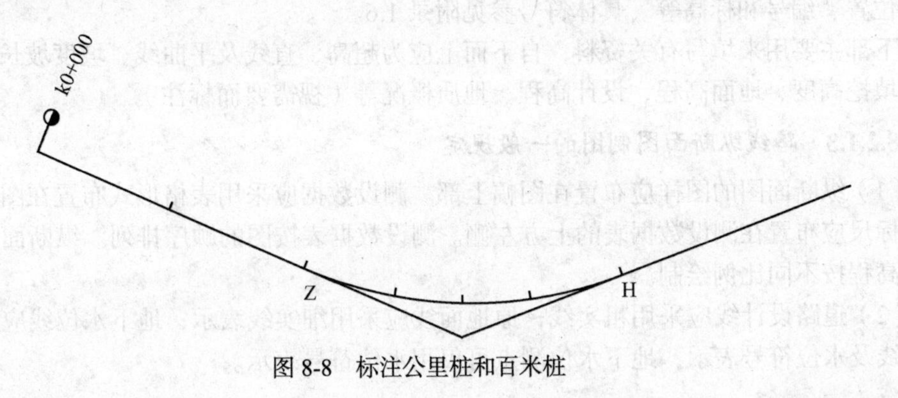

图 8-8　标注公里桩和百米桩

8.2 路线纵断面图的识读与绘制

学习要点：

（1）能识读道路纵断面图。

（2）会绘制道路纵断面图。

沿着道路中线竖直剖切后展开即为路线纵断面图，其作用是表达路线的纵断面线形、地面起伏、地质和沿线构造物的概况等。纵断面图包括高程标尺、地面线、设计线和测设数据表等。纵断面的地面线是由一系列折线构成，设计线是由直线和竖曲线组成的。道路纵断面图的绘制也应遵守《道路工程制图标准》(GB50162—1992)。

8.2.1 道路路线纵断面图的识读

道路路线纵断面图如图8-9所示。带着下面的问题读图8-9：

（1）纵断面图上下两部分分别表示什么？

（2）纵断面图表示的是道路的什么情况？纵断面图的横坐标和纵坐标的比例是否一样？有什么要求？

（3）已知坡度如何求设计高度和填挖高度？

（4）根据所给资料数据绘制纵断面图：设计线与地面线以及标尺？参见7.3.3。

（5）下部纵断面设计资料，观察自下而上的顺序。

8.2.1.1 坐标比例尺

纵断面图采用直角坐标，以横坐标表示里程桩号、纵坐标表示高程。为了明显地反映沿着中线地面的起伏形状，通常在初步设计和施工图阶段，横坐标比例尺采用1:2000、纵坐标采用1: 200。

8.2.1.2 纵断面图的绘制内容

纵断面图是由上、下两部分组成的。上部主要用来绘制地面线和纵坡设计线，比较设计线与地面线的相对位置，可确定填挖地段和填挖高度。另外，也用以标注竖曲线及其要素，坡度及坡长（有时标在下部），沿线桥涵及人工构造物的位置、结构类型、孔数和孔径，与道路、铁路交叉的桩号和路名，沿线跨越的河流名称、桩号、常水位和最高洪水位，水准点位置、编号和标高等。具体符号参见附录1.6。

下部主要用来填写有关资料，自下而上应为超高、直线及平曲线、坡度坡长、里程桩号、填挖高度、地面高程、设计高程、地质概况等（视需要而标注）。

8.2.1.3 路线纵断面图制图的一般规定

（1）纵断面图的图样应布置在图幅上部。测设数据应采用表格形式布置在图幅下部。高程标尺应布置在测设数据表的上方左侧。测设数据表按图的顺序排列。纵断面图中的距离与高程按不同比例绘制。

（2）道路设计线应采用粗实线；原地面线应采用细实线表示；地下水位线应采用细双点划线及水位符号表示；地下水位测点可仅用水位符号表示。

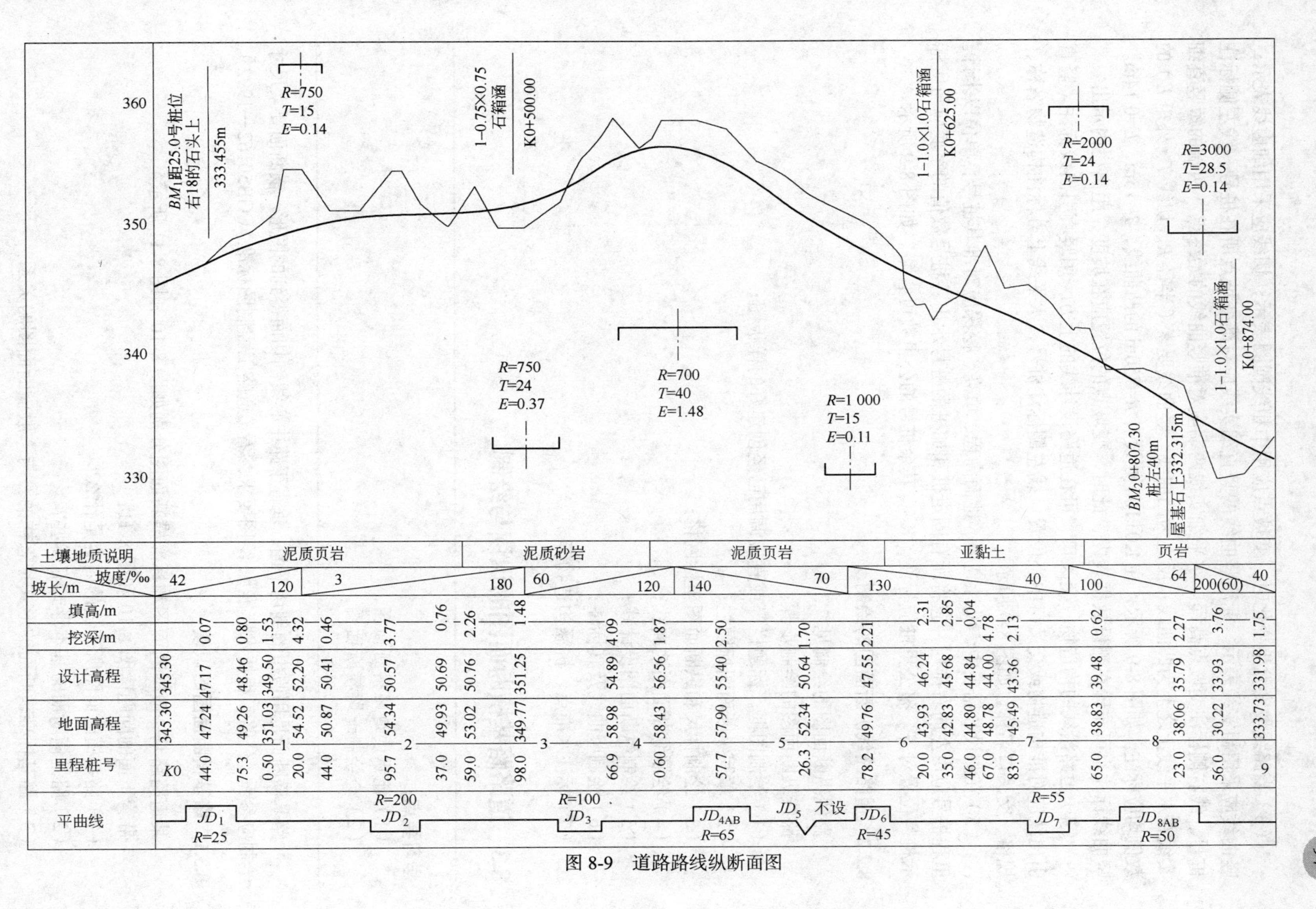

图 8-9 道路路线纵断面图

（3）当路线坡度发生变化时，变坡点应用中粗线圆圈表示；切线应采用细虚线表示；竖曲线应采用粗实线表示。标注竖曲线的竖直细实线应对准变坡点所在桩号，线左侧标注桩号、线右侧标注变坡点高程。水平细实线两端应对准竖曲线的始终点。两端的短竖直细实线在水平线上之上为凹曲线；反之为凸曲线。竖曲线要素（半径 R、切线 T、外矩 E）的数值均应标注。如图 8-9 所示，在 K0+100 处设有 R=750m 的凸曲线，T=15m，E=0.14m。竖曲线标注也可布置在测设数据表内，此时，变坡点的位置应在坡度、距离栏内示出。

（4）道路沿线的构造物、交叉口，可在道路设计线的上方，用竖直引出线标注。竖直引出线应对准构造物或交叉口中心位置。线左侧标注桩号，水平线上方标注构造物名称、规格、交叉口名称。如图 8-9 所示。

（5）在测设数据表中，设计高程、地面高程、填高、挖深应对准其桩号，单位以米计。里程桩号应由左向右排列。应将所有固定桩和加桩的桩号示出，桩号数值的字底应与所标示桩号位置对齐。整公里桩应标注“K”，其余桩号的公里数可省略。如图 8-9 所示。

8.2.2 道路路线纵断面图的绘制

路线纵断面图的绘制见 7.3.3。

路线纵断面图的绘制步骤：

（1）绘制图框、标题栏等或直接调用已经创建好的样板图；

（2）填写纵断面图标题栏；

（3）绘制标尺和纵断面图坐标网格；

（4）绘制纵断面图地面线；

（5）绘制纵断面图设计线；

（6）绘制竖曲线及其标注；

（7）标注水准点、桥涵构造物等。

8.3 道路路基横断面图的识读与绘制

学习要点：

（1）能识读道路横断面图。

（2）会绘制道路横断面图。

路基横断面是用假想的剖切平面，垂直于路中心线剖切而得到的图形。横断面要素尺寸绘制应参看《公路工程技术标准》。绘图要求参看《道路工程制图标准》（GB50162—1992）。

8.3.1 路基横断面图的识读

某道路路基一般横断面图和标准横断面图分别如图 8-10 和图 8-11 所示。

带着下面的问题读图 8-10 和图 8-11：

（1）路基横断面图所表达的内容是什么？

（2）路基横断面的基本形式有哪些？

（3）路基标准横断面的形式是怎样的？与一般横断面图的关系？

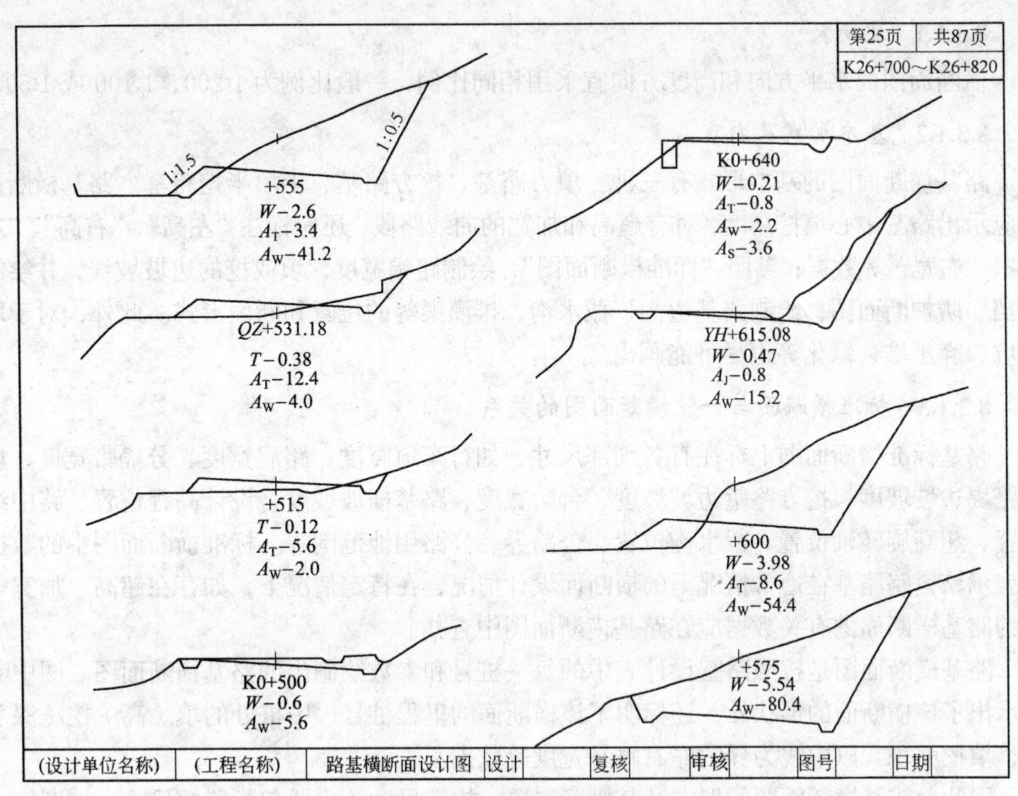

图 8-10　某道路路基一般横断面图

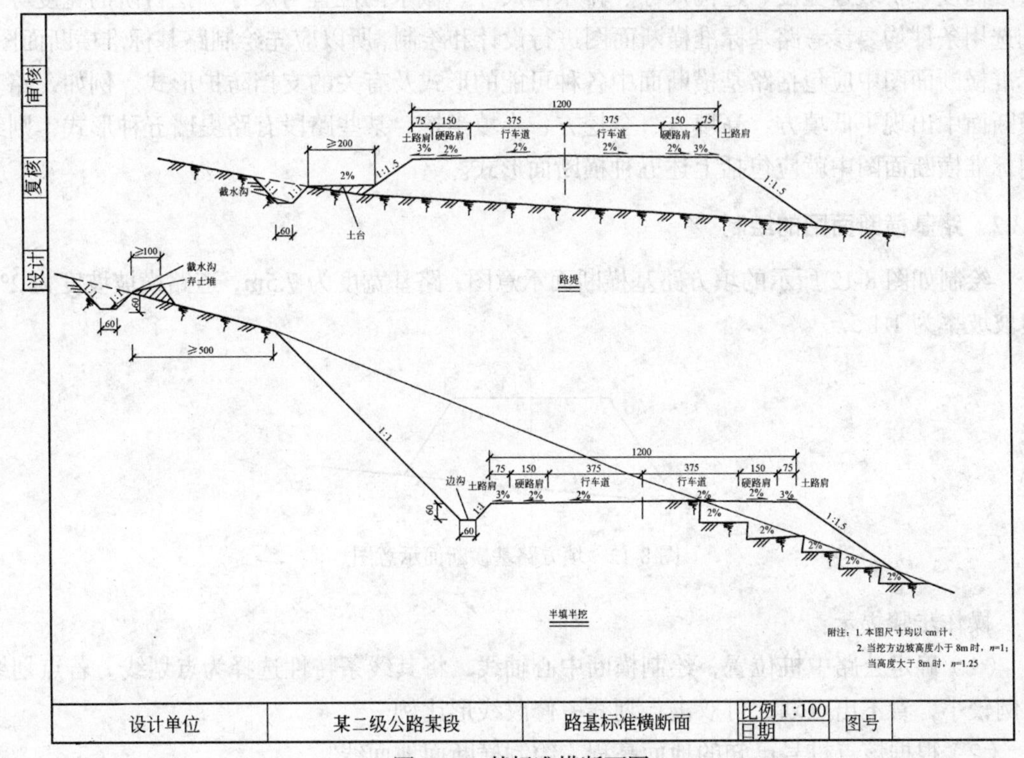

图 8-11　某标准横断面图

8.3.1.1 比例尺

横断面图的水平方向和高度方向宜采用相同比例，一般比例为1:200、1:100或1:50。

8.3.1.2 基本形式及内容

路基横断面图的基本形式有三种：填方路基、挖方路基、半填半挖路基。路基横断面图应示出路基中心填挖高度，对有超高和加宽的曲线路段，还应标注“左高”、“右高”、“左宽”、“右宽”等数据；参照“标准横断面图”，绘制路幅宽度，填或挖的边坡坡线，并绘制支挡、防护断面图，绘制路基边沟、截水沟、排灌渠等的位置和断面形式。此外，对于取土坑、弃土堆、绿化等也尽可能画出。

8.3.1.3 标准横断面与一般横断面图的关系

路基标准横断面图上标注有各细部尺寸，如行车道宽度、路肩宽度、分隔带宽度、填方路堤边坡坡度、挖方路堑边坡坡度、台阶宽度、路基横坡坡度、设计高程位置、路中线位置、超高旋转轴位置、截水沟位置、公路界、公路用地范围等。标准横断面图中的数据仅表示该道路路基在通常情况下的横断面设计情况，在特定情况下，如存在超高、加宽等时的路基横断面的有关数据应在路基横断面图中查找。

路基横断面图是按照路基设计表中的每一桩号和参数绘制出的路基横断面图。图中除表示出了该横断面的形状外，还标明了该横断面的里程桩号，中桩处的填（高）挖（深）值，填挖面积，以中线为界的左右路基宽度等数据。

因此，路基横断面图的形式及其横断布置、构造尺寸（主要包括路幅尺寸、坡度值、边坡高度、护坡道宽度、边沟尺寸、排水沟尺寸、截水沟位置与尺寸、挖台阶的宽度等）和选用条件均要参考路基标准横断面图进行设计和绘制，所以应先绘制路基标准横断面图。标准横断面图中应包括路基横断面中各种可能的形式及有关的支挡防护形式。例如，路基横断面中出现了低填方、高填方、全挖方、半填半挖、某些路段有路堤墙五种形式，则绘制标准横断面图中就应包括上述五种横断面形式。

8.3.2 路基横断面图的绘制

绘制如图8-12所示的填方路基横断面示意图，路基宽度为7.5m，道路横坡坡度为2%，边坡坡率为1:1.5。

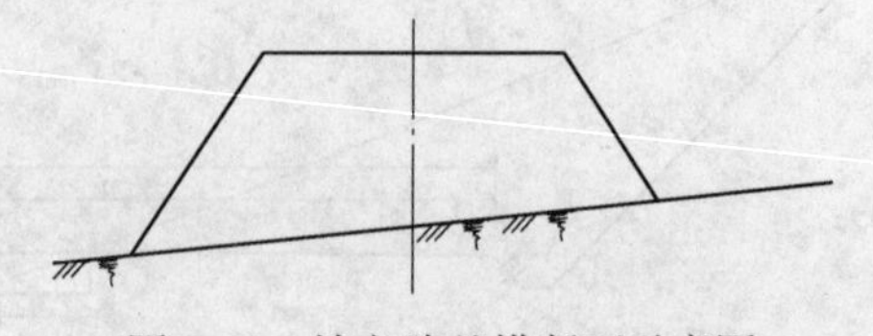

图8-12 填方路基横断面示意图

操作步骤提示：

（1）确定公路中桩位置，绘制横断中心轴线，将其线条特性选择为点划线。若点划线比例较小，看不出点划，可双击点划线，修改线形比例。

（2）根据该点桩号已知的地面高程，绘制横断面地面线。

（3）根据路基填挖高度和路基左右宽度值（行车道、路肩、边沟、截水沟等尺寸参见《公路工程技术标准》），以横坡为 2%（降坡高、降坡距离）的坡度绘制设计线；

（4）同理，根据边坡坡率绘制边坡线。

（5）标注。

8.3.3　附属结构的绘制

高速、一级公路路面的边缘构造宜按图 8-13 所示的路面边缘构造进行设计。

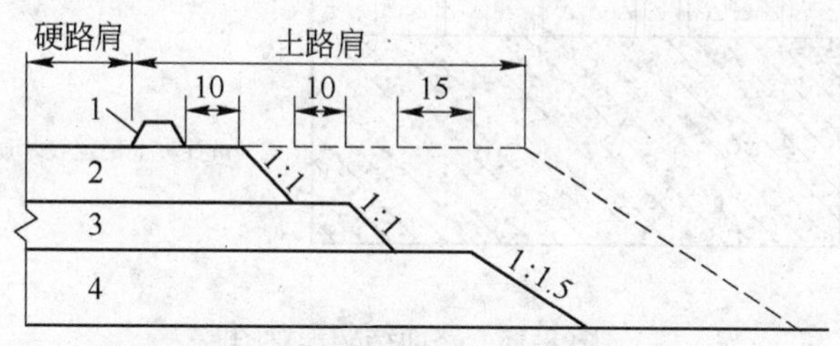

图 8-13　路面边缘构造（尺寸单位：cm）

1—路缘石；2—面层；3—基层；4—底基层

中央分隔带排水大样图如图 8-14 所示。

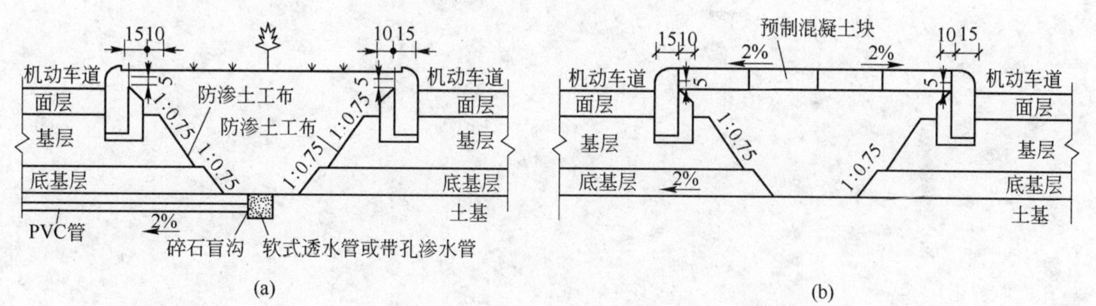

图 8-14　中央分隔带排水大样图

（a）中央分隔带排水大样（凸式）；（b）封闭式中央分隔带排水大样（凸式）

8.4　路面结构图的绘制

学习要点：

（1）能识读路面结构图。

（2）会绘制路面结构图。

绘制如图 8-15 所示的路面结构示意图。

操作提示：

（1）用多段线绘制细粒式沥青混凝土分界线；偏移命令实现其他分界线。

（2）用矩形命令绘制外侧矩形边界线，用以填充图案。

（3）选择合适的填充图案。

（4）完成文字标注。

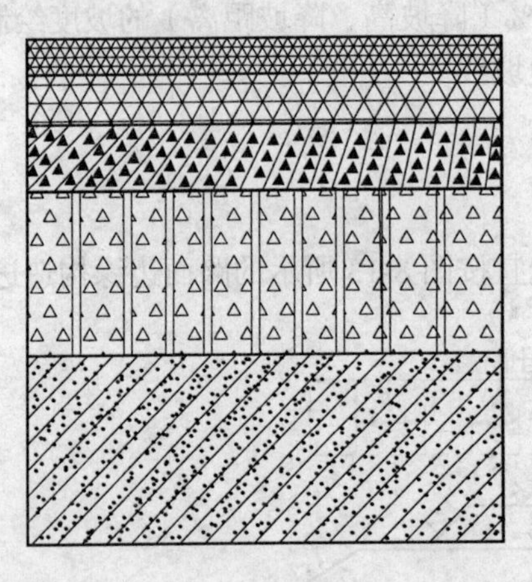

图 8-15　路面结构示意图

9　识读与绘制桥梁工程图

9.1　桥梁工程图的识读

学习要点：

（1）能够熟练阅读桥梁工程各组成图。

（2）能够熟练的阅读钢筋混凝土结构图。

桥梁由上部桥跨结构（主梁或主拱圈和桥面系）、下部结构（桥台、桥墩和基础）及附属结构（栏杆、灯柱、护岸、导流结构物等）三部分组成，如图 9-1 和图 9-2 所示。

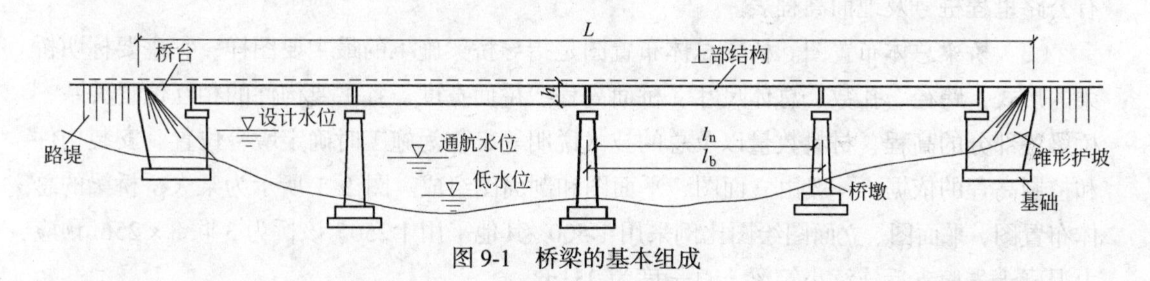

图 9-1　桥梁的基本组成

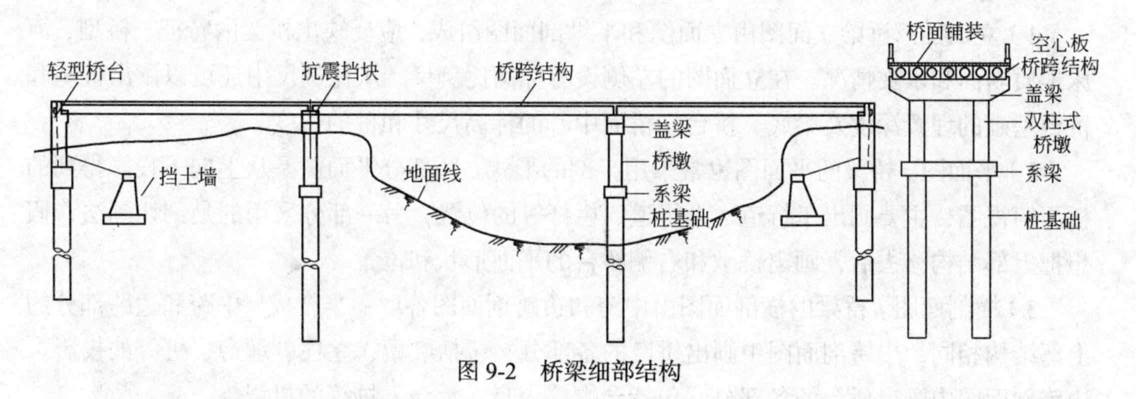

图 9-2　桥梁细部结构

桥跨结构是在路线中断时，跨越障碍的主要承载结构，习惯称为上部结构。桥墩和桥台是支撑桥跨结构并将恒载和车辆等活载传至地基的建筑物，又称为下部结构。支座是桥跨结构与桥墩和桥台的支承处所设置的传力装置。在路堤与桥台衔接处，一般还在桥台两侧设置石砌的锥形护坡，以保证迎水部分路堤边坡的稳定。

9.1.1　桥梁工程图

桥梁的建造不但要满足使用上的要求，还要满足经济、美观、施工等方面的要求。修建前，首先要进行桥位附近的地形、地质、水文、建材来源等方面的调查，绘制出地形图和地质断面图，供设计和施工使用。

虽然各种桥梁的结构形式和建筑材料不同，但图示方法基本上相同。表示桥梁工程的图样一般可分为桥位平面图、桥位地质断面图、桥梁总体布置图、构件图、详图等。

（1）桥位平面图。桥位平面图主要标明桥梁和路线连接的平面位置。桥位平面图包含桥位处的公路、河流、水准点、地质钻孔位置及附近的地形和地物（如房屋、旧路、旧桥等）等信息。对于弯桥，还会用曲线桥，以表明桥位处路线的平面几何要素，如图 8-1 跨越石垒河桥所示。

（2）桥位地质断面图。桥位所在位置的地质断面图是根据水文调查和钻探所得的地质水文资料绘制的，表示桥梁所在位置的地质水文情况。图中包括了河床断面线、最高水位线、常水位线和最低水位线，作为桥梁设计的依据，小型桥梁可不绘制桥位地质断面图，但应写出地质情况说明。地质断面图为了显示地质和河床深度变化情况，特意把地形高度的比例较水平方向比例放大数倍画出。为准确标明桥位处地质变化情况，地质断面图还附有公路里程桩号及地面高程表。

（3）桥梁总体布置图。桥梁总体布置图是指导桥梁施工的最主要图样，它主要标明桥梁的形式、跨径、孔数、总体尺寸、桥面高程、桥面宽度、各主要构件的相互位置关系，桥梁各部分的高程、材料数量以及总的技术说明等，作为施工时确定墩台位置、安装构件和控制高程的依据。一般由立面图、平面图和剖面图组成。图 9-3 所示为某大桥桥梁的总体布置图，平面图、立面图绘图比例采用 1:500，其他采用 1:250。该桥为 3 联 3×25m 预应力混凝土先简支后连续小箱梁，总长度为 231m。

1）立面图。桥梁立面图由立面图和半纵剖面图组成，应反映出桥梁的特征、桥型、河床地质断面和水文情况。在立面图的左侧设有标高比例尺，从比例尺中还可以读出桩基和桥台基础的埋置深度及梁底、桥台、桥面中心的标高尺寸和桩的长度。

2）平面图。桥梁的平面图也常采用半剖的形式。一部分平面图是从上向下投影得到的桥面俯视图，主要画出车行道、人行道、栏杆等的位置；另一部分采用的是剖切画法，假想把上部结构移去后，画出桥墩和右侧桥台的平面形状和位置。

3）横剖面图。桥梁的横剖面图由中跨和边跨剖面图各取一半合成。中跨和边跨部分的上部结构相同，中跨剖面图中画出桥墩的各部分，包括墩帽、立柱、承台、桩等的投影。边跨剖面图中画出桥台的各部分，包括台帽、台身、承台、桩等的投影。

（4）构件图。在总体布置图中，桥梁的构件都没有详细完整地表达出来，因此单凭总体布置图是无法进行制作和施工的。因此，还必须根据总体布置图采用较大的比例把构件的形状、大小及构造完整地表达出来，才能作为施工的依据。这种图称为构件结构图，如主梁结构图、墩台结构图、栏杆图和伸缩缝图等。构件结构图的常用比例为 1:10~1:50。某桥台一般构件结构图如图 9-4 所示。某构件的某一局部在构件结构图中无法清晰完整地表达时，还应采用更大的比例，如 1:3~1:10 等画出局部的大样图，也就是详图。

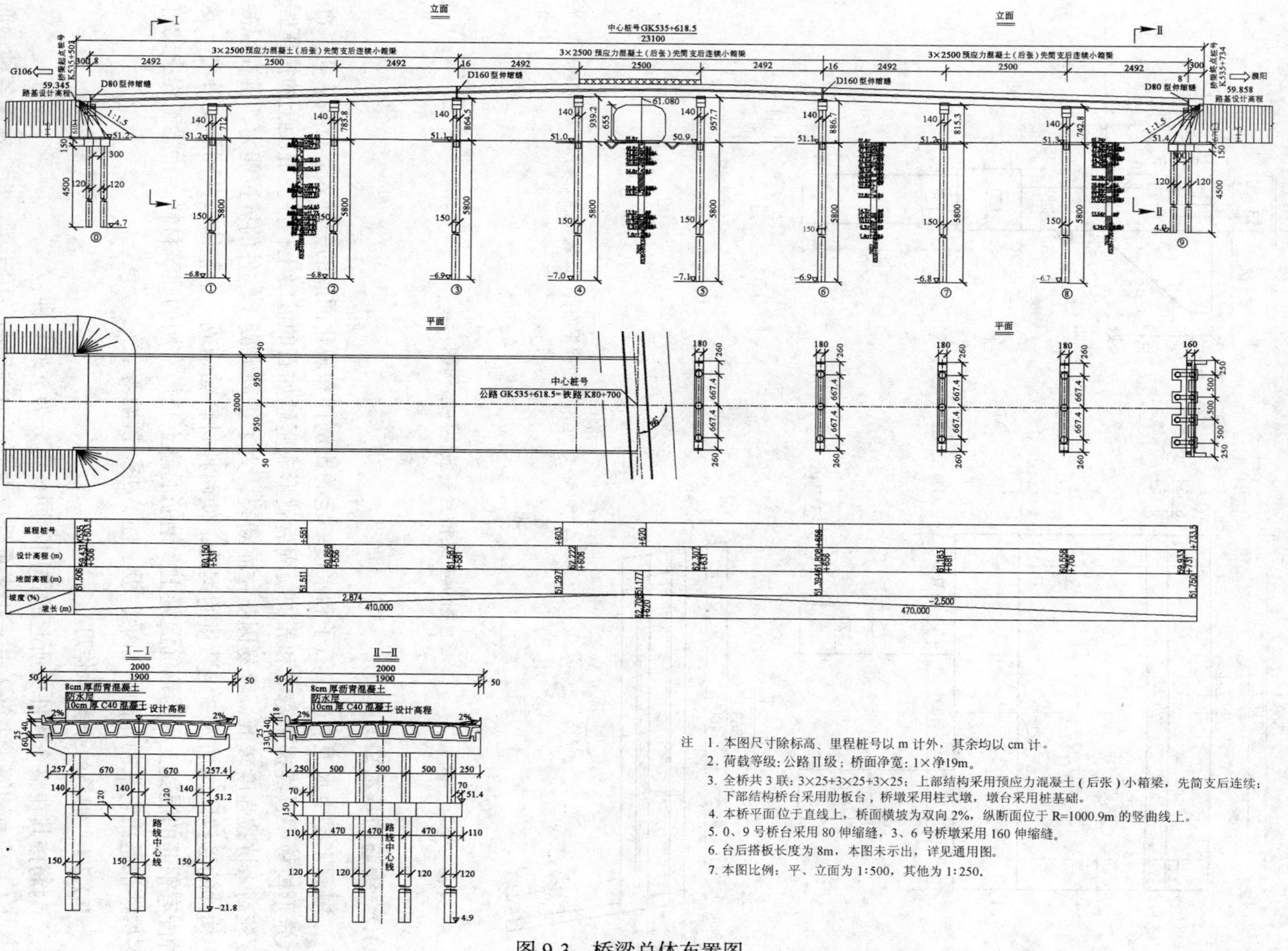

注　1. 本图尺寸除标高、里程桩号以 m 计外，其余均以 cm 计。
2. 荷载等级：公路Ⅱ级；桥面净宽：1×净19m。
3. 全桥共 3 联：3×25+3×25+3×25；上部结构采用预应力混凝土（后张）小箱梁，先简支后连续；下部结构桥台采用肋板台，桥墩采用柱式墩，墩台采用桩基础。
4. 本桥平面位于直线上，桥面横坡为双向 2%，纵断面位于 R=1000.9m 的竖曲线上。
5. 0、9 号桥台采用 80 伸缩缝，3、6 号桥墩采用 160 伸缩缝。
6. 台后搭板长度为 8m，本图未示出，详见通用图。
7. 本图比例：平、立面为 1:500，其他为 1:250。

图 9-3　桥梁总体布置图

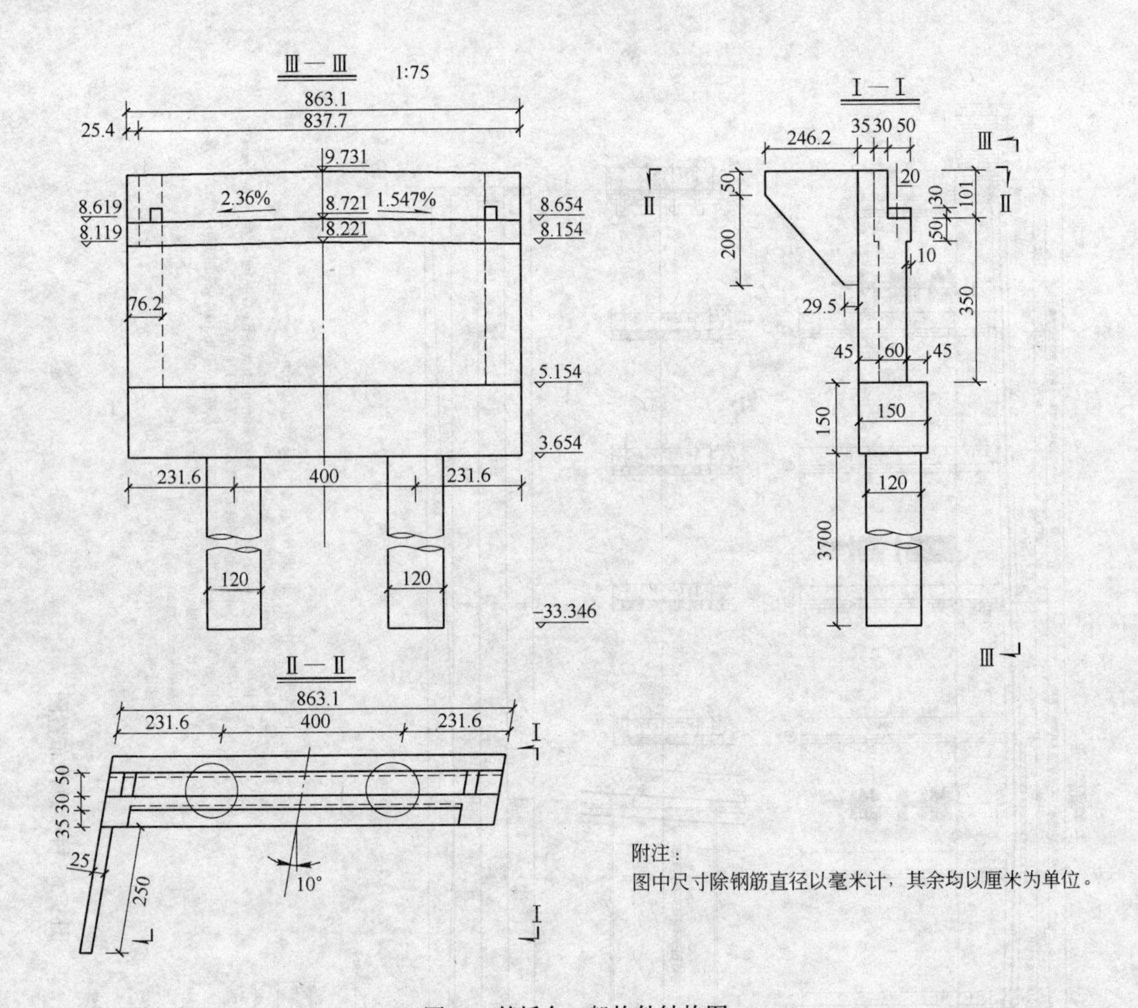

图 9-4 某桥台一般构件结构图

9.1.2 钢筋的基本知识

混凝土是由水泥、砂、石子和水按一定的比例拌和硬化而成的一种人造石料，将其灌入定形模板中，经振捣密实和养护凝固后就形成坚硬如石的混凝土构件。混凝土的抗压强度较高，抗拉强度较低，容易因受拉而断裂，为了提高混凝土构件的抗拉能力，常在混凝土构件的受拉区内加入一定数量的钢筋，使两种材料黏结成一个整体，共同承受外力，这种配有钢筋的混凝土称为钢筋混凝土。钢筋混凝土是最常用的建筑材料，桥梁工程中的许多构件都是用它来制作的，如梁、板、柱、桩、桥墩等。

9.1.2.1 钢筋的分类和作用

钢筋按其在整个构件中所起的作用不同，可分为下列几种：

（1）受力钢筋（主筋）——用来承受拉力或压力的钢筋，用于梁、板、柱等各种钢筋混凝土构件。

（2）箍筋（钢箍）——用以固定受力钢筋位置，并承受一部分剪力或扭力。

（3）架立钢筋——一般用于钢筋混凝土梁中，用来固定箍筋的位置，并与梁内的受力筋、箍筋一起构成钢筋骨架。

（4）分布钢筋——一般用于钢筋混凝土板或高梁结构中，用以固定受力钢筋位置，使荷载分布给受力钢筋，并防止混凝土收缩和温度变化时出现裂缝。

（5）构造筋——因构件的构造要求和施工安装需要配置的钢筋，如箍筋、预埋锚固筋、吊环等。

钢筋混凝土梁配筋和板配筋示意图分别如图 9-5 和图 9-6 所示。

9.1.2.2 钢筋的级别和符号

在钢筋混凝土设计规范中，钢筋混凝土及预应力混凝土构件中的普通钢筋宜选用热轧R235、HRB335、HRB400 及 KL400 钢筋，预应力混凝土构件中的箍筋应选用其中的带肋钢筋；按构造要求配置的钢筋网可采用冷轧带肋钢筋。

9.1.2.3 混凝土的等级和钢筋的保护层

根据《混凝土结构设计规范》混凝土强度分为 14 个等级，分别为 C15、C20、C25、C30、C35、C40、C45、C50、C55、C60、C65、C70、C75、C80，数字越大，混凝土的抗压强度越高。

为了保护钢筋、防止钢筋锈蚀及加强钢筋与混凝土的黏结力，钢筋必须全部包在混凝土中，因此钢筋边缘至混凝土表面应保持一定的厚度，成为保护层，此厚度距离成为净距，如图 9-5 所示。最小保护层厚度见《混凝土结构设计规范》。

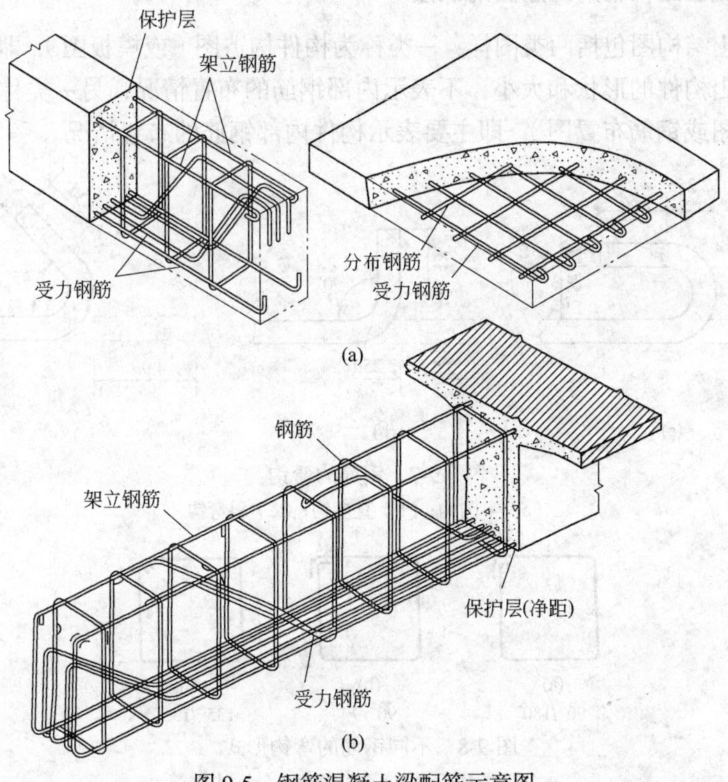

图 9-5 钢筋混凝土梁配筋示意图

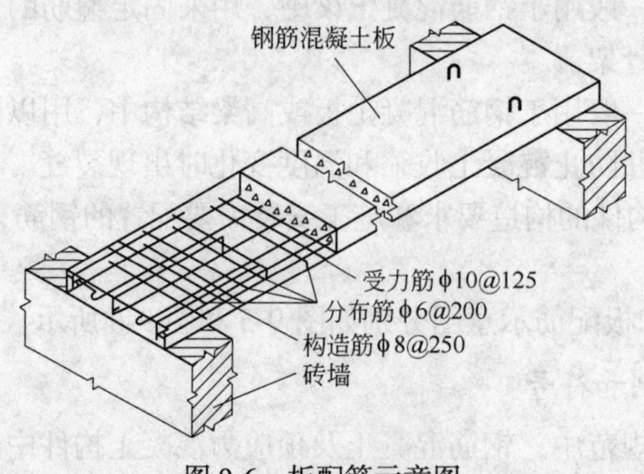

图 9-6 板配筋示意图

9.1.2.4 钢筋的弯钩和弯起

对于光圆外形的受力钢筋，为了增加它与混凝土的黏结力，在钢筋的端部做成弯钩，弯钩的形式有半圆钩、直弯钩和斜弯钩三种，如图 9-7 和图 9-8 所示。根据需要，钢筋实际长度要比端点长出 6.25d、4.9d 或 3.5d。这时钢筋的长度要计算其弯钩的增长数值。

钢筋的弯起：受力钢筋中有一部分需要在梁内向上弯起，这时弧长比两切线之和短些，其计算长度应减去折减数值，如图 9-9 所示。

钢筋弯钩的增长数值和弯起的折减数值参见《混凝土结构设计规范》。

9.1.3 钢筋混凝土结构物的配筋图的识读

钢筋混凝土结构图包括两类图样：一类称为构件构造图（或模板图），即对于钢筋混凝土结构，只画出构件的形状和大小，不表示内部钢筋的布置情况；另一类称为钢筋结构图（或钢筋构造图或钢筋布置图），即主要表示构件内部钢筋的布置情况。

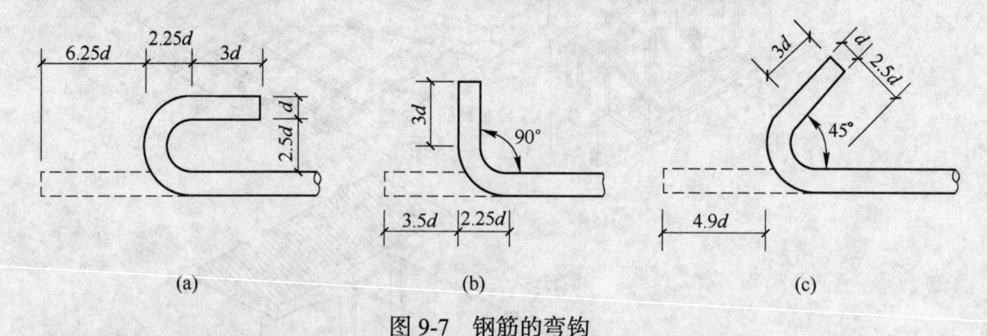

图 9-7 钢筋的弯钩

（a）半圆钩；（b）直弯钩；（c）斜弯钩

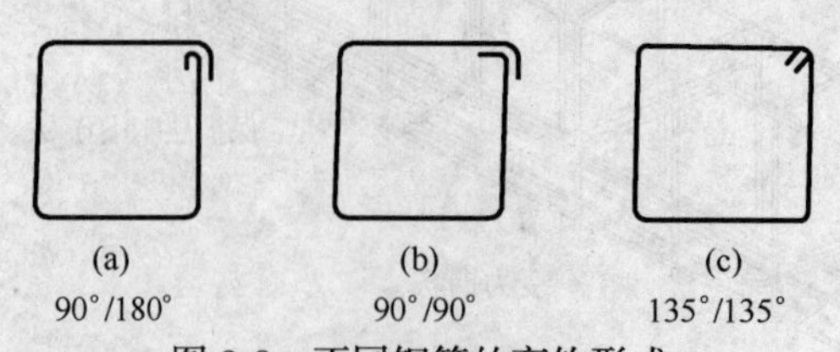

图 9-8 不同钢筋的弯钩形式

（a）架立钢筋；（b）弯起钢筋；（c）主钢筋

图 9-9　钢筋的弯钩和弯起

9.1.3.1　钢筋结构图的图示特点

（1）绘制配筋图时，可假设混凝土是透明的、能够看清楚构件内部的钢筋，图中构件的外形轮廓用细线表示，钢筋用粗实线表示，若箍筋和分布筋数量较多，也可画为中实线，钢筋的断面用实心小圆点表示。

（2）对钢筋的类别、数量、直径、长度及间距等要加以标注。

（3）通常在配筋图中不画出混凝土的材料符号。当钢筋间距和净距太小时，若严格按比例画，否则线条会重叠不清，这时可适当放大绘制。同理，在立面图中遇到钢筋重叠时，也要放宽尺寸使图面清晰。

钢筋结构图，不一定三个投影图都画出来，而是根据需要来决定。例如，画钢筋混凝土梁的钢筋图时，一般不画平面图，只用立面图和断面图来表示。

9.1.3.2　钢筋的编号和尺寸标注方式

在钢筋结构图中为了区分不同直径、不同长度、不同形状、不同的钢筋，要求对不同类型钢筋加以编号并在引出线上注明其规格和间距，编号用阿拉伯数字表示。钢筋编号和尺寸标注方式如下：对钢筋编号时，宜先编主、次部位的主筋，后编主、次部位的构造筋。

在桥梁构件中，钢筋编号及尺寸标注的一般形式如下：

（1）编号标注在引出线右侧的细实线圆圈内。

（2）钢筋的编号和根数也可采用简略形式标注，根数注在 N 字之前，编号注在 N 字之后。在钢筋断面图中，编号可标注在对应的方格内。

（3）尺寸单位，在路桥工程图中，钢筋直径的尺寸单位采用 mm，其余尺寸单位均采用 cm，图中无需注出单位。在建筑制图中，钢筋图中所有尺寸单位为 mm。采用如下格式标注：

$$\frac{n\phi d}{l@s}m$$

式中　m —— 钢筋编号，圆圈直径为 4 ~ 8mm；

n —— 钢筋根数；

ϕ —— 钢筋直径符号，也表示钢筋的等级；

d —— 钢筋直径的数值，mm；

l —— 钢筋总长度的数值，cm；

@ —— 钢筋中心间距符号；

s —— 钢筋间距的数值，cm。

例如 $\dfrac{11\phi6}{l=64@12}$②，其中“②”表示 2 号钢筋，“$11\phi6$”表示直径为 6mm 的钢筋共 11 根，“$l=64$”表示每根钢筋的断料长度为 64cm，“@12”表示钢筋轴线之间的距离为 12cm。

9.1.3.3 钢筋成型图

在钢筋结构图中，为了能充分表明钢筋的形状以便于配料和施工，还必须画出每种钢筋的加工成型图（钢筋详图），在钢筋详图中尺寸可直接注写在各段钢筋旁。图上应注明钢筋的符号、直径、根数、弯曲尺寸和断料长度等。有时为了节省图幅，可把钢筋成型图画成示意略图放在钢筋数量表内。某桩柱配筋图如图 9-10 所示。

9.1.3.4 钢筋数量表

在钢筋结构图中，一般还附有钢筋数量表，内容包括钢筋的编号、直径、每根长度、根数、总长及质量等。

9.2 桥梁布置图的绘制

学习要点：

能准确的绘制桥梁工程各组成图以及钢筋混凝土结构图。

绘制如图 9-11 所示的桥梁布置图。

参考步骤：

（1）新建图层，参考建立图层见表 9-1。

表 9-1 桥型布置图图层设置参考

图层名称	图层线型	线 宽	颜 色
中实线	continuous	0.3	白
轴线编号	continuous	0.18	白
粗实线	continuous	0.7	白
细实线	continuous	0.18	白
虚线层	dashed2	0.3	蓝
点划线	center	0.18	粉红色
尺寸标注线	continuous	0.25	白
文字标注	continuous	0.25	白
图框层	continuous	1.0	白
地面线层	continuous	0.18	红
其他层	continuous	0.18	白

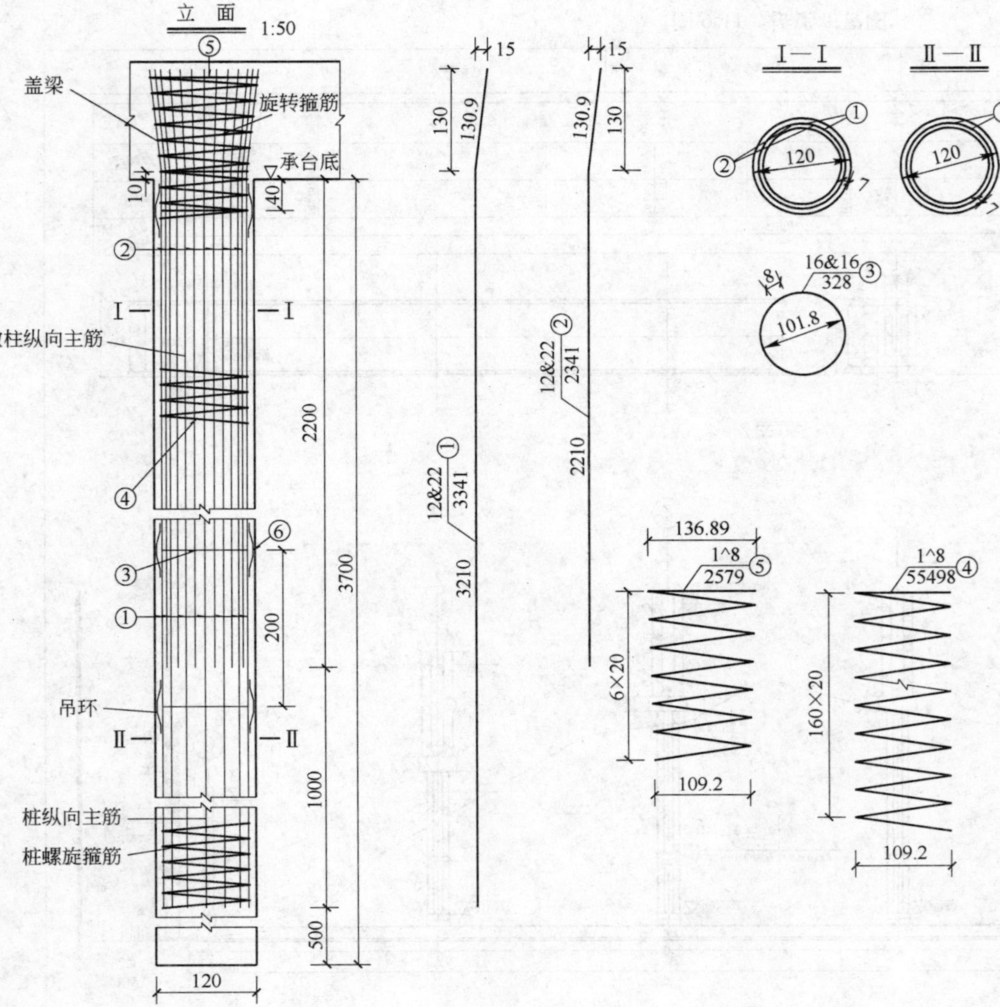

立　面　1:50

⑤ 盖梁 旋转箍筋 承台底 10 40 ② I—I 墩柱纵向主筋 ④ 2200 3700 ③ ① ⑥ 200 吊环 II—II 1000 桩纵向主筋 桩螺旋箍筋 500 120

15 130 130.9 12&22 3341 ① 3210

15 130.9 130 12&22 2341 ② 2210

I—I ② ① 120 7

II—II ① 120 7

16&16 328 ③ 8 101.8

136.89 1^8 2579 ⑤ 6×20 109.2

1^8 55498 ④ 160×20 109.2

4.5 10 9 15 9 10 64&12 53 ⑥

一座薄壁桥台桩基材料数量表

编号	直径(mm)	单根长度(cm)	根数	共长(m)	共重(kg)	总重(kg)
1	&22	3341	24	801.84	2389.48	4063.8
2	&22	2341	24	561.84	1674.28	
3	&16	328	32	104.96	165.84	165.8
4	^8	55498	2	1109.96	438.43	458.8
5	^8	2579	2	51.58	20.37	
6	&12	53	128	67.84	60.24	60.2
25号混凝土(m³)					83.69	

附注：

1.图中尺寸除钢筋直径以毫米计，其余均以厘米为单位。
2.桩基加强筋N3设在主筋内侧，每2m一道，自身搭接部分采用双面焊。
3.桩基钢筋笼分段插入桩孔中，各段主筋须采用焊接，钢筋接头应按规范要求错开布置。
4.定位钢筋N6每隔2m设一组，每组4根均匀设于桩基加强筋N3四周。
5.施工时，若实际地质情况与本设计采用的质料不符，应变更基桩设计。

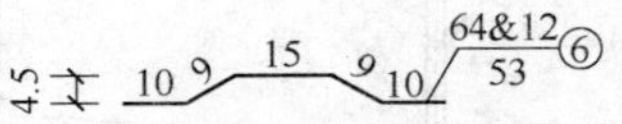

图 9-10　某桩柱配筋图

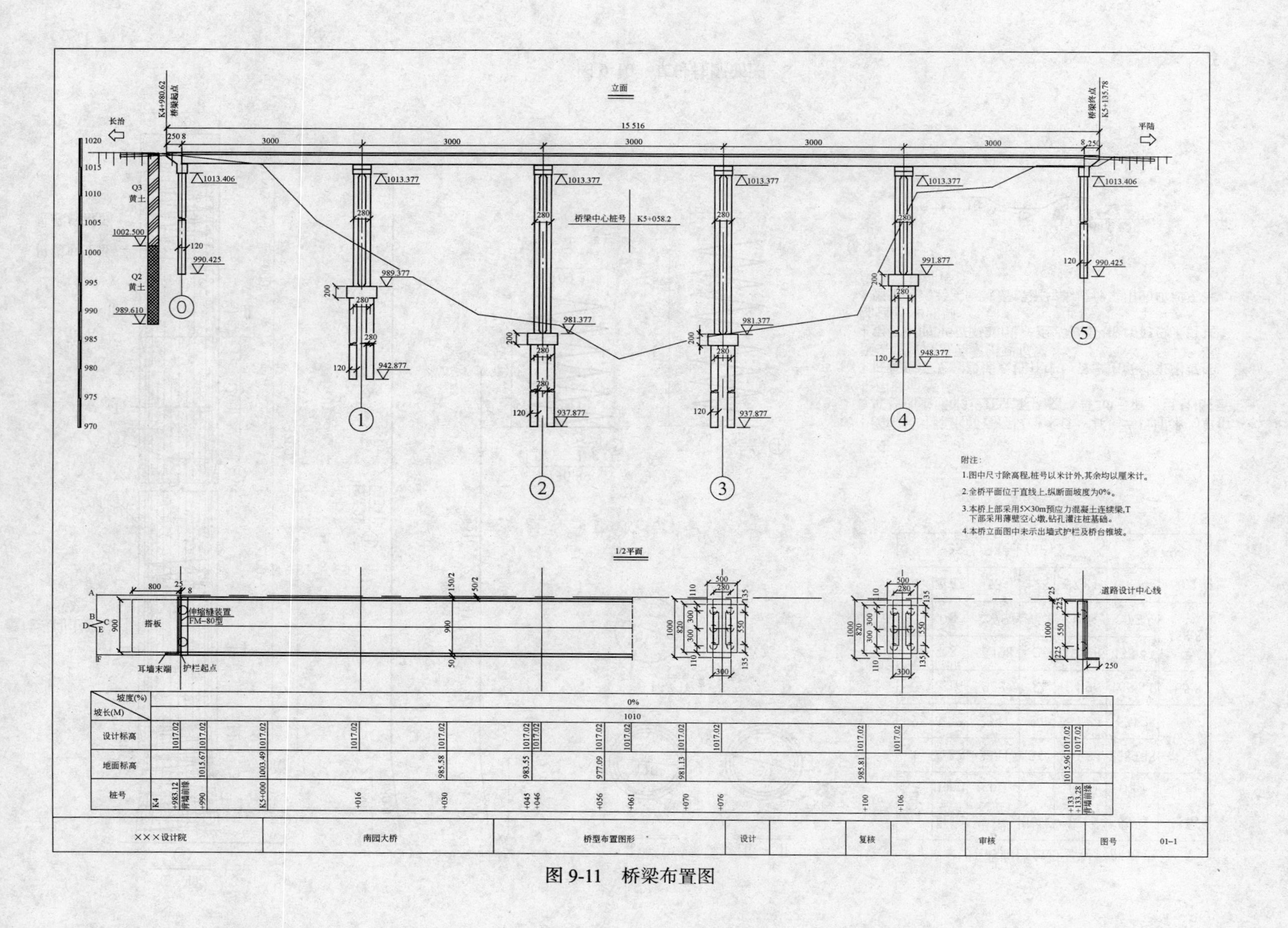
立面
桥梁起点 K4+980.62
桥梁终点 K5+135.78
长治
平陆
桥梁中心桩号 K5+058.2
Q3 黄土
Q2 黄土
附注:
1.图中尺寸除高程,桩号以米计外,其余均以厘米计。
2.全桥平面位于直线上,纵断面坡度为0%。
3.本桥上部采用5×30m预应力混凝土连续梁,T下部采用薄壁空心墩,钻孔灌注桩基础。
4.本桥立面图中未示出墙式护栏及桥台锥坡。
1/2平面
搭板
伸缩缝装置 FM-80型
耳墙末端
护栏起点
道路设计中心线
坡度(%)
坡长(M)
设计标高
地面标高
桩号
0%
1010
×××设计院
南园大桥
桥型布置图形
设计
复核
审核
图号
01-1

图 9-11 桥梁布置图

（2）在点划线绘图层绘制桥墩台的轴线（也是绘制过程中的参考线），用偏移或复制完成所有轴线的绘制。在轴线编号图层将编号标注在轴线端部用细实线绘制的圆圈内，直径为4~8mm。绘制完的轴线图如图9-12所示。

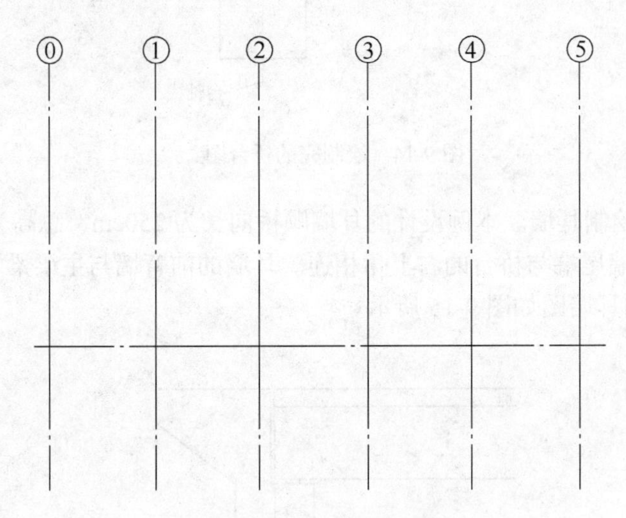

图9-12　绘制完的轴线图

（3）绘制立面图。

1）在中实线层，用直线命令绘制主梁（桥面线、主梁翼缘板、主梁底面线）；本桥上部为5×30m的T形梁连续结构，总长150m，利用已绘好的桥梁墩台轴线，用“直线” Line命令绘制。绘制主梁翼缘板和主梁的底面线，采用“偏移” Offset命令，翼缘板厚为0.2m，主梁梁高为1.765m，桥面铺装层为16cm。则绘图时的偏移距离分别为0.72及3.85个单位（比例为1:500）。绘制完的主梁图如图9-13所示。

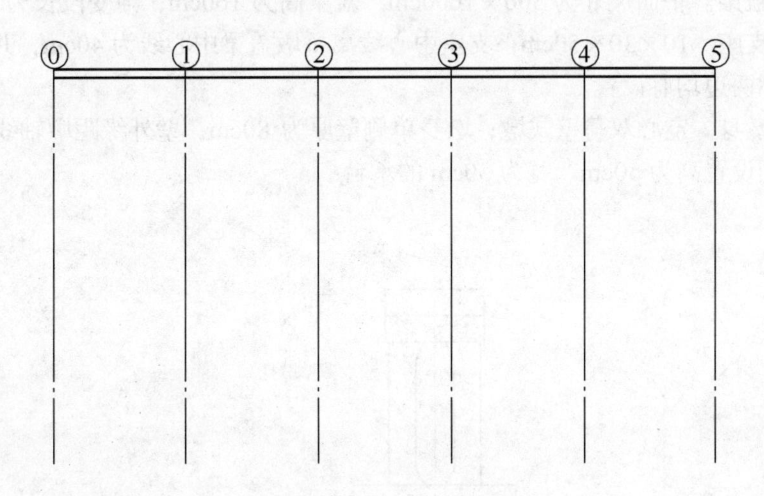

图9-13　绘制完的主梁图

2）用矩形命令绘制桥台。绘制完的桥台图如图9-14所示。

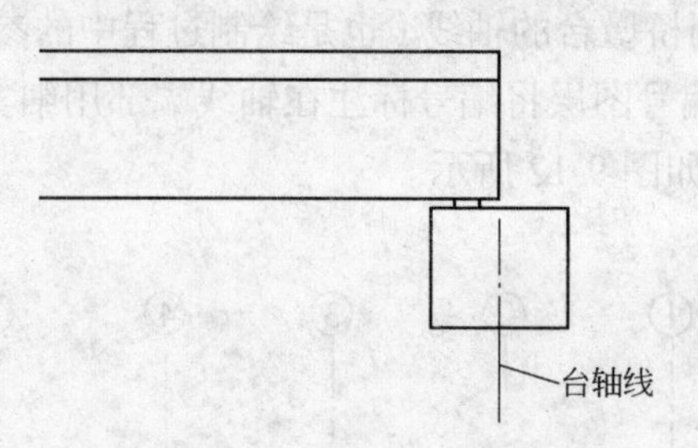

图 9-14　绘制完的桥台图

3）用直线命令绘制耳墙。本例设计的耳墙顺桥向长为250cm、总高为192.5cm、耳墙尾部高为70cm、耳墙尾端与桥台的右上角相连。耳墙的前背墙与主梁梁端设置8cm的桥梁伸缩缝。绘制完的耳墙图如图9-15所示。

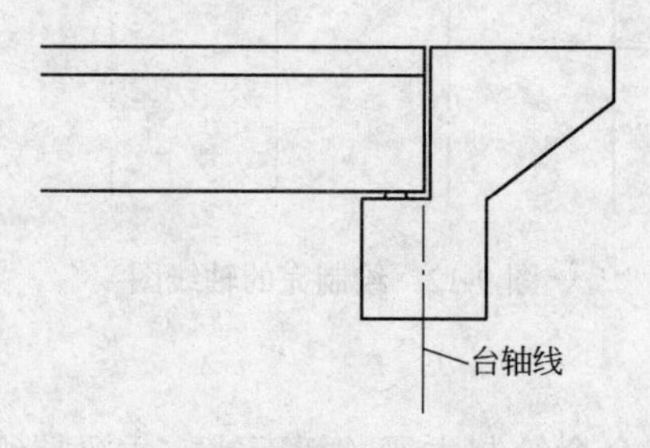

图 9-15　绘制完的耳墙图

4）在中实线层绘制一个桥墩。桥墩包含制盖梁、支座及墩身三大部分，如图9-16所示。桥墩的绘制过程如图9-17所示。

带有承台的桥墩各部分尺寸为：

① 桥墩盖梁。平面尺寸为300×1000cm，盖梁高为160cm；渐变段长为80cm。

② 桥墩支座。10×30×50cm；支座中心线离桥墩盖梁中心线为40cm，并以桥墩盖梁中心线为对称两边均有设置。

③ 桥梁墩身。空心双薄壁式墩；墩身单侧壁厚为80cm；壁外缘距墩轴线为140cm；在内壁上下均设置高为50cm、宽为30cm的承台。

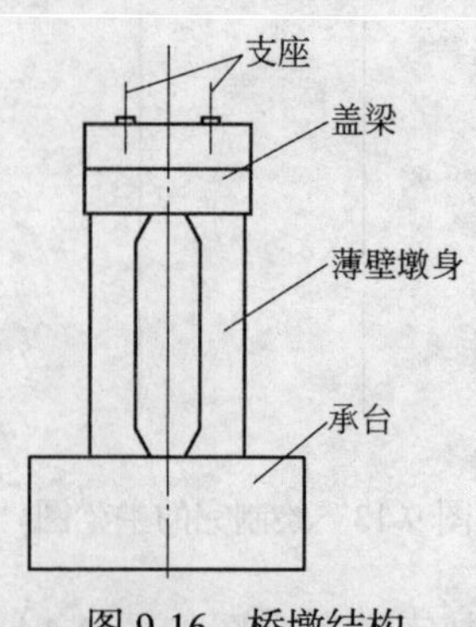

图 9-16　桥墩结构

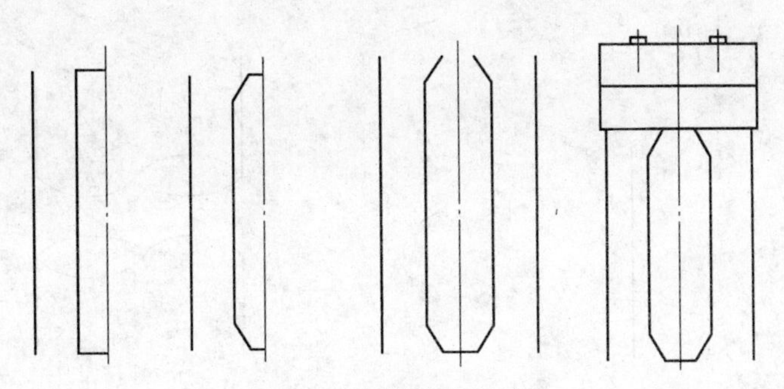

图 9-17　桥墩的绘制过程

5）绘制桥梁桩基础。桥梁桩基础结构如图 9-18 所示，该桥为 2 排 3 桩式承台基础，桩基排间间距为 2.8m，桩直径为 1.2m。 承台尺寸为 8.2m（长）× 5.0m（宽）× 2.0m（高）。在这项部件的绘制过程中，由于桩基础按比例绘制将会超出图幅所限，需要绘制代表圆柱的截断面的符号，将基桩截断。

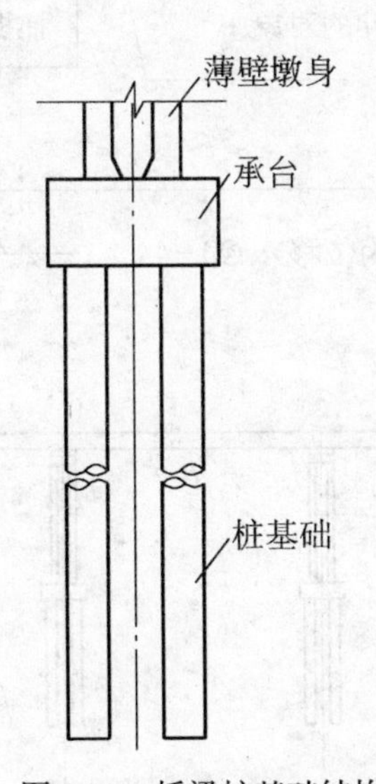

图 9-18　桥梁桩基础结构

基桩截断线的绘制，用 ARC 命令分段绘制。

```
命令: _arc
指定圆弧的起点或 [圆心（C）]: c
指定圆弧的圆心: from
基点: <偏移>: @0.6,0.65
指定圆弧的起点:
指定圆弧的端点或 [角度（A）/弦长（L）]: from
基点: <偏移>: @1.2,0
```

捕捉基桩左轮廓线的上截断点为基点，通过偏移值指定圆弧的圆心

捕捉基桩左轮廓线的上截断点为基点，通过偏移值得到圆弧的第二个端点，即为基桩截断截面的中心点

绘制好的部分截断线如图 9-19 所示。复制镜像后，可得到如图 9-20 所示的完整的截断线。

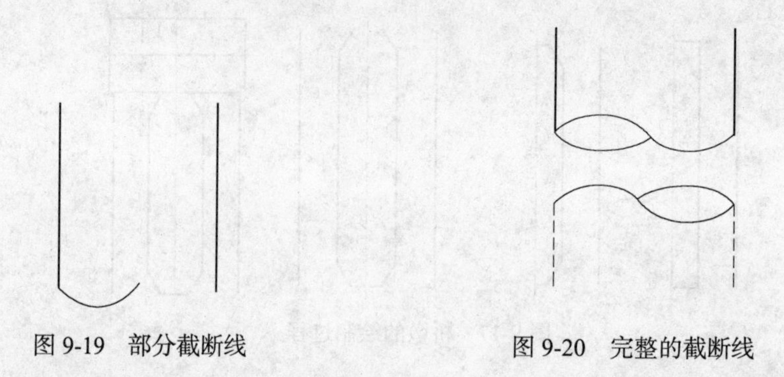

图 9-19　部分截断线　　　　图 9-20　完整的截断线

其他桩柱采用复制到指定位置后，用 stretch 拉伸到实际长度。拉伸后的立面主体图如图 9-21 所示。

```
命令：stretch
以交叉窗口或交叉多边形选择要拉伸的对象…
选择对象：指定对角点：找到 43 个
选择对象：
指定基点或 [位移（D）] <位移>:
指定第二个点或 <使用第一个点作为位移>: @0,-44
```

用鼠标从右下向左上交叉选择，选择范围为下部在桩底以下，上部范围为桥墩墩身的半高位置附近

捕捉承台与墩轴线相交的点为基点

位置 44 或其他高度可以得到想要的墩身高

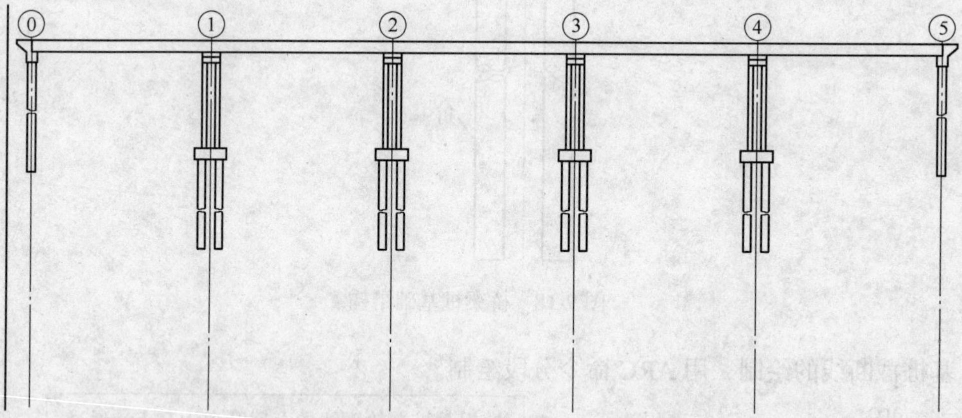

图 9-21　拉伸后的立面主体图

（4）平面图的绘制。在平面图中，桥梁以道路中心线为对称轴呈对称布置，在前面已经绘制了一条水平向的轴线，这条轴线也就是平面上的道路中心线。在中实线层，用直线绘制一条与道路中心线重合的实心线，然后用偏移命令绘制桥梁墩台在平面上的中心线。

1）在虚线层用圆形绘制基桩，必要时用阵列完成所有基桩的绘制，如图 9-22 所示。

2）用矩形命令可绘制桥墩盖梁及两侧的双薄壁，如图 9-23 所示。

3）绘制桥梁内外防撞墙及桥梁与路线的衔接布置和搭板，如图 9-24 所示。

（5）对桥梁各部分完成标注。

（6）套入图框。

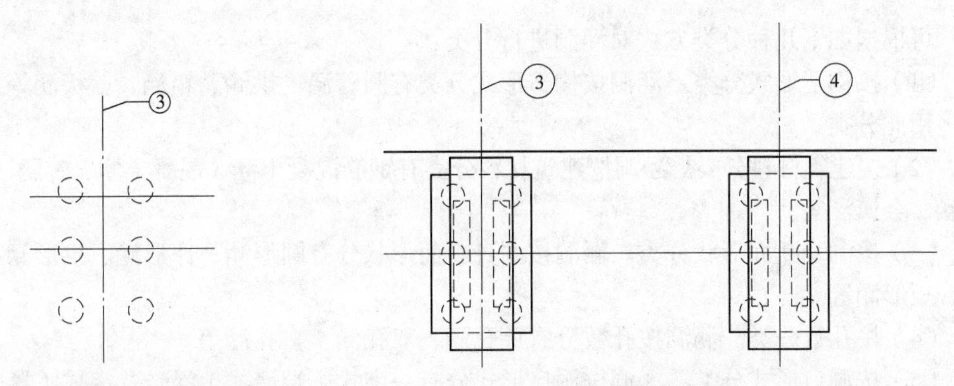

图 9-22　阵列后的基桩　　　　图 9-23　桥墩平面图

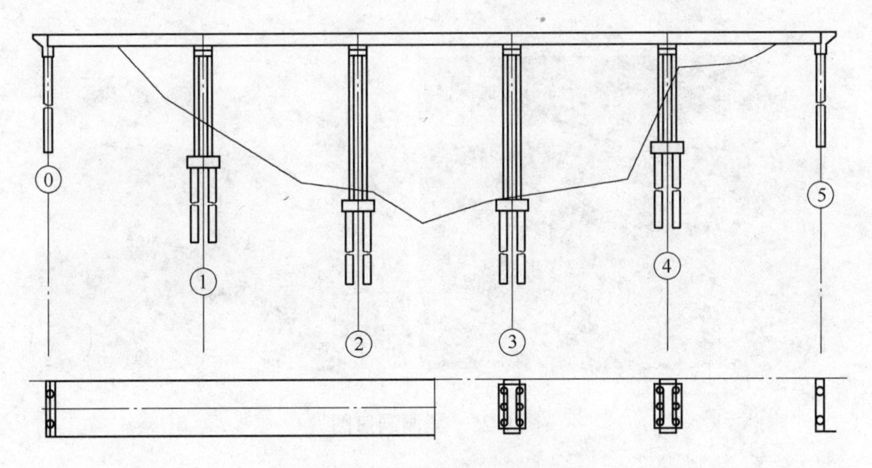

图 9-24　绘制完的平面布置图

9.3　涵洞

学习要点：

（1）识读涵洞工程图。

（2）掌握圆管涵和盖板涵的绘制技巧。

涵洞是埋设在路基下的建筑物，其轴线与线路方向正交或斜交，用来从道路一侧向另一侧排水或作为穿越道路的横向通道。作为排放路堤下水流的工程构筑物，它与桥梁的主要区别在于跨径的大小和填土的高度。根据《公路工程技术标准》（JTG B01—2003）中的规定，凡是单孔跨径小于 5m，多孔跨径总长小于 8m，以及圆管涵、箱涵，不论其管径或跨径大小、孔数多少均称为涵洞。涵洞顶上一般都有较厚的填土（洞顶填土大于 50cm），填土不仅可以保持路面的连续性，而且分散了汽车荷载的集中压力，并减少它对涵洞的冲击力。

9.3.1 涵洞的分类

可根据如下几种分类方式对涵洞进行分类：

（1）按构造形式分类。涵洞按构造形式分类有圆管涵、拱涵、箱涵、盖板涵等，工程上多用此分类。

（2）按建筑材料分类。涵洞按建筑材料分类有钢筋混凝土涵、混凝土涵、砖涵、石涵、木涵、金属涵等。

（3）按洞身断面形状分类。涵洞按洞身断面形状分有圆形涵、卵形涵、拱形涵、梯形涵、矩形涵等。

（4）按孔数分类。涵洞按孔数分有单孔涵、双孔涵、多孔涵等。

（5）按洞口形式分类。涵洞按洞口形式分有一字式（端墙式）涵、八字式（翼墙式）涵、走廊式涵等，如图 9-25 所示。

图 9-25　涵洞洞口图

（6）按洞顶有无覆盖土分类。涵洞可分为明涵和暗涵（洞顶填土大于 50cm）等。

9.3.2 涵洞的构造

涵洞是由洞口、洞身和基础三部分组成的排水构筑物。

洞身是涵洞的主要部分，它的主要作用是承受活载压力和土压力等并将其传递给地基，并保证设计流量通过的必要孔径。常见的洞身形式有圆管涵、拱涵、箱涵、盖板涵。

洞口包括端墙、翼墙或护坡、截水墙和缘石等部分组成，它是保证涵洞基础和两侧路基免受冲刷，使水流顺畅的构造，一般进出水口均采用同一形式。

常用的洞口形式有端墙式（一字墙式）、翼墙式（八字墙式）、锥形护坡（采用 1／4 正椭圆锥）、平头式、走廊式、一字墙护坡、上游急流槽（或跌水井）、下游急流槽、倒虹吸、阶梯式洞口及斜交洞口等。

9.3.3 涵洞的图示方法

涵洞的图示方法要点如下：

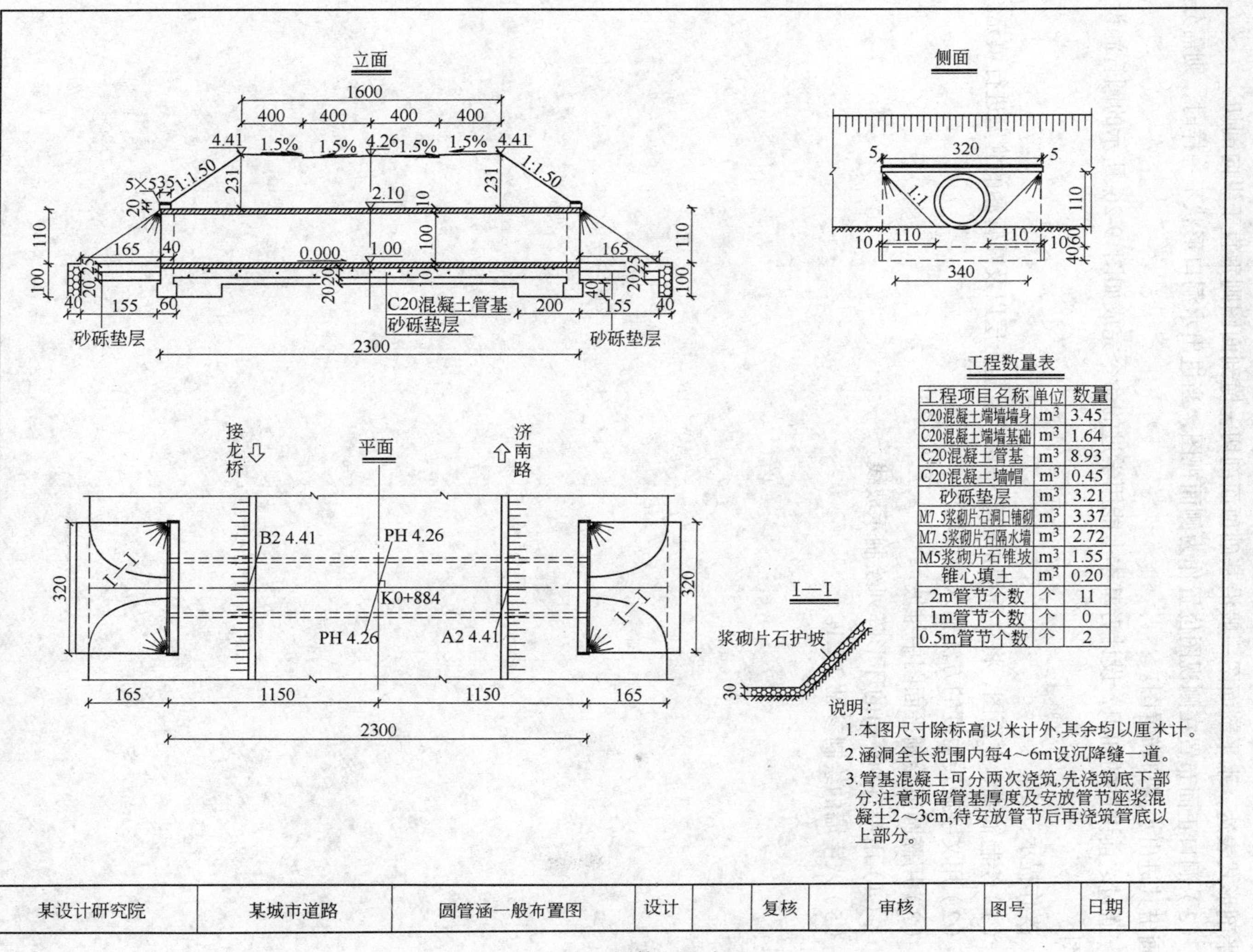

工程数量表

工程项目名称	单位	数量
C20混凝土端墙墙身	m^3	3.45
C20混凝土端墙基础	m^3	1.64
C20混凝土管基	m^3	8.93
C20混凝土墙帽	m^3	0.45
砂砾垫层	m^3	3.21
M7.5浆砌片石洞口铺砌	m^3	3.37
M7.5浆砌片石隔水墙	m^3	2.72
M5浆砌片石锥坡	m^3	1.55
锥心填土	m^3	0.20
2m管节个数	个	11
1m管节个数	个	0
0.5m管节个数	个	2

说明：

1.本图尺寸除标高以米计外,其余均以厘米计。

2.涵洞全长范围内每4～6m设沉降缝一道。

3.管基混凝土可分两次浇筑,先浇筑底下部分,注意预留管基厚度及安放管节座浆混凝土2～3cm,待安放管节后再浇筑管底以上部分。

图 9-26 圆管涵设计图

（1）在图示表达时，涵洞工程图以水流方向为纵向（即与路线前进方向垂直布置）并以纵剖面图代替立面图。

（2）平面图一般不考虑涵洞上方的覆土，或假想土层是透明的。有时平面图与侧面图以半剖形式表达，水平剖面图一般沿基础顶面剖切，横剖面图则垂直于纵向剖切。

（3）洞口正面布置在侧视图位置作为侧面视图，当进出水洞口形状不一样时，则需分别画出其进出水洞口布置图。

通过之前讲过的知识，设计者基本上能用学过的命令完成如图 9-26 所示的圆管涵设计图。

操作提示：

（1）绘制轴线、立面图，将立面图中的砂垫层、混凝土层以及圆管涵的管壁进行填充。

（2）用文字旋转角度的方法输入边坡坡度。

（3）用椭圆弧绘制平面图中锥坡。

（4）用带有 90° 角的环形阵列绘制示坡线。

（5）八字墙的绘制参见 2.2.1。

10 建筑与室内装饰设计图

10.1 建筑平面图的绘制

学习要点：

能准确地绘制建筑平面图。

绘制如图 10-1 所示的建筑平面图。

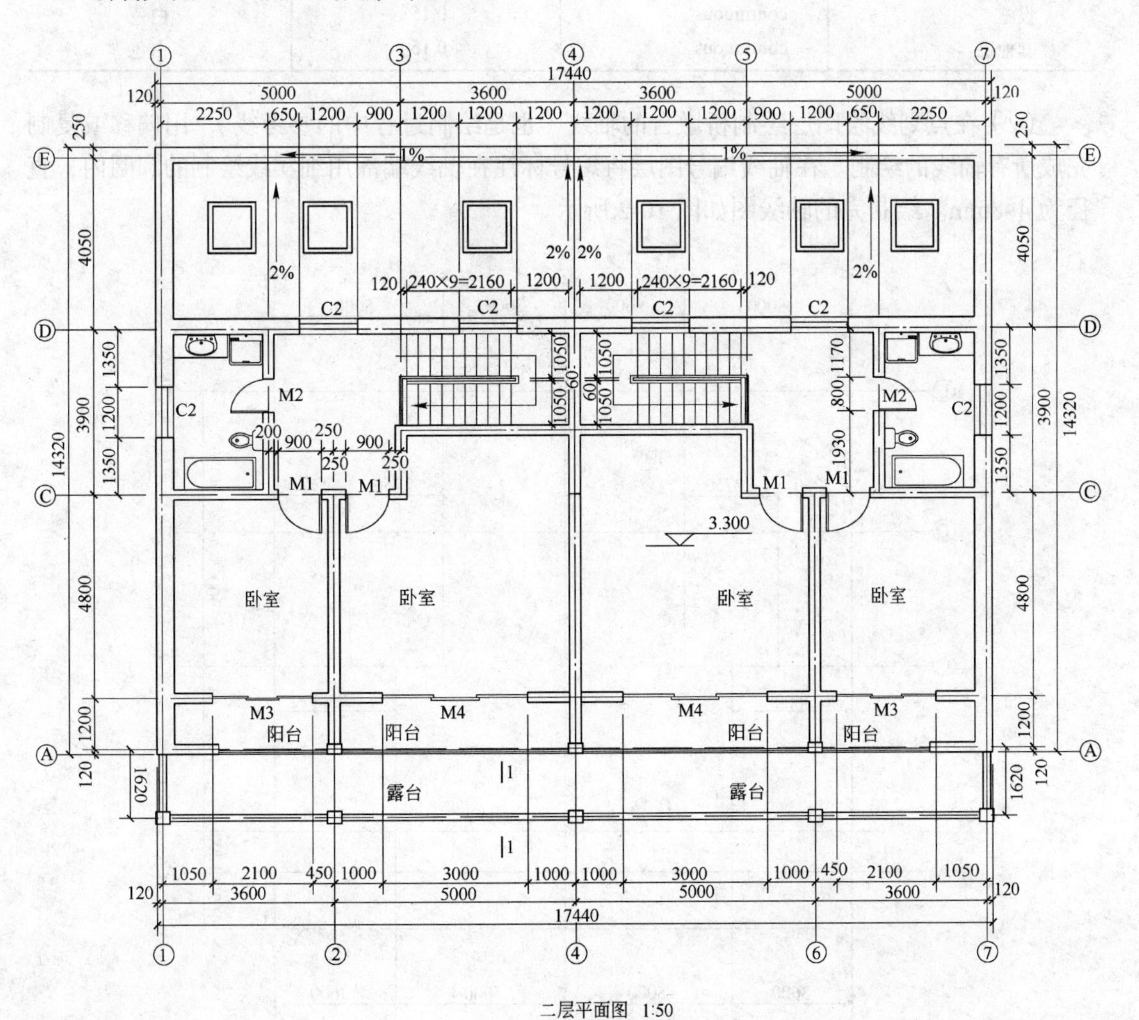

二层平面图 1:50

图 10-1 建筑平面图

参考步骤：

（1）新建图层，图层设置参考见表 10-1。

表 10-1　建筑平面图图层设置参考

图层名称	图层线型	线　宽	颜　色
轴线	ACAD_IS004W100	0.3	红色
轴线文字	continuous	0.15	蓝色
辅助轴线	ACAD_IS004W100	0.15	220
墙体	continuous	0.3	洋红
柱	continuous	0.15	白色
门窗	continuous	0.15	青色
楼梯	continuous	0.15	白色
文字标注	continuous	0.15	白色
尺寸标注	continuous	0.15	绿色
设施	continuous	0.15	白色
其他层	continuous	0.15	白色

（2）在点划线绘图层绘制桥墩台的轴线（也是绘制过程中的参考线），用偏移或复制完成所有轴线的绘制。在轴线编号图层将编号标注在轴线端部用细实线绘制的圆圈内，直径为 4~8mm。绘制完的轴线图如图 10-2 所示。

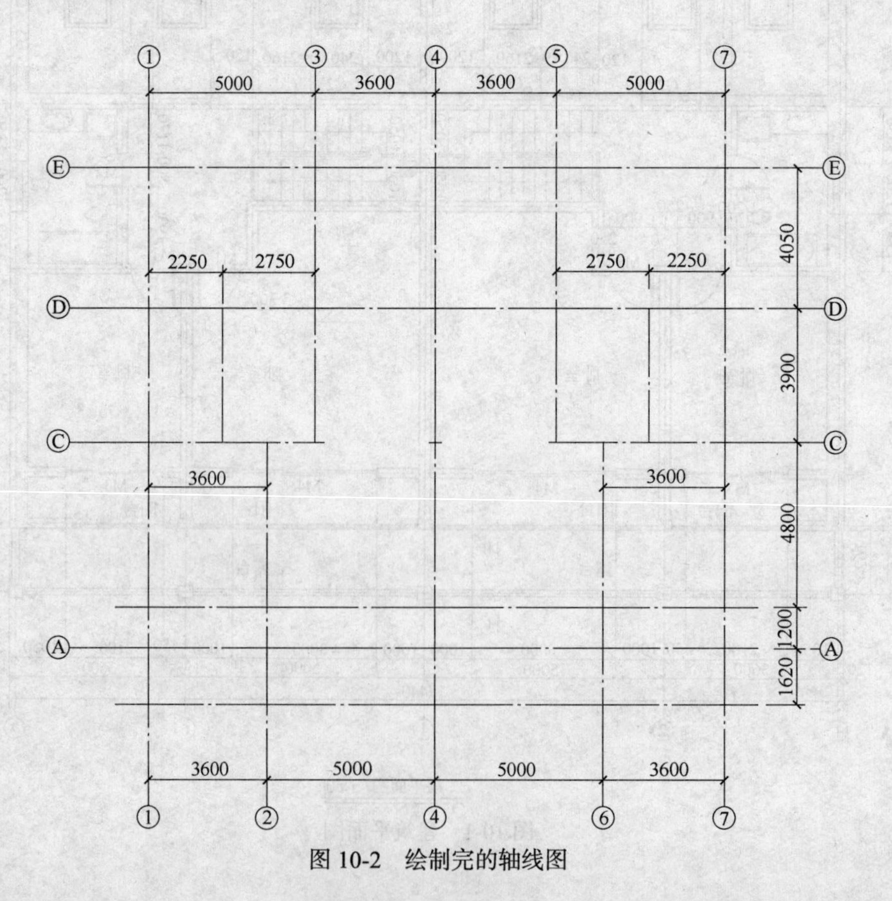

图 10-2　绘制完的轴线图

（3）绘制墙体、柱子。在墙体层，用多线命令沿着轴线绘制外墙（370）、内墙（240），之后分解、修剪。由于此平面图对称，在绘制时可以只绘制一半再进行镜像就可以得到完整的平面图。最后绘制柱子(300×240)。绘制完的墙体、柱子如图 10-3 所示。

（4）绘制门窗。

1）门窗开洞。门窗的绘制顺序应首先对墙体开洞，然后绘制门窗并利用复制命令复制到相应的门窗洞口处，或者将其设置为图块插入到相应位置。绘制完的门窗开洞如图 10-4 所示。

2）窗的绘制如图 10-5 所示。

3）推拉门 M3 的绘制如图 10-6 所示。

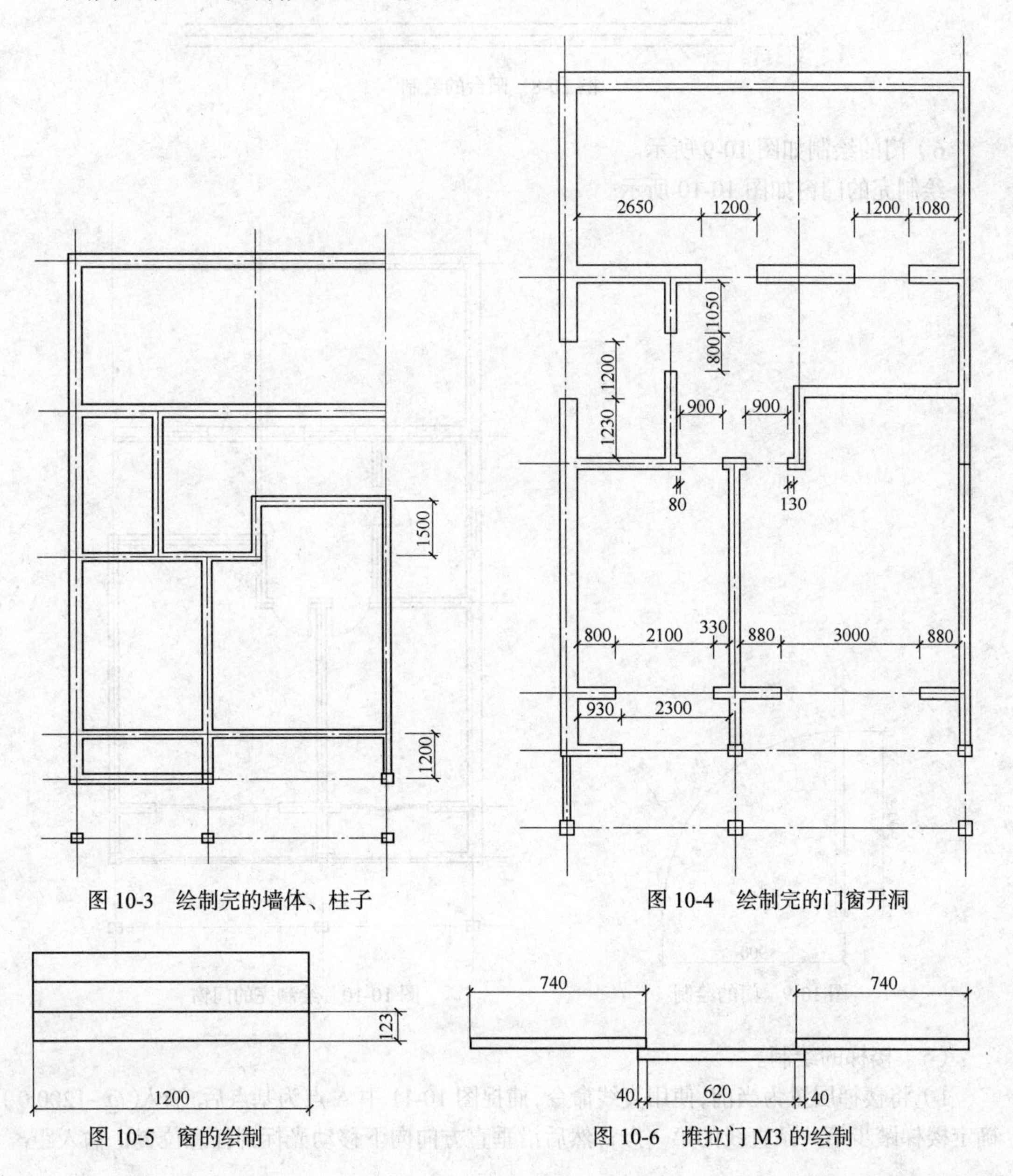

图 10-3　绘制完的墙体、柱子

图 10-4　绘制完的门窗开洞

图 10-5　窗的绘制

图 10-6　推拉门 M3 的绘制

4）推拉门 M4 的绘制如图 10-7 所示。

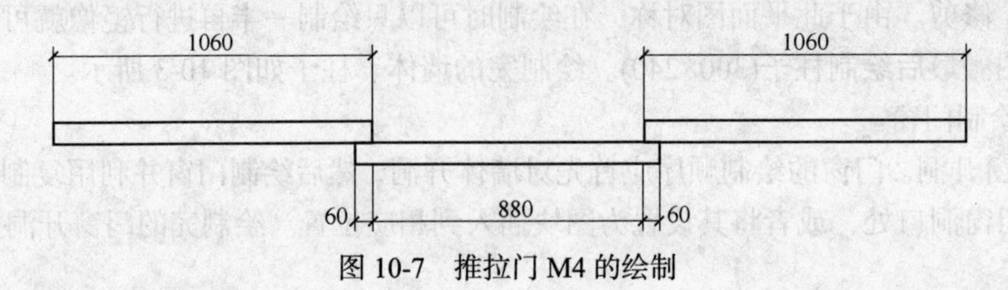

图 10-7　推拉门 M4 的绘制

5）阳台的绘制如图 10-8 所示。

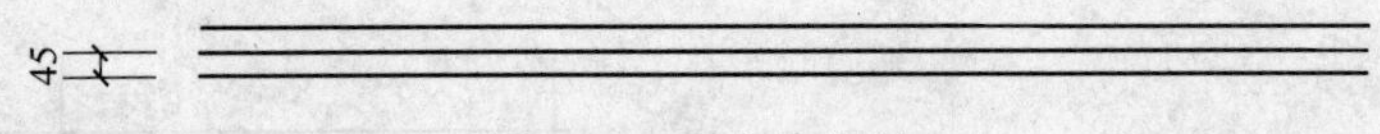

图 10-8　阳台的绘制

6）门的绘制如图 10-9 所示。

绘制完的门窗如图 10-10 所示。

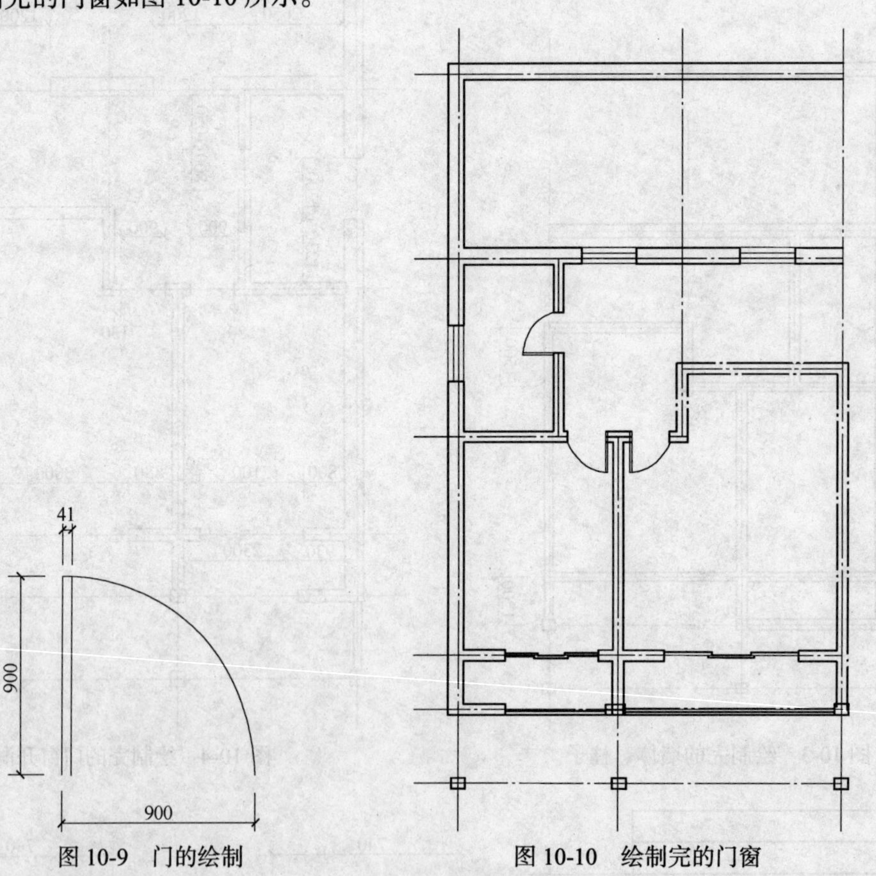

图 10-9　门的绘制

图 10-10　绘制完的门窗

（5）楼梯的绘制。

1）将楼梯层置为当前，使用直线命令，捕捉图 10-11 中 A 点为基点后，输入（@–1200,0）确定楼梯踏步第一条直线的第一点，然后沿垂直方向向下移动光标到任意位置，输入距离

2160，完成楼梯踏步第一条直线的绘制。

2）使用阵列命令，行数、列数分别为 10，行间距为–240，绘制楼梯踏步。

3）按图 10-11 尺寸绘制楼梯扶手。

4）使用多线命令，绘制楼梯方向箭头。在箭头处，依照提示在踏步终点位置处指定起点，选择宽度（W）,设定起点宽度为 0，终点宽度为 60，向右移动光标，输入 200，指定下一点，选择宽度，将起点终点宽度设为 0，绘制转折线。绘制结果如图 10-11 所示。

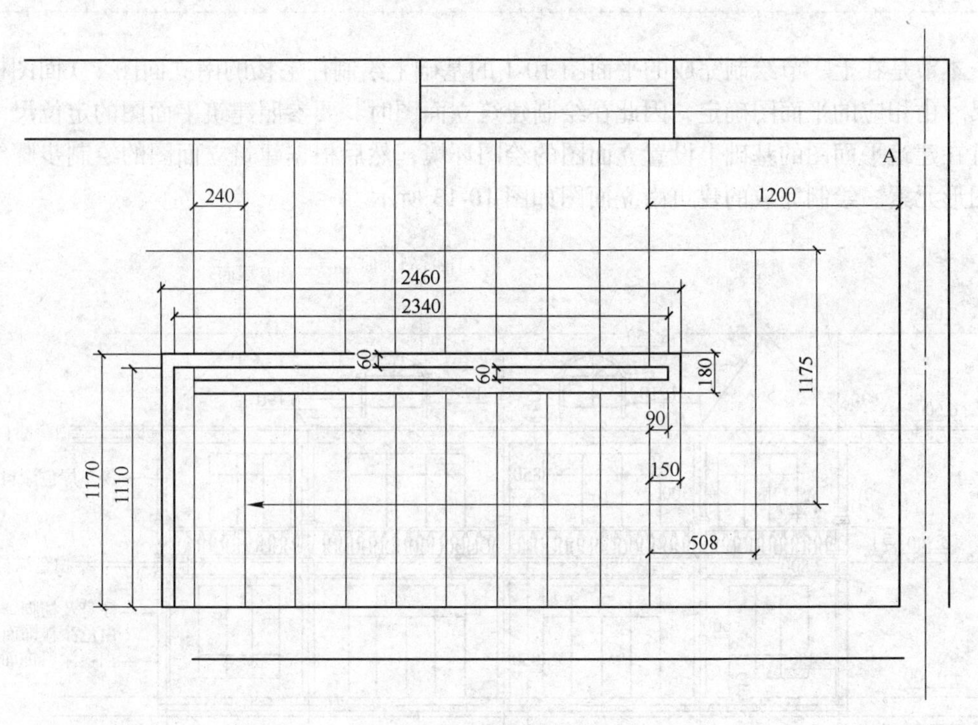

图 10-11 楼梯扶手

（6）尺寸标注。将标注层置为当前，用鼠标右击工具栏，选择“标注”项，在屏幕上显示标注工具栏，如图 10-12 所示。

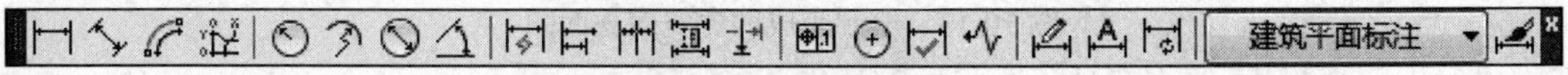

建筑平面标注

图 10-12 标注工具栏

利用线性标注和连续标注命令，绘制图形中的总尺寸和细部尺寸。

（7）将文字置为当前，并选用相应的文字样式，利用单行文字和多行文字命令创建图内文字、图名、剖切符号文字等。

（8）将设施置为当前，绘制附属设施。

（9）利用镜像命令复制出图形的另一部分，然后利用编辑命令对图形的细部进行修剪编辑。

最后绘制的图形结果如图 10-1 所示。

10.2 建筑立面图的绘制

学习要点：

能准确地绘制建筑立面图。

本节是在上一节绘制完成的平面图 10-1 的基础上绘制住宅楼的南立面图。立面图横向的尺寸由相应的平面图确定，因此在绘制建筑立面图时，要参照建筑平面图的定位尺寸，并且在建筑平面图的基础上设置立面图的绘图环境，然后根据建筑立面图的绘制步骤绘制各图形元素。绘制完成的建筑南立面图如图 10-13 所示。

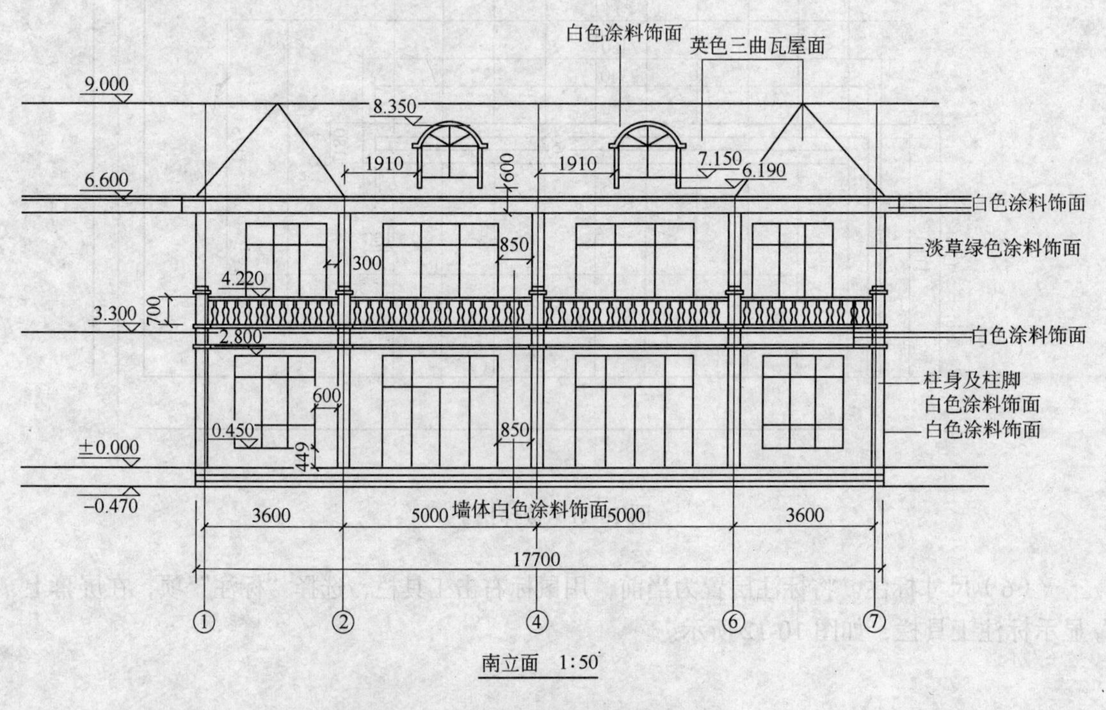

图 10-13 绘制完成的建筑南立面图

参考步骤：

（1）新建图层。图层设置参考见表 10-2。

表 10-2 建筑南立面图图层设置参考

图层名称	图层线型	线 宽	颜 色
轴线	ACAD_IS004W100	0.3	红色
轴线文字	Continuous	0.15	蓝色
辅助轴线	ACAD_IS004W100	0.15	220

续表 10-2

图层名称	图层线型	线 宽	颜 色
墙体	continuous	0.3	洋红
柱	continuous	0.3	白色
门窗	continuous	0.15	青色
楼梯	continuous	0.15	白色
文字标注	continuous	0.15	白色
尺寸标注	continuous	0.15	绿色
设施	continuous	0.15	白色
标高	continuous	0.15	蓝色
建筑外轮廓	continuous	0.3	白色
立面分界线	continuous	0.15	靛蓝色
立面阳台	continuous	0.15	白色
室外地坪线	continuous	0.5	白色

（2）轴线及竖直辅助线的绘制。绘制完的轴线图如图 10-14 所示。

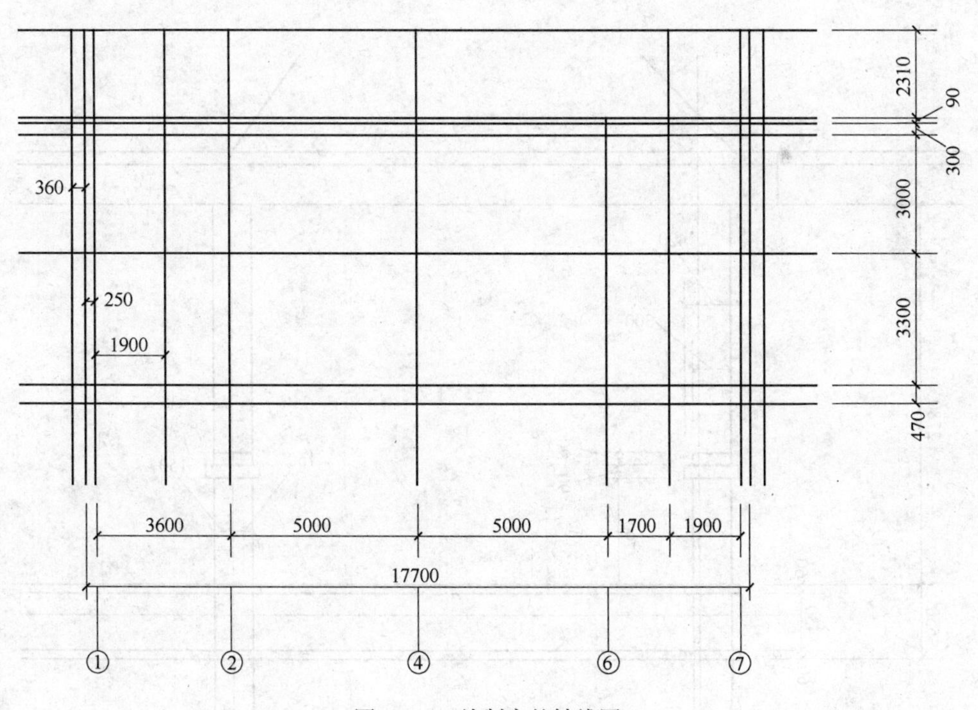

图 10-14 绘制完的轴线图

（3）根据标高画出室外地面线、屋面线和外墙轮廓。绘制完的建筑外轮廓线如图 10-15 所示。

（4）绘制阳台栏杆。按图 10-16 和图 10-17 所示尺寸绘制栏杆，绘制完的栏杆立面图如图 10-18 所示。

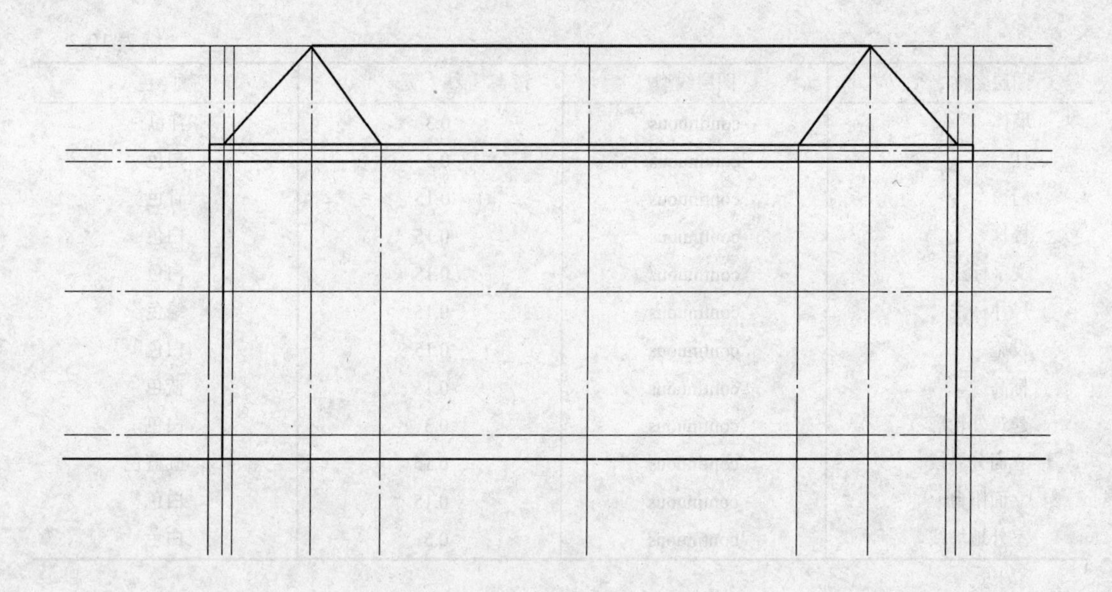

图 10-15　绘制完的建筑外轮廓线

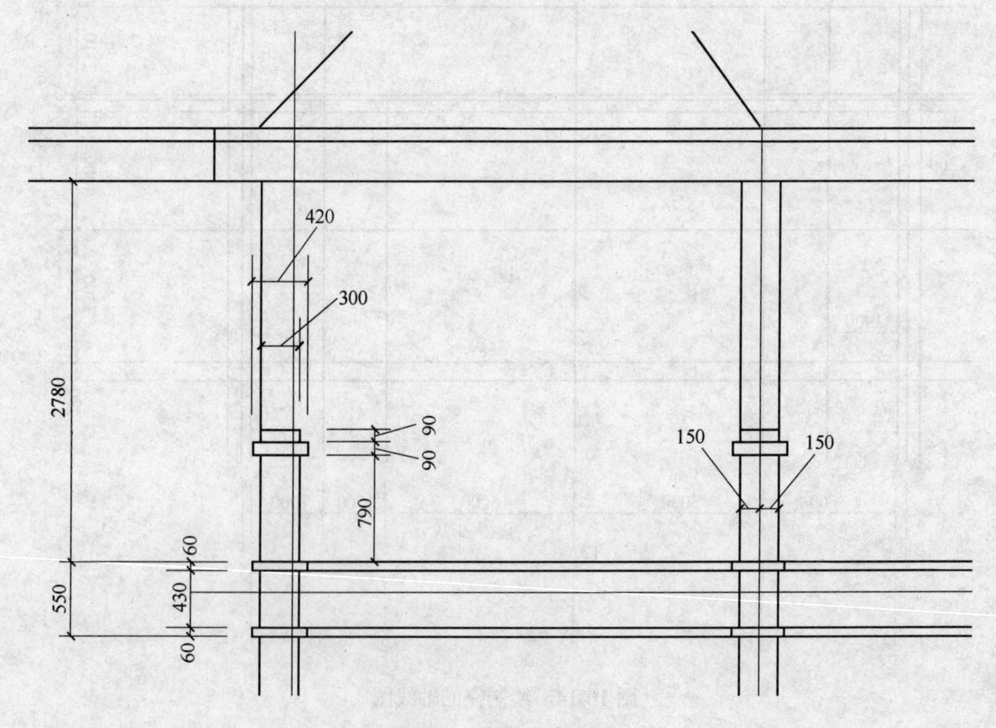

图 10-16　栏杆上部尺寸

（5）根据门窗、栏杆的尺寸（见图 10-19~图 10-23）分别画出门窗、栏杆，并按指定位置插入。绘制完的门窗立面图如图 10-24 所示。

（6）进行尺寸标注、文字标注、附属设施的绘制。

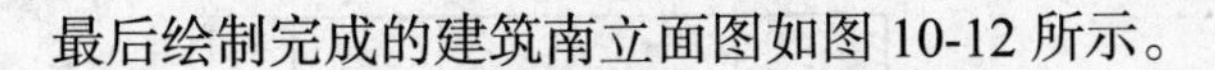

最后绘制完成的建筑南立面图如图 10-12 所示。

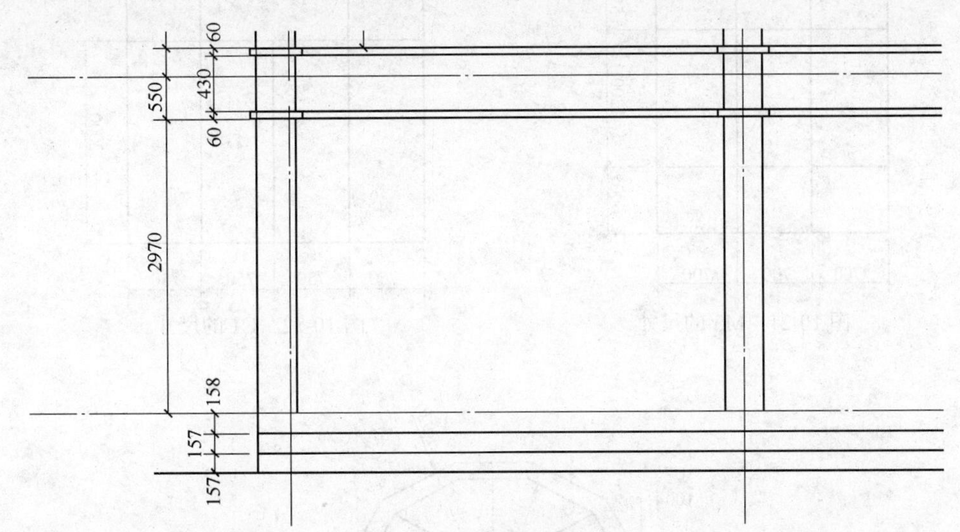

图 10-17　栏杆下部尺寸

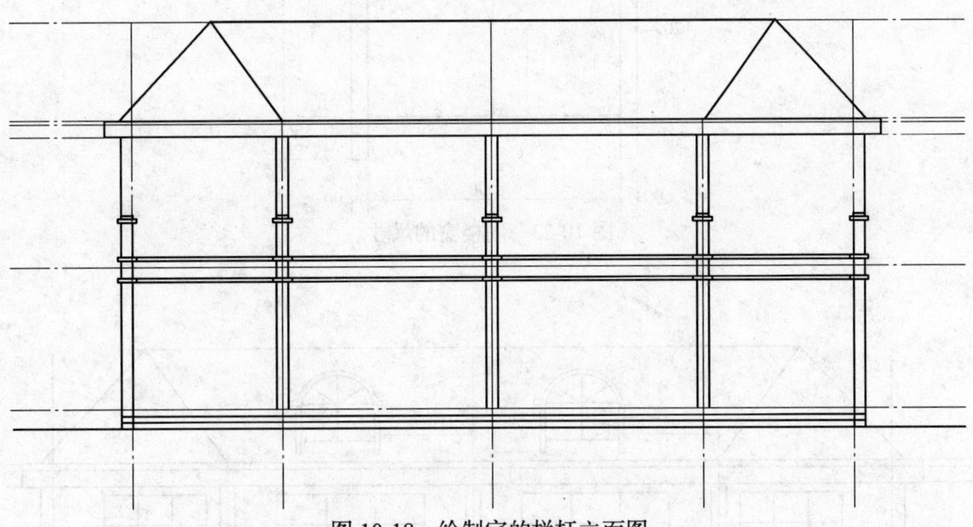

图 10-18　绘制完的栏杆立面图

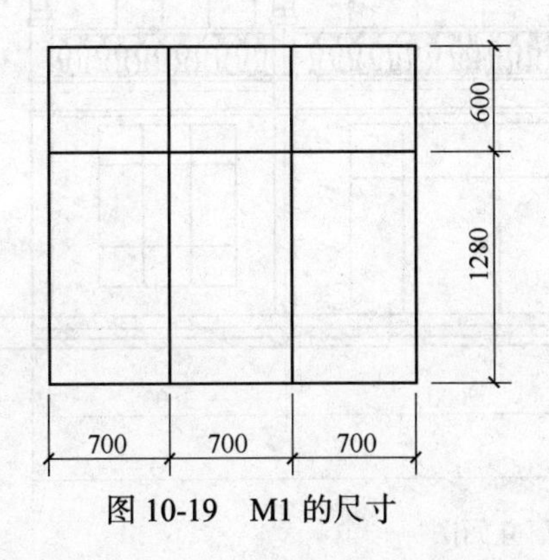

图 10-19　M1 的尺寸

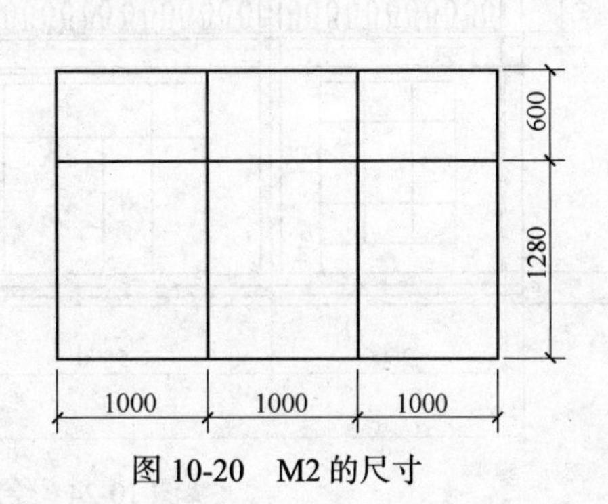

图 10-20　M2 的尺寸

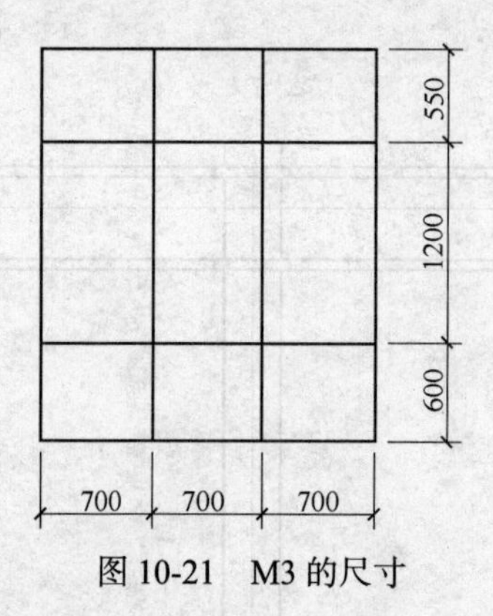

图 10-21　M3 的尺寸

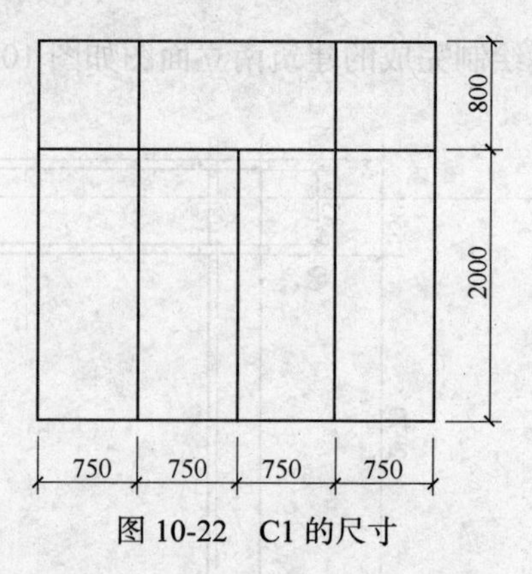

图 10-22　C1 的尺寸

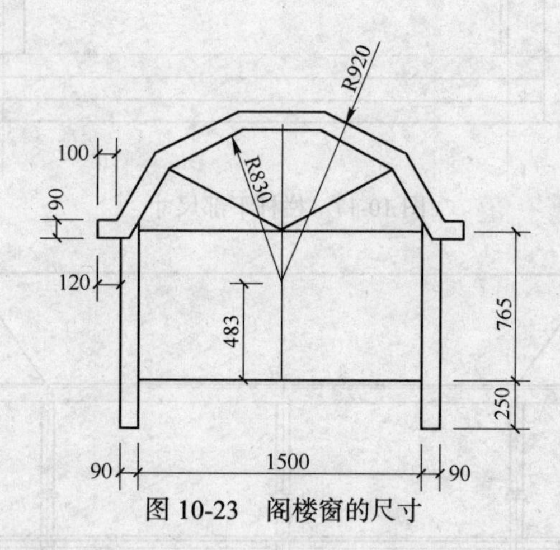

图 10-23　阁楼窗的尺寸

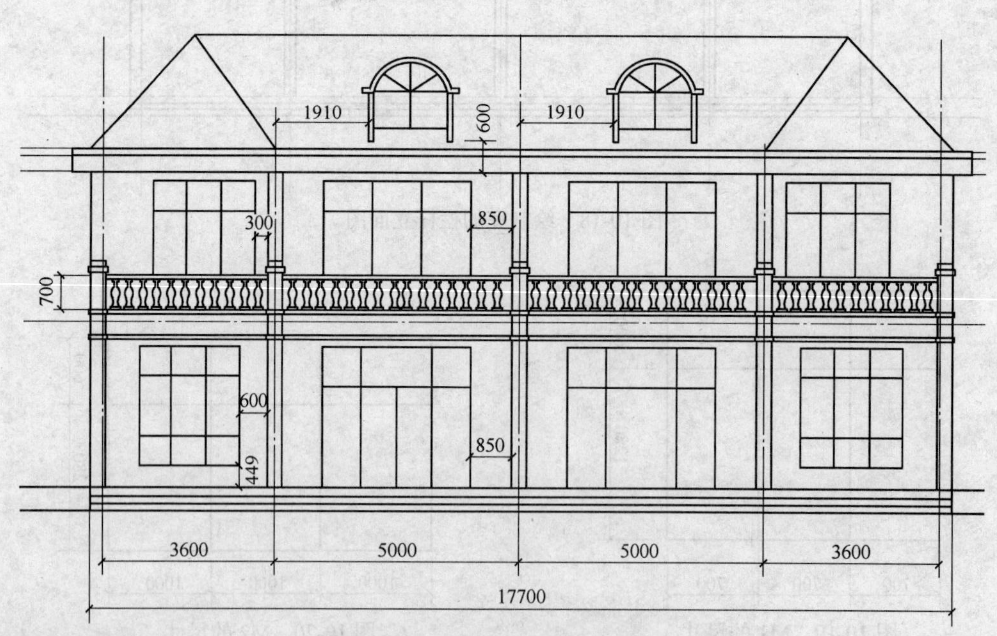

图 10-24　绘制完的门窗立面图

10.3　建筑剖面图的绘制

学习要点：

能准确地绘制建筑剖面图。

本节是在 10.1 节绘制完成的平面图和 10.2 节绘制完成的立面图的基础上，绘制其Ⅱ—Ⅱ剖面图。建筑剖面图的横向尺寸由平面图确定，竖向尺寸由立面图确定，因此绘制剖面图时，为了便于尺寸的查找以及辅助线的定位，可以将已绘制的建筑平面图和建筑立面图复制到绘制的剖面图的文件中，然后按建筑剖面图的绘制步骤绘制各图形元素。绘制完的建筑剖面图如图 10-25 所示。设计的命令主要有图层特性、直线、多段线、多线的绘制和编辑、偏移、复制、修剪、图案填充、块及带属性、块插入等。

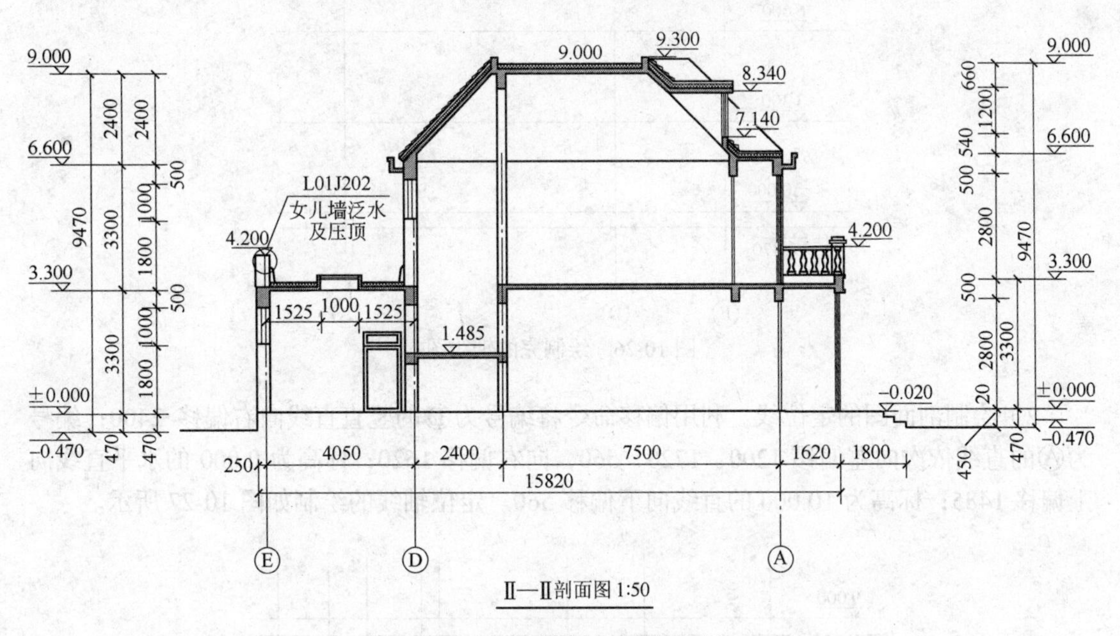

图 10-25　绘制完的建筑剖面图

参考步骤：

（1）新建图层。图层设置参考见表 10-3。

表 10-3　建筑剖面图图层设置参考

图层名称	图层线型	线　宽	颜　色
轴线	ACAD_IS004W100	默认	红色
轴线文字	continuous	默认	蓝色
辅助轴线	ACAD_IS004W100	默认	220
墙体及楼板	continuous	0.3	洋红
门窗	continuous	默认	青色
楼梯	continuous	0.15	白色

续表 10-3

图层名称	图层线型	线 宽	颜 色
文字标注	continuous	默认	白色
尺寸标注	默认	默认	绿色
设施	continuous	默认	白色
标高	continuous	默认	蓝色
地坪线	continuous	0.5	白色

（2）轴线及竖直辅助线的绘制。

1）将建筑平面图中的轴线旋转 90º，选择复制轴线Ⓐ、Ⓓ、Ⓔ，再选择复制建筑立面图中的竖向轴线，将两者组合到一起，绘制结果如图 10-26 所示。

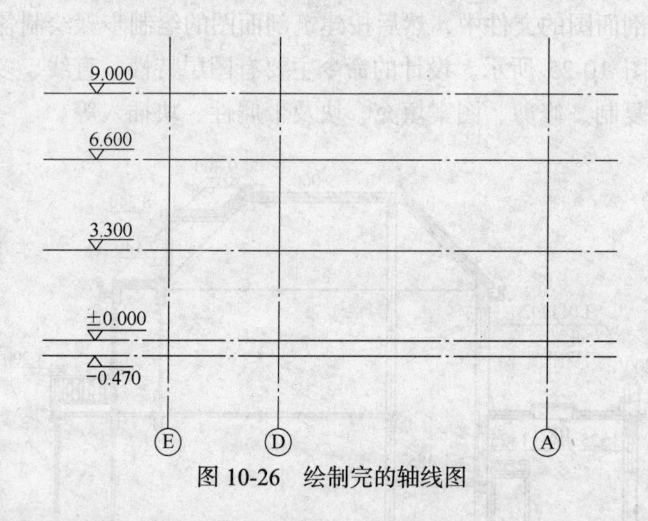

图 10-26 绘制完的轴线图

2）绘制剖面图的定位线。利用偏移命令将编号为Ⓓ的竖直直线向右偏移 2400；编号为Ⓐ的直线依次向左偏移 1200、1720、560，向右偏移 1620；标高为 0.000 的水平直线向上偏移 1485；标高为 10.000 的直线向下偏移 560。定位轴线的绘制如图 10-27 所示。

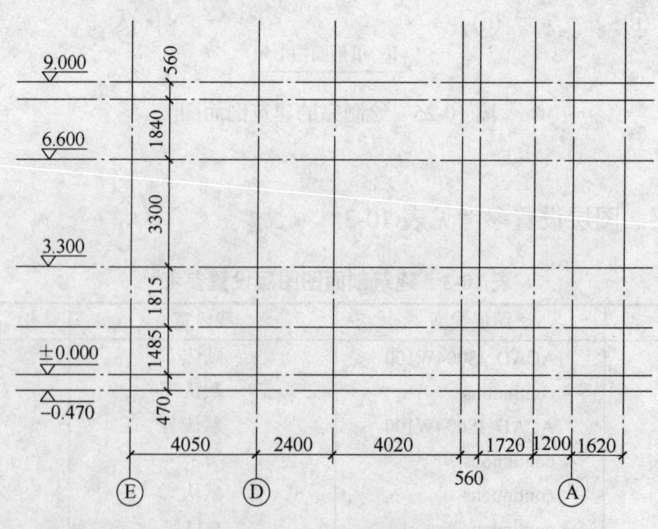

图 10-27 定位轴线的绘制

（3）绘制纵向构件。将墙体层置为当前，使用“多线”命令，设置适宜 370、240 的墙体，绘制各剖切到的与未剖切到的墙体。绘制完的墙线如图 10-28 所示。

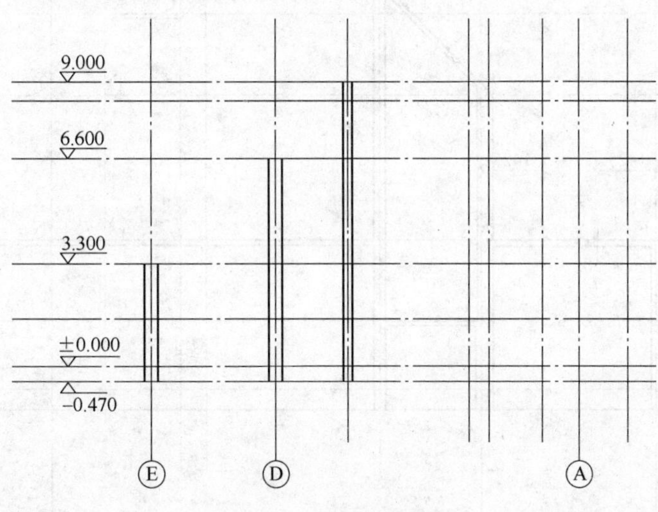

图 10-28 绘制完的墙线

（4）绘制横向构件。

1）在地坪层上使用“多段线”命令绘制室内外地坪线。由 G 点向右 2150—H 点—I 点—J 点—K 点向右 2400—L 点。其中，由 J 点向下 150、向右 300、向下 150、向右 300、向下 150 到达 K 点。

2）在楼板层上参照平面图与立面图，使用“多线”命令绘制剖切到的与未剖切到的楼板、屋面板（100）。

3）使用“多线编辑”命令中的“角点结合”，完成交点 5、6 的合并操作。使用“多线编辑”命令中的“T 形合并”，完成交点 1~4 的合并操作。利用“分解命令”将 A 点的多线炸开，用“修剪命令”完成合并操作。

绘制完的横向构件如图 10-29 所示。

（5）绘制梁、柱、门窗、露台、屋顶及檐口。

1）梁和柱的绘制。利用“矩形”命令在图 10-30 中 A 点、F 点处绘制梁轮廓，矩形尺寸为（370,500）；同理，3 点处矩形尺寸（240,500）；A 点处矩形尺寸（240,400）；1 点处（370,250）；2 点处（240,250）；复制 4 点处的矩形，粘贴到 D、E、M、N 处。D 处、O 处梁绘制如图 10-31 所示。

2）修剪窗洞、插入门窗块。分解墙线，参照立面图在相应的位置剪切窗洞。插入门窗块。绘制完的门窗细部尺寸如图 10-32 所示。

3）露台、栏杆、屋顶及檐口。绘制结果如图 10-33~图 10-35 所示。

（6）进行尺寸标注、文字标注、标高标注、附属设施的绘制。绘制完成如图 10-25 所示。

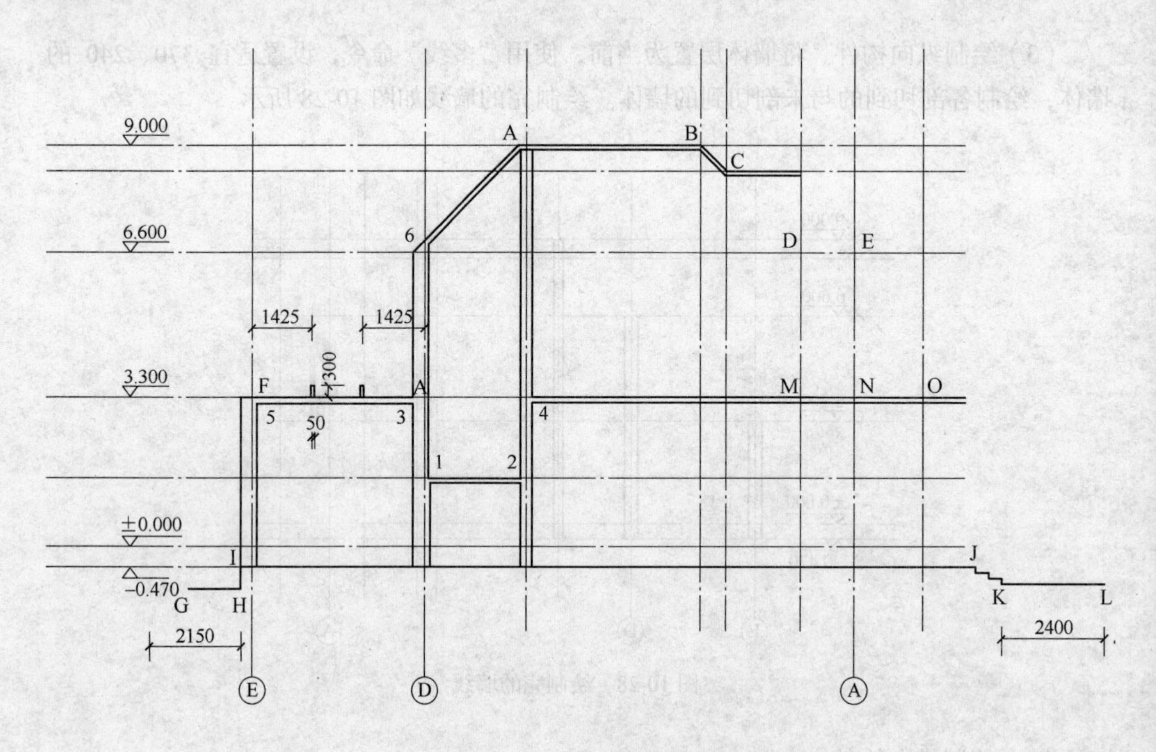

图 10-29 绘制完的横向构件

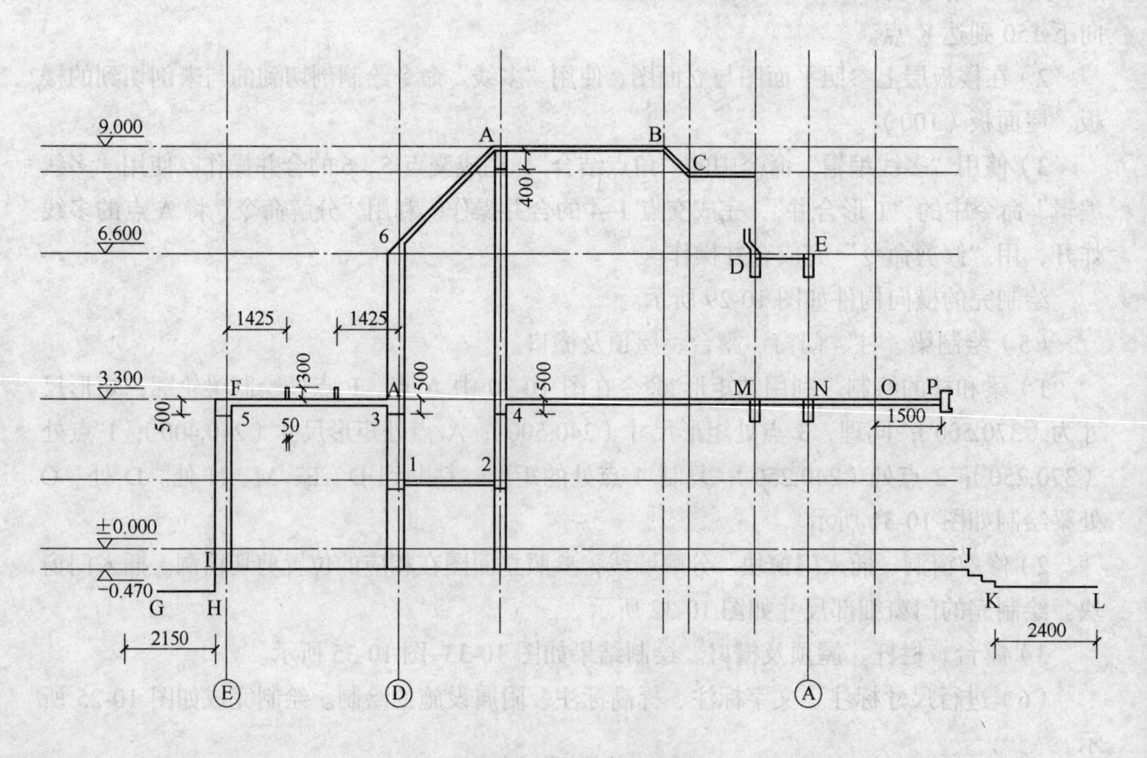

图 10-30 梁轮廓的绘制

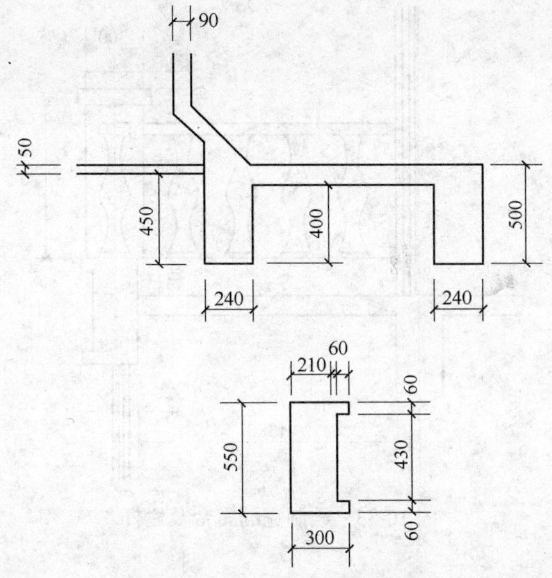

图 10-31　D 处、O 处梁的绘制

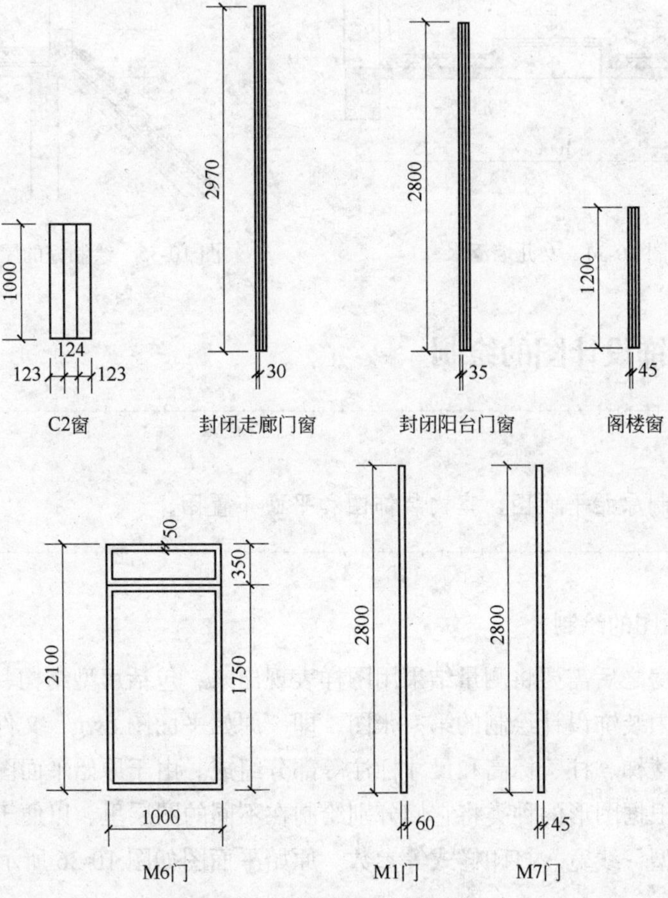

图 10-32　绘制完的门窗细部尺寸

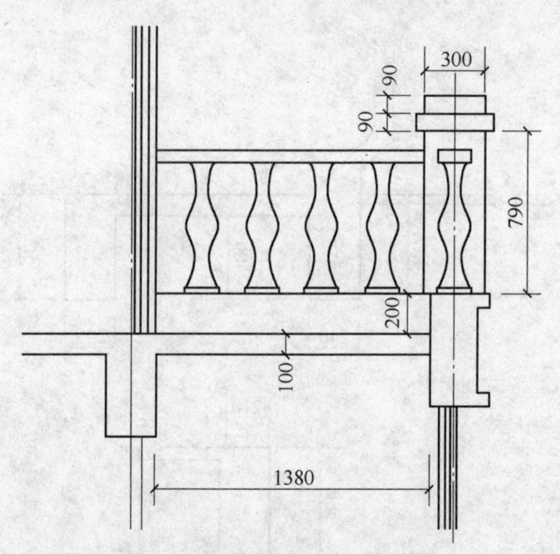

图 10-33　绘制完的露台及栏杆

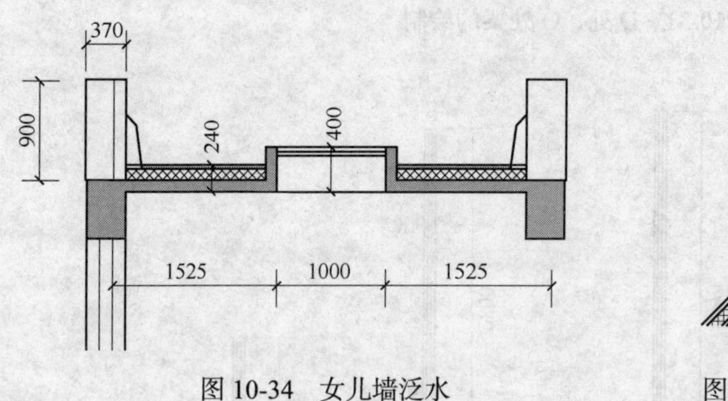

图 10-34　女儿墙泛水

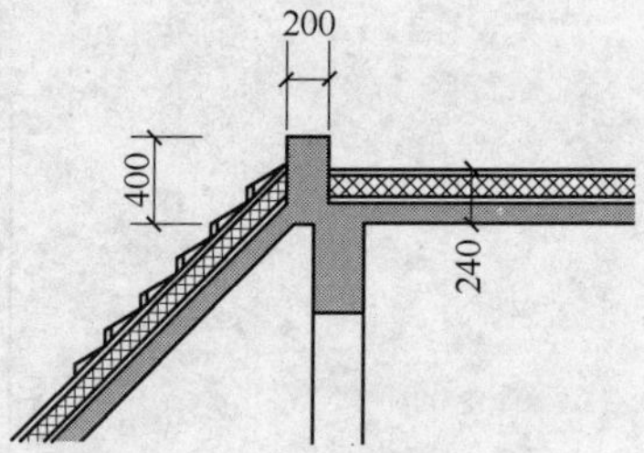

图 10-35　绘制完的屋顶及檐口

10.4　室内装饰设计图的绘制

学习要点：

能准确地绘制原始平面图、室内装饰图和平面布置图。

10.4.1　原始平面图的绘制

设计师在量房之后需要将测量结果用图样表现出来，包括房型结构、空间关系、尺寸等，这是进行室内装饰设计绘制的第一张图，即“原始平面图.dwg”文件。原始平面图由墙体、门、窗、楼梯、柱、标高和尺寸标注等部分组成。由于原始平面图设计的图形种类较多，因此需要根据图形的种类将它们分别绘制在不同的图层里，以便于统一设置、管理图形的颜色、线型、线宽、打印样式等参数。原始平面图如图 10-36 所示。

参考步骤：

（1）系统设置。主要设置为图形界限设置，可参照建筑平面图、立面图、剖面图等的设置方法，在此不一一赘述。

（2）绘制轴线。将轴线层置为当前，在屏幕上绘制长度适中的横向直线和竖向直接，然后按图 10-36 中尺寸绘制轴网图。

（3）绘制墙体、阳台、门窗开洞。将墙体层置为当前，本图中墙体为 200 剪力墙，轴线居中，两侧各为 100；户型内部的隔墙、阳台均为 100 厚，参照外墙作法，轴线两侧各偏移 50，画出剩下的内墙、阳台。

（4）绘制门窗。将门窗层置为当前。绘制门窗之前先要确定门窗洞口的位置，然后加入相应尺寸的门窗。洞口定位时，常以临近的墙体或轴线作为距离参照来定位洞口位置。

（5）尺寸及轴号标注。将标注层置为当前，设置标注样式，进行尺寸标注。该部分尺寸分为三道：第一道为墙体宽度及门窗宽度，第二道为轴线间距，第三道为总尺寸。为了标注轴线的标号，需要轴线向外延伸出来。所以在绘制轴线网格时，除了满足开间、进深尺寸以外，还应将轴线长度向四周加长一些。

（6）文字说明。将文字层置为当前，设置文字样式，依次标注出其他房间的名称，其最终效果如图 10-36 所示。

10.4.2 平面布置图的绘制

在原始平面图的基础上，绘制室内平面布置图。依次介绍各个居室室内空间布局、家具家电布置、装饰元素、地面材料绘制、尺寸标注、文字说明，如图 10-37 所示。

参考步骤：

（1）空间布局介绍。该住宅建筑设计的空间功能布局已经比较合理，为高层剪力墙结构，尽可能尊重原有空间布局，在此基础上做进一步设计。

客厅部分以会客、娱乐为主，兼做餐厅使用。会客部分需要安排沙发、茶几、电视设备及柜子；就餐部分需安排餐桌、椅子、柜子等。为保证餐厅采光所以客厅部分不再增加隔断。

主卧室为主人就寝的空间，在里面安排双人床、床头柜、衣橱及小电视柜等。该住宅有两个次卧室，考虑到业主的需求，打算将靠近主卧室的次卧室设计成为一个可以兼做卧室、书房和客房功能的室内空间，于是里面安排写字台、书柜、单人床等家具设备。剩下的次卧室作为家里的儿童房，所以在里面需安排单人床、床头柜、衣橱、写字台等家具设备。

厨房和小阳台部分，考虑在一起设计。厨房内布置厨房操作台、储藏柜和冰箱，阳台设置晾衣设备，并放置洗衣机。大阳台则设计成一个休闲观景室，设置两把摇椅、一张小茶几。卫生间内安排马桶、洗脸盆、沐浴设备。

（2）布置客厅。将“原始平面图.dwg”打开，另存为“室内布置图.dwg”，然后将“尺寸”、“文字”、“轴线”层关闭。建立一个“家具”图层，细实线、颜色为洋红，并置为当前层。

插入沙发、茶几、背景墙、电视柜。利用插入块命令将上述家具插入到指定位置，具体尺寸、插入点如图 10-38 所示。

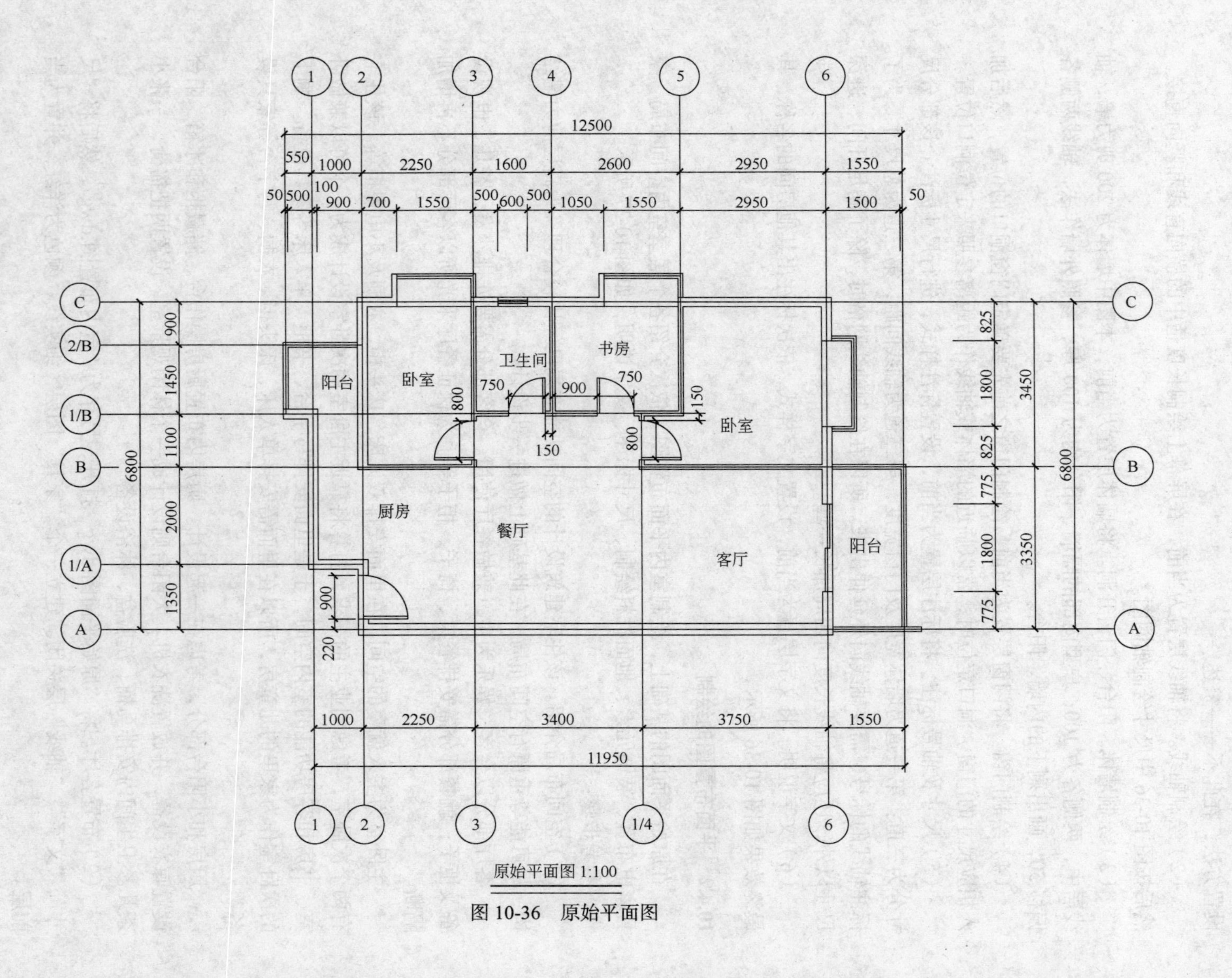

图 10-36 原始平面图

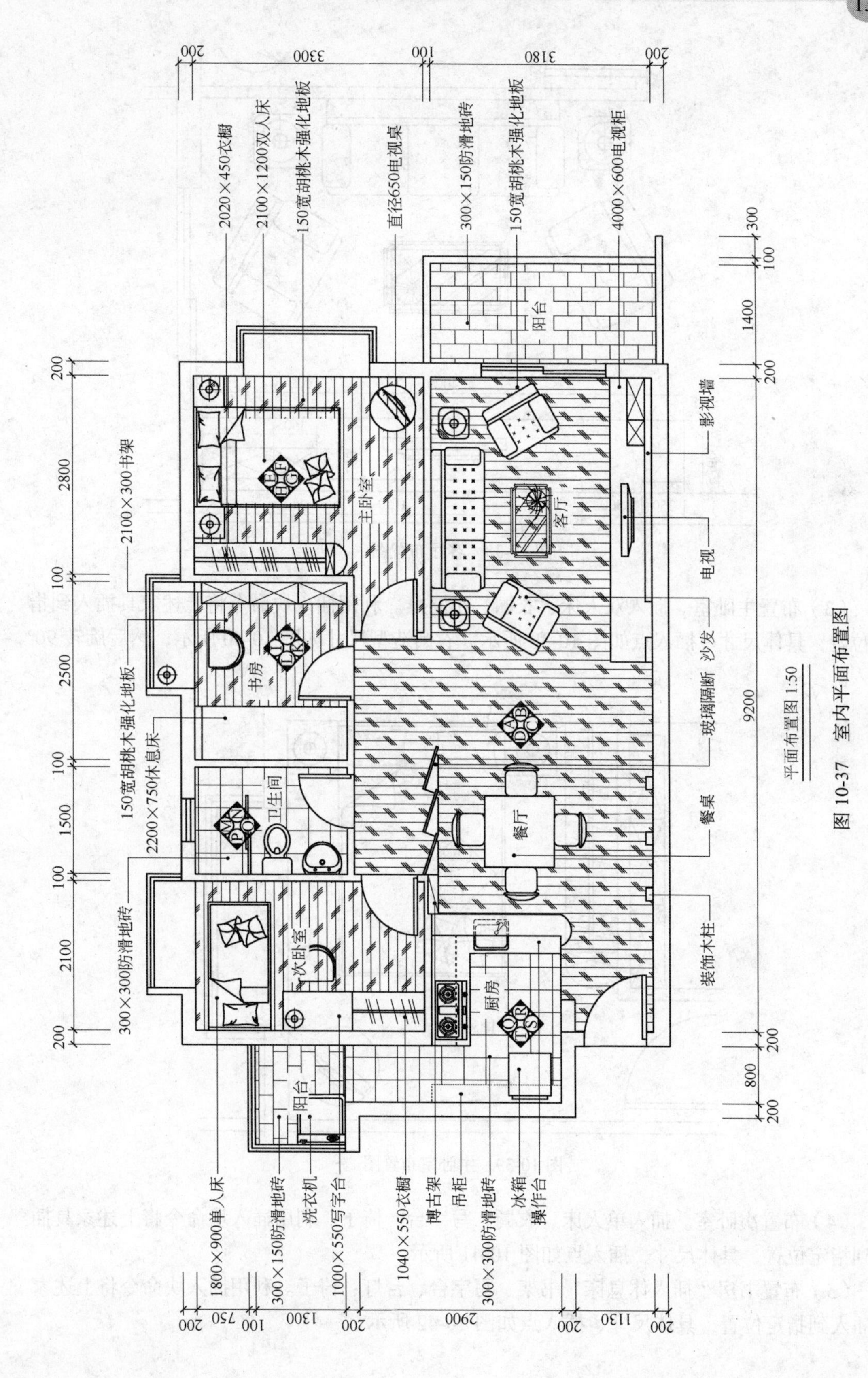

图 10-37 室内平面布置图

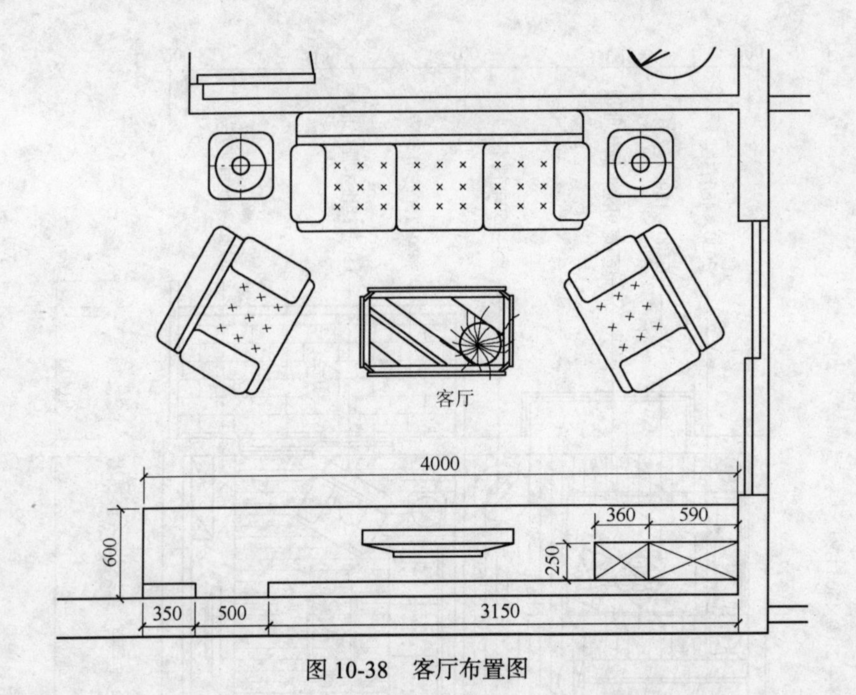

图 10-38　客厅布置图

（3）布置主卧室。插入双人床、衣橱、小圆桌。利用插入块命令将上述家具插入到指定位置，具体尺寸、插入点如图 10-39 所示。衣橱造型尺寸如图 10-40 所示，然后旋转 90º 插入。

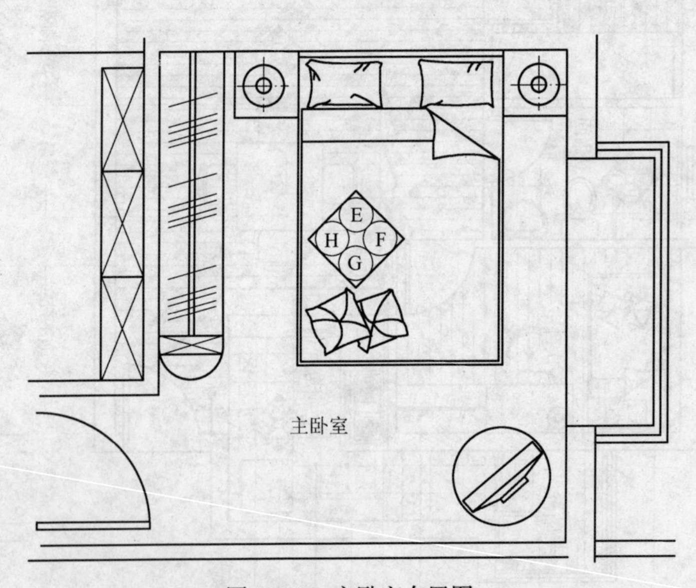

图 10-39　主卧室布置图

（4）布置次卧室。插入单人床、衣橱、写字台、椅子。利用插入块命令将上述家具插入到指定位置，具体尺寸、插入点如图 10-41 所示。

（5）布置书房。插入休息床、书架、写字台、台灯、椅子。利用插入块命令将上述家具插入到指定位置，具体尺寸、插入点如图 10-42 所示。

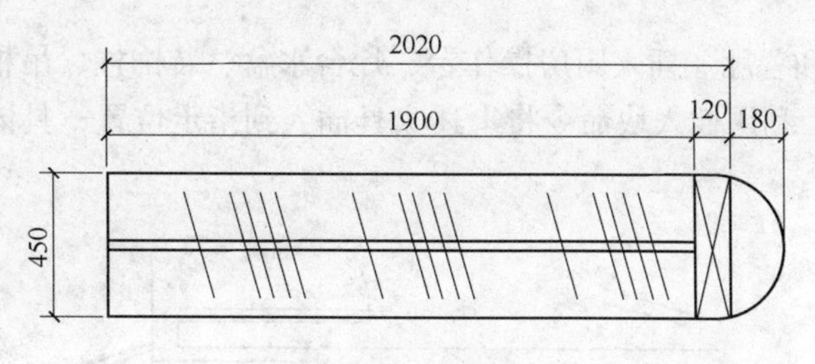

图 10-40　衣橱造型

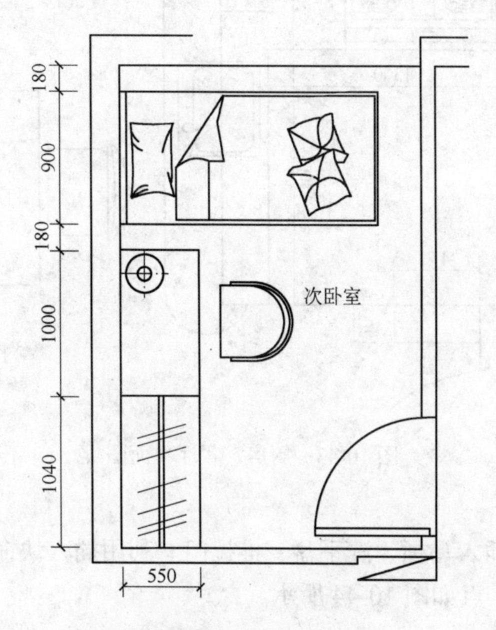

图 10-41　次卧室平面图

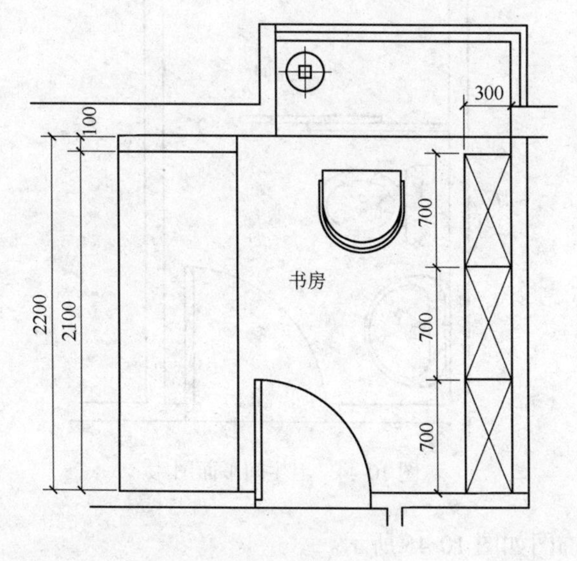

图 10-42　书房平面图

（6）布置厨房和餐厅。插入厨房操作台、灶台水盆、装饰柱、吊柜、冰箱、餐桌、小博古架、玻璃隔断。利用插入块命令将上述家具插入到指定位置，具体尺寸、插入点如图10-43所示。

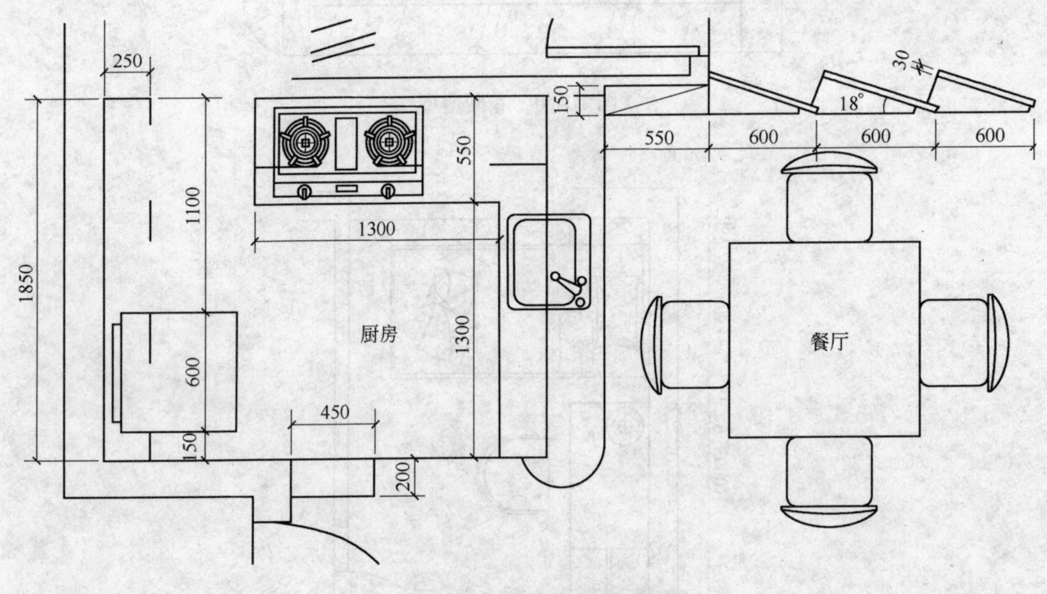

图10-43 厨房、餐厅平面图

（7）布置卫生间。插入马桶、洗手盆、推拉门。利用插入块命令将上述家具插入到指定位置，具体尺寸、插入点如图10-44所示。

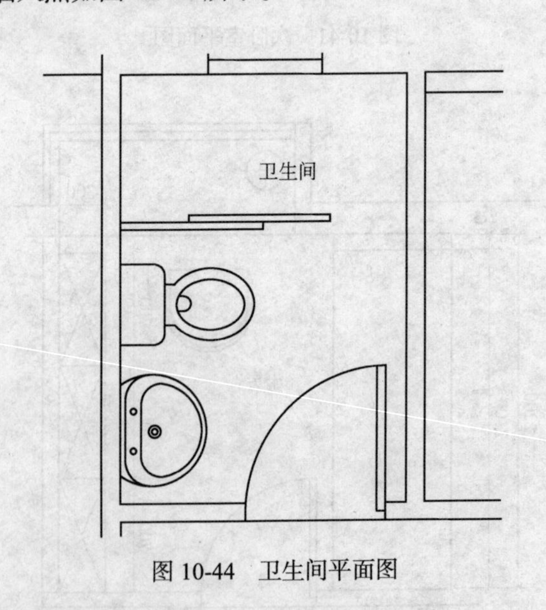

图10-44 卫生间平面图

完成后的室内装饰图如图10-45所示。

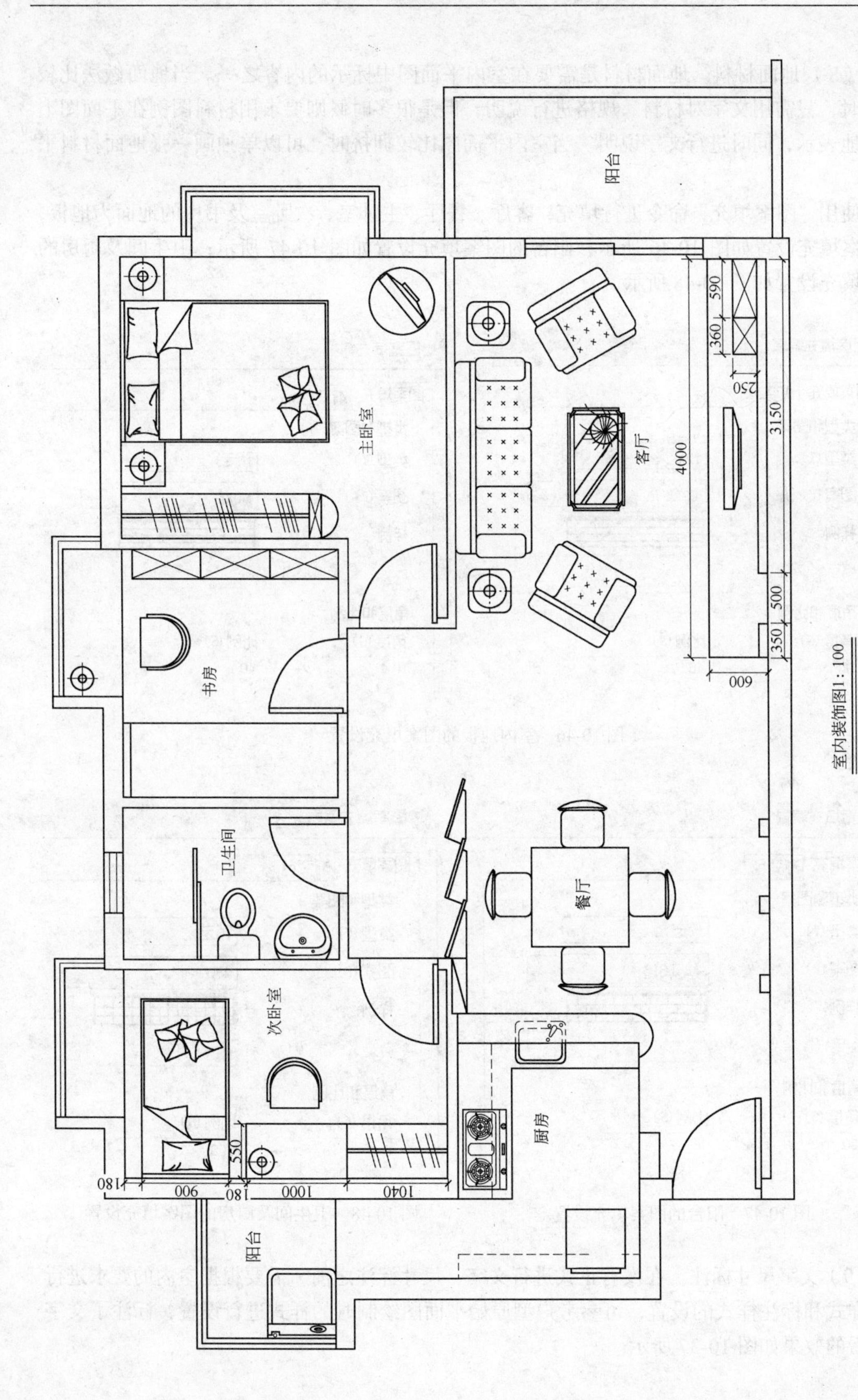

图 10-45 完成后的室内装饰图

（8）地面材料。地面材料是需要在室内平面图中标示的内容之一。当地面做法比较简单时，只需用文字对材料、规格进行说明，但是很多时候则要求用材料图例在平面图上直观地表示，同时进行文字说明。当室内平面图比较拥挤时，可以单独画一张地面材料平面图。

使用“图案填充”命令进行填充，客厅、餐厅、主卧室、次卧室及书房的地面为地板，其图案填充设置如图 10-46 所示；阳台的图案填充设置如图 10-47 所示；卫生间及厨房的图案填充设置如图 10-48 所示。

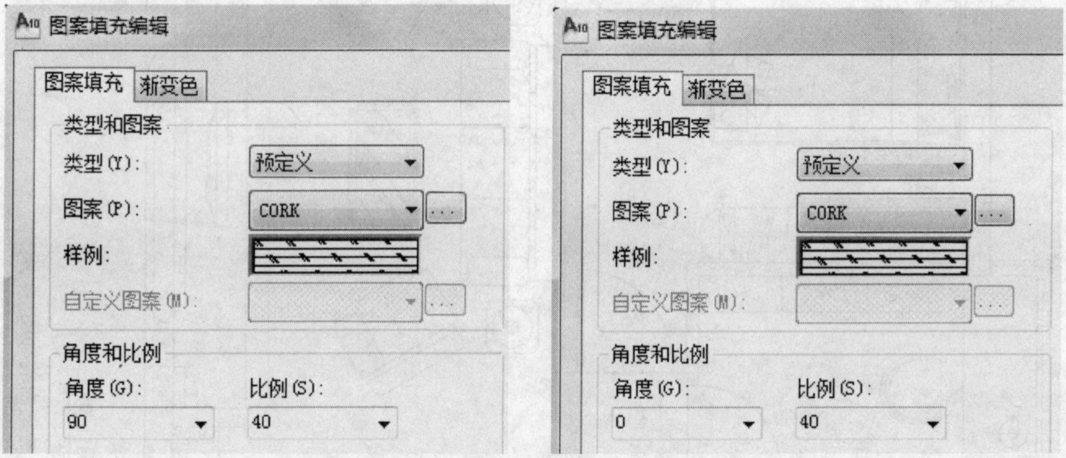

图 10-46　室内地板的图案填充设置

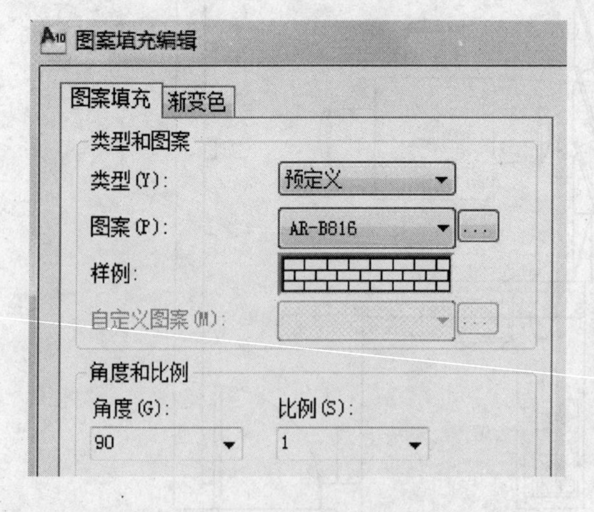

图 10-47　阳台的图案填充设置

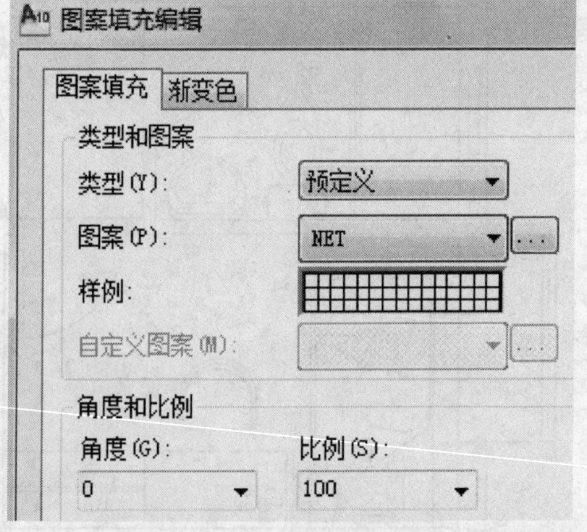

图 10-48　卫生间及厨房的图案填充设置

（9）文字尺寸标注。在没有正式进行文字、尺寸标注之前，需要根据室内的要求进行文字样式和标注样式的设置，可参考户型原始平面图绘制时的样式进行设置，标注了文字说明后的效果如图 10-37 所示。

11　二次开发入门

11.1　编制程序统计钢筋数量表

学习要点：

了解 AutoCAD 二次开发环境和步骤。

设计者在绘图过程中常会遇到许多棘手的问题，如绘制拱的悬链线、计算钢筋长度、统计钢筋数量等问题。许多设计者在面临这些问题时，往往依靠于计算器或手算，而不能利用便捷的 Lisp 语言来解决所遇到的问题，这样既不精确，效率也不高，因此建议设计者学习一些 Lisp 语言来提高设计效率。编制统计钢筋数量表的程序步骤如下：

（1）激活 Visual Lisp 集成开发编译环境，在菜单栏中选择【工具】→【Auto Lisp】→【Visual Lisp 编译器】，激活的 Visual Lisp 集成开发编译环境如图 11-1 所示。

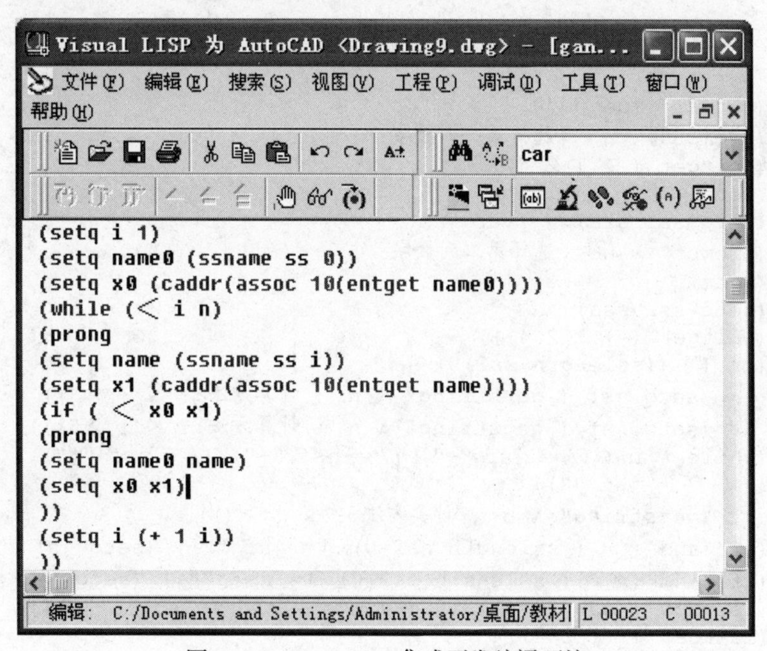

图 11-1　Visual Lisp 集成开发编译环境

（2）新建一个 lsp 文件，在其中输入如下程序代码：

```
(defun * error * (error)
       (princ"error:")
       (princ"操作错误")
       (princ"\n 再试一次")
```

```
    )
(defun gets(/ ss n i name0 name x0 x1)
        (initget ( + 1 2 4))
        (setq ss ( ssget' ((0 . "text"))))
        (if ( = ss nil) (setq ss ( ssadd)))
        (setq ssa (ssadd))
        (while ( /= (setq n (sslength ss))0)
                  (progn
                  (setq i 1)
                  (setq name0 (ssname ss 0))
                  (setq x0 (caddr(assoc 10(entget name0))))
                  (while (< i n=
                        (progn
                        (setq name (ssname ss i))
                        (setq x1 (caddr(assoc 10(entget name))))
                        (if ( < x0 x1=
                               (progn
                               (setq name0 name)
                               (setq x0 x1)
                        ))
                        (setq i (+ 1 i))
                  ))
                  (setq ssa (ssadd name0 ssa))
                  (setq ss (ssdel name0 ss))
        ))
        )
(defun c:gangjin(/ nn ii net name txt pp p0 pp0 name1
              p st zh zw ang i n w temp)
        (setvar"blipmode"1)
        (setvar"cmdecho"0)
        (prompt" \ n    选择第一列数字:")
        (initget ( + 1 2 4))
        (gets)
        (setq ss1 ssa)
        (prompt" \ n    选择第二列数字:")
        (gets)
        (setq ss2 ssa)
        (initget ( + 1 2 4))
        (if ( = (sslength ss2)0)
           (setq jsf ( getstring" \ n    计算方法:? < + >"))
           (setq jsf ( getstring" \ n    计算方法:? < * >")))
        (while ( and (/ = jsf "+") (/ = jsf "-") (/ = jsf "*") (/ = jsf "/")
           (/ = jsf ""))
           (getstring" \ n    计算方法:? < * >"))
        (if (and ( = ( sslength ss2)0) (= jsf "")) (setq jsf  "+"))
        (if (and (/ = ( sslength ss2)0) (= jsf "")) (setq jsf  "*"))
        (setq p0 ( cdr (assoc 10 ( entget (ssname ss1 0 )))))
        (initget (+ 1 2 4))
        (setq pp0 (getpoint" \ n    统计结果插入点:?"))
        (setvar "blipmode" 0)
        (if ( =(sslength ss2) 0)
              (progn
                 (setq xi ( getreal" \ n    需除以的系数[/]:? < 1 >"))
                 (if( = xi nil) ( setq xi 1)))
              (progn
                 (setq xi ( getreal" \ n    需除以的系数[/]:? < 100 >"))
```

```
            (if( = xi nil) ( setq xi 100)))
        ))
    (setq ws ( getint" \ n    小数点位数:? < 2 >"))
    (if ( = ws nil) ( setq ws 2))
    (setq nn1 ( sslength ss1))
    (setq ii 0)
    (if ( = (sslength ss2) 0)(progn
        (while (< ii nn1)
          (setq ent1 (entget (setq name1 ( ssname ss1 ii))))
          (if ( = ii 0) (seqt name0 name1))
          (setq txt1 (cdr (assoc 1 ent1)))
          (setq txt1 (atof txt1))
          (if ( = ii 0) (seqt txt txt1))
          (if ( /= ii 0) (progn
              (cond (( = jsf "+") ( setq txt ( + txt txt1)))
                  (( = jsf "-") ( setq txt ( - txt txt1)))
                  (( = jsf "*") ( setq txt ( * txt txt1)))
                  (( = jsf "/") ( setq txt ( / txt txt1)))
              )
          ))
    (setq ii ( + ii 1))
    )
    (command "copy" name0 " " p0 pp0)
    (setq txt ( /txt xi))
    (setq txt ( rtos txt 2 ws))
    (setq txt - style (cdr (asspc 7 ( entget name0))))
    (setq style - higth (cdr (asspc 40 ( tblsearch "style" txt - style))))
    (if( = style - higth 0.0)
    (command "change""1""""""""""""""txt )
    (command "change""1""""""""""""txt )
    ))
    (if ( and ( / = ss2 nil) (/ = ss1 nil) (progn
    (setq nn2 ( sslength ss2))
    ( if ( > = nn1 nn2) ( setq nn nn2) (setq nn nn1))
    (while ( < ii nn)
      (setq ent1 ( entget ( setq name1 ( ssnme ss1 ii))))
      (setq ent2 ( entget ( setq name2 ( ssnme ss2 ii))))
      (setq txt1 ( cdr ( assoc 1 ent1)))
      (setq txt2 ( cdr ( assoc 1 ent2)))
      (setq txt1 ( atof txt1))
      (setq txt2 ( atof txt2))
      (cond ((= jsf "+") ( setq txt ( + txt1 txt2)))
            ((= jsf "-") ( setq txt ( - txt1 txt2)))
            ((= jsf "*") ( setq txt ( * txt1 txt2)))
            ((= jsf "/") ( setq txt ( / txt1 txt2)))
            )
      (command "copy" name1 " " p0 pp0)
      (setq txt ( /txt xi))
      (setq txt ( rtos txt 2 ws))
      (setq txt - style (cdr (asspc 7 ( entget name1))))
      (setq style - higth (cdr (asspc 40 ( tblsearch "style" txt -
        style))))
      (if( = style - higth 0.0)
       (command "change""1""""""""""""""txt )
       (command "change""1""""""""""""txt )
      (setq ii ( + ii 1))
      )
```

```
))
(setvar "blipmode"1)
(setvar "cmdecho"1)
(princ)
)
```

（3）在菜单栏中选择【工具】→【加载应用程序】，弹出【加载/卸载应用程序】对话框，选择编译通过的程序 gangjin.lsp，然后单击【加载】按钮，如图 11-2 所示。

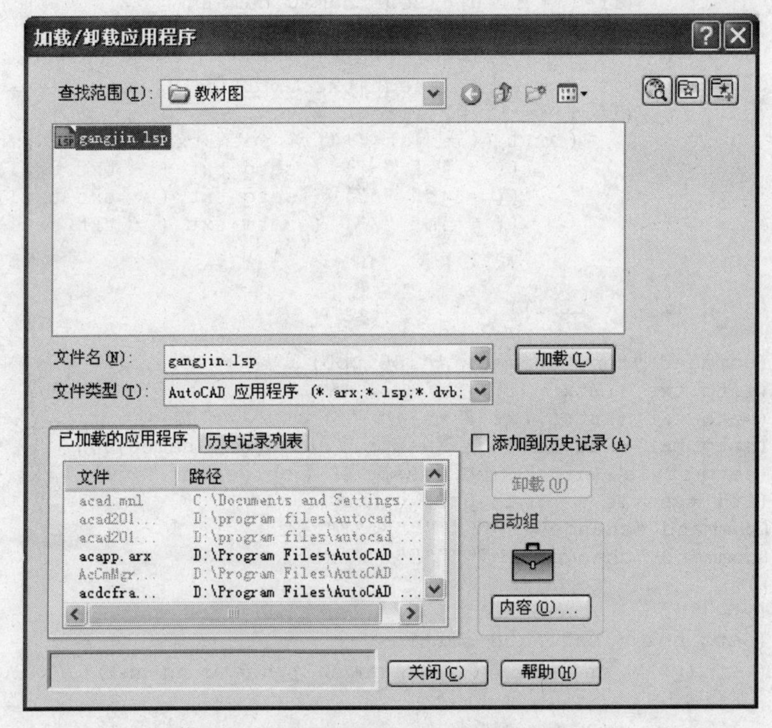

图 11-2 【加载/卸载应用程序】对话框

（4）打开一个未作过统计的钢筋表。

（5）命令: gangjin (在命令行中敲入 gangjin 响应已经加载的程序)

选择第一列数字: (选择钢筋表中的“每根长”那一列数字)

选择对象:指定对角点

选择对象: (回车)

选择第二列数字: (选择钢筋表中的“根数”那一列数字)

选择对象:指定对角点:

选择对象: (回车)

计算方法:? < * > (可输入+、-、*、/，四种符号，这里我们输入*号)

统计结果插入点:? (在“共长”一列的适当位置选择一点作为结果插入点)

需除以的系数 [/] :? <100> 100

小数点位数:? <2> (回车)

则绘制计算结果。

（6）重复进行 gangjin 命令，最后绘制“共重”一列的结果。

11.2 利用 Lisp 自动分截电子地形图

学习要点：

了解 Lisp 函数的调用。

本书采用 Auto Lisp 语言对 CAD 进行二次开发，可以通过加载程序，迅速实现自动分图，为高等院校毕业设计图纸的分图、分图打印以及各类设计院分图电子备案提供参考。

11.2.1 基本思想

为保证程序各专业的通用性，实现任意图纸大小、任意比例尺的自动分图，程序中没有特定限制分成 A3 图纸还是 0 号图纸的大小。根据设计者的需要，在 CAD 界面提示用户输入要分好图的长度，如 4000m，有较好的交互性。设计者首先选定要分图的原图范围，如图 11-3 所示。然后输入要分好图的长度，如图 11-4 所示。Auto Lisp 程序将根据设计者输入的长度，自动计算要把原图分成多少段，计算每一段图的角点坐标，对其进行打断。然后通过 wblock 命令调用写块程序，在指定目录下，创建一个以角点坐标为名的新文件，将打断后的每一段图创建成块，写到以该段角点坐标命名的文件中，实现自动分图。一键可得，大大提高了分图的效率。

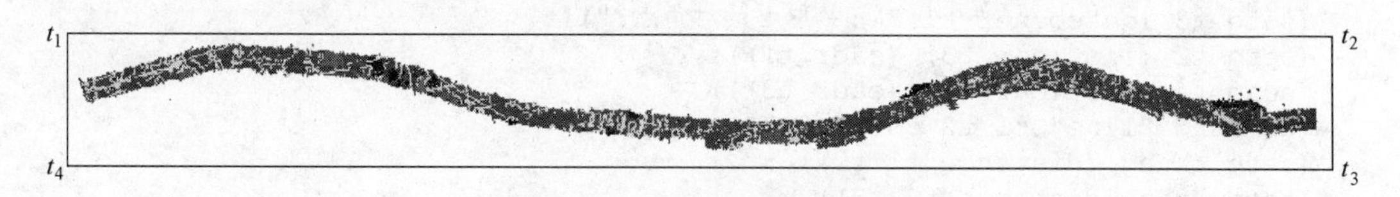

图 11-3 分图前的电子地形图

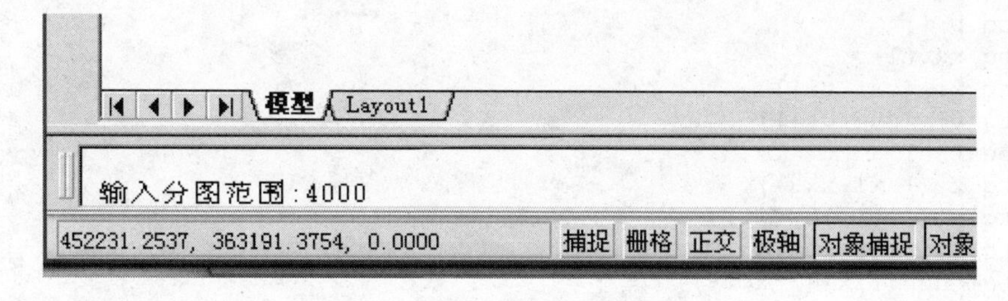

图 11-4 设计者输入图块长度

下面将以电子地形图为例，详细阐述自动分图的全过程。

（1）编写 Auto Lisp 程序，实现框选，以确定要分的电子地形图。

（2）对框选的矩形记录对角点，第一点记为 t_1（一般为图纸左上角），对角点记为 t_3，如图 11-4 所示。

（3）由拾取的 t_1、t_3 两对角点计算出矩形的另外两对角点 t_2、t_4，由已知的四点 t_1、t_2、

t_3、t_4绘出矩形，并计算矩形的长(length)，即角点 t_1、t_2间的距离，同时计算矩形的宽(width)，即角点 t_2、t_3间的距离。

（4）调用 getint 函数，让设计者输入分好图块的大小。

（5）因为道路设计的地形图为狭长形，宽均满足图纸大小。如宽度超出图纸范围，对中写块，如图 11-5 所示。本小节提到的部分程序未考虑宽度超出图纸范围的判断。计算框选矩形的长度和设计者输入的长度，两者相除，从而可得要分的块数，记为 n_1（取整）。

图 11-5　宽度超出图形界限的处理

（6）循环分块。利用 Auto Lisp 语言的 repeat 函数从 1 循环到 n_1，从拾取的第一点坐标开始以设计者输入的长度绘制矩形分块，并把矩形内的所有图文写到指定目录下的块中。写块的主要思想：首先捕捉所绘指定矩形，建立一个选择集，获取选择集中第一个图元名，取出所选图元，搜索图元中 0 并返回出第一个数外的表，进行比较判断字符串，循环进行连接，对图元名判断调整，利用 wblock 函数按照所绘矩形进行写块。

11.2.2　功能代码

```
(setq t1 (getpoint "\n 拾取起始点:"))
(setq t3 (getcorner t1 "\n 拾取 t 的对角点:"))
(setq t2 (list(car t3) (cadr t1)))
(setq t4 (list(car t1) (cadr t3)))
(command "line" t1 t2 t3 t4 "c")
(setq chang (distance t1 t2))
(setq kuan (distance t2 t3))
(setq xxx (getint"\n 输入分图范围:"))
(if (< kuan 10000) (setq n1 (fix (+ (/ chang xxx) 1 ))))
(setq p 1)
(setq xx t1)
(setq x1 (car t1))
(setq y1 (cadr t1))
(repeat n1
(setq x (+ x1 xxx))
(setq y (- y1 10000))
(setq o (list x y))
(setq thh (fix (/ x 2)))
(setq name1 (+ p thh))
(setq name1 (Itoa name1))
(setq mmm (strcat "e:/" "fentu" "/" name1))
(command "-wblock" mmm "" xx "w" xx o "")
(command "oops")
(setq xx (list x y1))
(setq x1 (+ x1 xxx))
(setq y1 y1)
(setq p (+ p 1))
)
```

11.2.3 调用方法

图块调用方法如下：

（1）首先在电脑 E 盘下，新建一个文件夹，命名为“fentu”。

（2）然后在任意版本的 CAD 环境下，打开电子地形图，点击工具菜单，选加载应用程序，查找上述.lsp 程序所在位置，点选.lsp 程序，加载，关闭。

（3）按照 CAD 命令行里的提示，框选要分的电子地形图，输入分好图块的长度，按回车，自动完成分图。

（4）在 E 盘下，将会自动保存分好的若干图块，如图 11-6 所示。双击任意一个 CAD 文件，将是设计者输入长度的图形。将图 11-3 所示的图形框选后，输入 4000，在 E 盘的出现如图 11-6、图 11-7 所示的 7 段图块。双击每一个文件打开后，将是图所对应的图形。

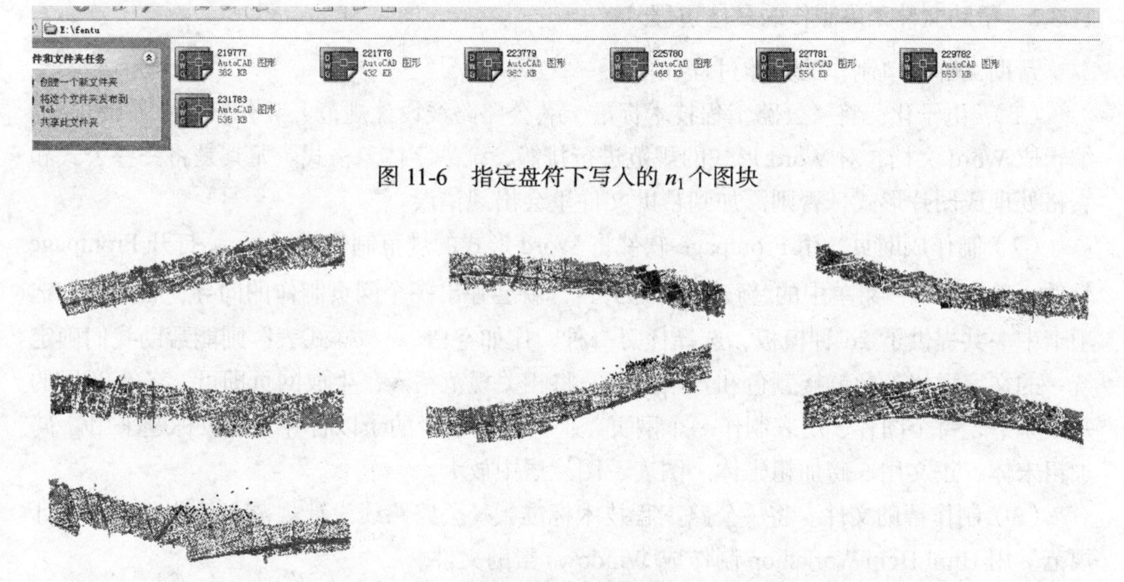

图 11-6 指定盘符下写入的 n_1 个图块

图 11-7 分好的图块

Auto Lisp 语言是 AutoCAD 二次开发的工具，本小节结合电子地形图为例提出了自动分图的思路，并给出了代码函数，成功地实现了电子地形图的自动分图，该成果对高等院校道路设计毕业设计分图、出图中心分图打印以及设计院的电子备案具有重要的参考价值。

11.3 利用 Lisp 添加工程技术规范菜单

学习要点：

了解给 AutoCAD 添加自定义菜单的方法。

当前工程设计过程中，设计人员需要翻阅大量的标准和规范，费时且不便携带，为了更方便、快捷地制图并减轻工作量，增强移动性，将公路工程等规范添加到 Auto CAD 帮助文件库中，通过调用帮助文件或快速搜索的方式完成对相关规范内容的快速、精确查找。

11.3.1 帮助文件制作的思路

首先把各个书籍的规范编辑成文档；其次是制作成网页，选用Microsoft Frontpage 2003进行网页的设计与制作；再次把网页制作成 Windows 帮助文件，本书中采用 Html Help Workshop 工具制作帮助文件；最后把制作好的帮助文件添加到AutoCAD2007菜单中。帮助文件制作流程图如图11-8所示。

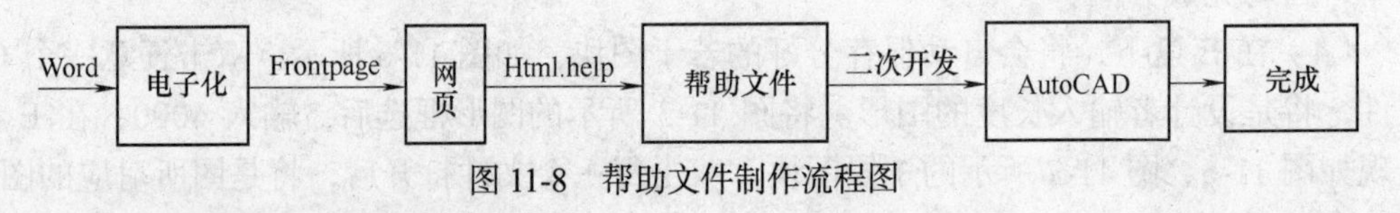

图11-8 帮助文件制作流程图

11.3.2 帮助文件菜单制作的具体过程

帮助文件菜单制作的具体过程如下：

（1）电子化。将《公路工程技术标准》、《公路路线设计规范》、《公路排水设计规范》编辑成Word文档，对Word形式的规范进行排版，统一字体、格式。尤其是将一些公式和表格处理成图片形式，否则添加到帮助文件里会出现错误。

（2）制作成网页。用Frontpage软件将Word形式的规范制作成网页，打开Frontpage软件，单击“文件”菜单中的“新建”→“网页”，就会弹出一个网页制作的向导，在“常规”选项卡中一共提供了26种模板，选择任意一种，比如空白。“样式表”则能帮助我们确定统一的文字风格，超链接颜色和背景颜色。将相关规范粘入，生成网页即可。各个章里的每一小节，每个图片、图表制作一个网页，但内容特别少的予以合并。每页标题采用7磅加粗宋体，正文用5磅加粗宋体。图表、图片居中放大。

（3）制作帮助文件。将《公路工程技术标准》、《公路路线设计规范》、《公路排水设计规范》用Html Help Workshop制作成Windows帮助文件。

下面以《公路路线设计规范》为例，阐述html制作帮助文件的步骤。

（1）用Html Help Workshop软件建立方案，在弹出的对话框选择要保存的文件路径（与网页保存在同一个文件夹下），帮助文件名称，完成方案的建立。

（2）在出现的界面建立目录工程，选择在目录文件保存的路径（与方案保存在同一个文件夹下）。目录向使用者介绍本规范的大体内容，方便使用者查看所要查看的章节。使用Html Help Workshop的“插入标题或插入页面”按钮添加目录，在出现的对话框内键入相应的目录名字，单击“浏览”按钮选择要对应的网页，这样就完成了目录与网页的链接。以《公路路线设计规范》为例，建好的目录如图11-9所示。

（3）同样的方法建立索引工程，保存索引所在的路径（保存在与方案同一个文件夹下）。索引[index]是根据一定需要，把书刊中的主要内容或各种题名摘录下来，标明出处、页码，按一定次序分条排列，以供人查阅的资料。使用索引可快速访问数据库表中的特定信息。点击Html Help Workshop的“插入一个关键字”按钮添加各个规范中的关键字，在出现的对话框内键入需要建立的关键字，单击“添加”、“浏览”按钮选择相应的网页，这样就完成了索引关键字与相关网页的链接。图 11-10 所示为建好的《公路路线设计规范》索引。

- 公路路线设计规范
  - 1　总　则
    - 1　总　则
  - 2　公路分级与等级选用
    - 2.1　公路分级
    - 2.2　公路等级与设计速度的选用
    - 2.3　控制出入
  - 3　公路通行能力
    - 3.1　一般规定
    - 3.2　高速公路设计通行能力
    - 3.3　一级公路通行能力
    - 3.4　二、三级公路设计通行能力
  - 4　控制出入
    - 4.1　一般规定
    - 4.2总体设计要点
  - 5　选线
    - 5　选线
  + 6　公路横断面
  + 7　公路平面
  + 8　公路纵断面
  + 9　线形设计
  + 10　公路与公路平面交叉
  + 11　公路与公路立体交叉
  + 12　公路与铁路、乡村道路、管线交叉
- 条文说明
  - 1　总　则
    - 1　总　则
  + 2　公路分级与等级选用
  + 3　公路通行能力
  + 4　控制出入
  + 5　选线
  + 6　公路横断面
  + 7　公路平面
  + 8　公路纵断面
  + 9　线形设计
  + 10 平面交叉
  + 11公路与公路立体交叉
  + 12 公路与铁路、乡村道路、管线交叉

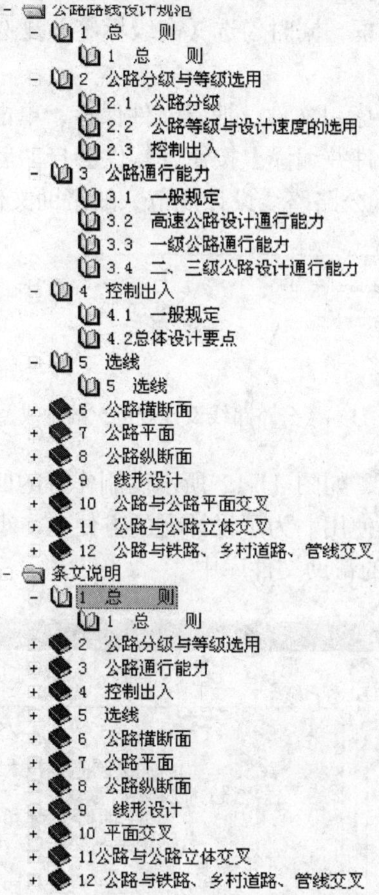

图 11-9　建好的《公路路线设计规范》目录

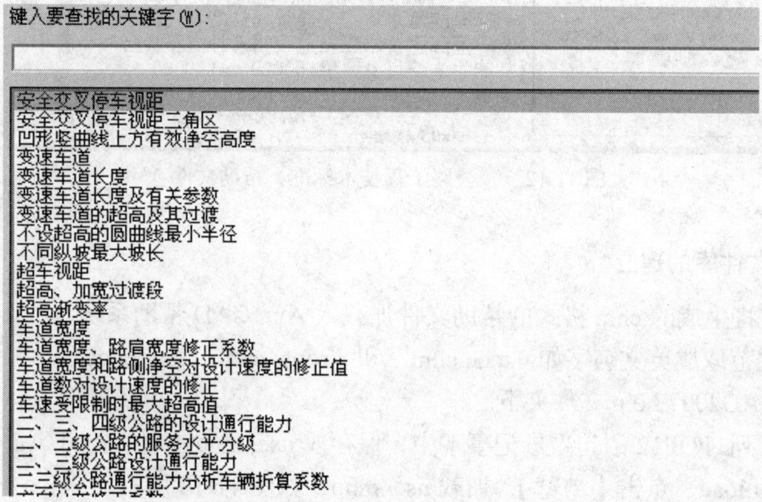

键入要查找的关键字(W):

安全交叉停车视距
安全交叉停车视距三角区
凹形竖曲线上方有效净空高度
变速车道
变速车道长度
变速车道长度及有关参数
变速车道的超高及其过渡
不设超高的圆曲线最小半径
不同纵坡最大坡长
超车视距
超高、加宽过渡段
超高渐变率
车道宽度
车道宽度、路肩宽度修正系数
车道宽度和路侧净空对设计速度的修正值
车道数对设计速度的修正
车速受限制时最大超高值
二、三、四级公路的设计通行能力
二、三级公路的服务水平分级
二、三级公路设计通行能力
二三级公路通行能力分析车辆折算系数

图 11-10　建好的《公路路线设计规范》索引

（4）建立搜索功能。在 Html Help Workshop 中点击【方案】选项卡，单击【更改窗口信息】按钮，在弹出的【窗口类型】对话框中选择【导航窗口】选项卡，在默认标签项选择索引，勾选【搜索标签】复选框，同时勾选【高级标签】复选框，按照弹出的对话框进行【下一步】操作即可。

（5）将制作好的目录文件、索引文件、搜索文件保存，单击【方案】选项卡，进行总体保存，然后单击【保存所有文件并编译】按钮，软件会自动运行帮助文件。在相关文件夹下就会产生一个 html 格式的《公路路线设计规范》的帮助文件，如图 11-11 所示。

图 11-11　《公路路线设计规范》的生成

同样方法制作其他三个规范，如图 11-12 所示。制作好的四个帮助文件可以随意单独地拷贝到任意位置，也可以单独使用。为了设计者的方便，本小节将四个帮助文件以自定义菜单的形式添加到 AutoCAD 的帮助文件库中。

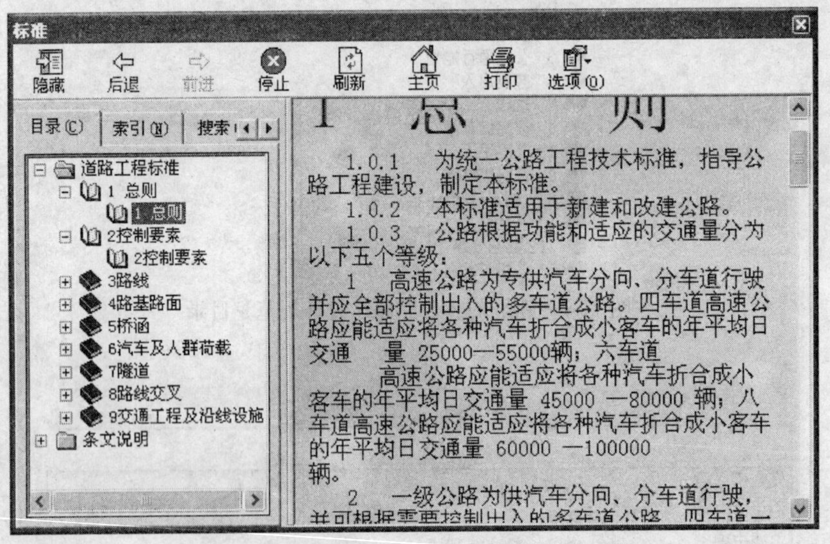

图 11-12　《公路工程技术标准》帮助文件

11.3.3　帮助文件库的建立

下面阐述将生成的.chm 格式的帮助文件加载入 AutoCAD 帮助系统。

（1）将规范取成英文名字如“tech.chm”和“route.chm”“drainage.chm”，将帮助文件复制到 AutoCAD2007\help 文件夹下。

（2）将下列+POP12 语句敲进记事本中，保存成 user.mnu 文件，打开 AutoCAD，命令行中输入 menuload，点击【浏览】，加载 user.mnu，如图 11-13 所示。

***POP12

```
**HELP
ID_Mnhelp        [norms]
ID_drainge [Specifications of drainage design for highways 97]^c^c^p(help "drainge" "") ^P
ID_tech        [Technical Standard of Highway Engineering 2003]^c^c^p(help "tech" "") ^P
ID_route      [Design Specification for Highway Alignment 2006]^c^c^p(help "route" "") ^P
```

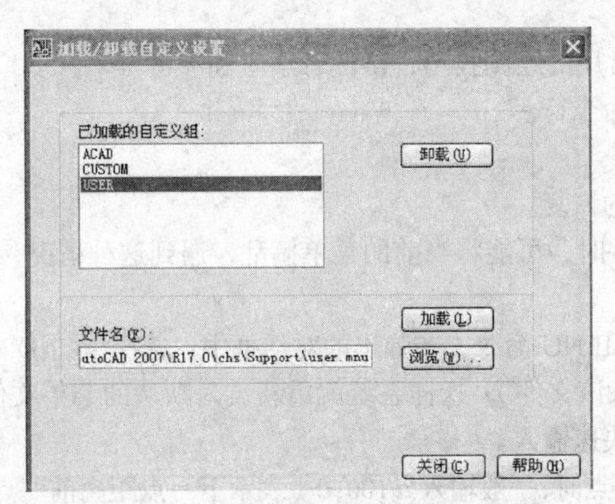

图 11-13 【加载/卸载自定义设置】对话框

（3）关闭对话框，成功加载了规范，如图 11-14 所示。

图 11-14 加载的规范菜单

12 绘图技巧汇编

本章汇编了一些常用的绘图技巧，供读者学习和参考。

（1）找出消失的命令行。

工具 ⟶ 命令行。

（2）菜单消失后的恢复。

用户使用菜单文件时，可能将当前的菜单搞乱，遇到这种情况，只需重新加载菜单文件，便可恢复。

在命令行中输入 MENU 命令，在弹出的对话框中，选择 ACAD.MNC 文件并打开（也可以从其他机器拷贝入该文件），这样系统就重新装入默认的菜单文件了。

（3）相对坐标的快速输入。

当用相对坐标输入点时，一般输入@100,0（表示下一点距离前一点 X 正方向增加 100），可以鼠标给定水平方向，直接输入 100 即可实现目的，从而节省输入时间。

（4）文字无法正确显示的处理。

当打开 AutoCAD 图形文件时，AutoCAD 自动根据图形中的文字样式定义，在 AutoCAD 支持的文件搜索路径中查找字体文件，当没有找到所需要的字体文件时，AutoCAD 将弹出一个对话框要求你选择一个代替的字体以正确显示。当选择的字体不正确时，打开的图形中将有部分或全部文字显示为“？”，表示此文件在现在的文字定义下不能正确显示。此时可使用菜单中的【修改/特性】命令，在【样式】框中选择合适的文字样式。当有中文文字无法打开时，请先在【文字样式】中设置有中文大字体（HZTXT.SHX）或有中文大字体的格式。请注意：对于文字串中的每一个字符，AutoCAD 都先搜索大字体文件。如果从中未找到该字符，才搜索普通字体文件。当前系统中没有汉字字体形文件时，应下载中文大字体文件复制到 AutoCAD 安装目录下的 FONTS\；对于某些符号，如希腊字母等，同样必须使用对应的字体形文件，否则会显示成？号。 如果找不到错误的字体是什么，那么你须重新设置正确的字体及大小，重新写字，然后用小刷子匹配属性。

（5）“Drawing file is not valid”的处理。

有时打开 AutoCAD 文件时，系统弹出【AutoCAD Message】对话框提示“Drawing file is not valid”，告诉用户文件不能打开。这有两种情况，第一种情况，文件损坏，你可以先退出打开操作，然后打开【文件】菜单，选【绘图实用程序/修复】，或者在命令行直接键盘输入“recover”，接着在【选择文件】对话框中输入要恢复的文件，确认后系统开始执行恢复文件操作。第二种情况，文件用高版本 CAD 保存，不能用低版本打开，你可以用高版本 CAD 打开后，另存为低版本的格式如 AutoCAD2000，再打开。

（6）填充无效时的解决办法。

有时候填充提示填充无效，检查要填充的区域是否封闭，未封闭是无法填充的；如果填充的区域是封闭的，检查要填充的对象比例是不是特别大或特别小，修改下填充比例。

（7）AutoCAD 图形无法缩小的处理。

缩放 AutoCAD 图形时，提示无法缩小时，在命令行里输入 z，然后输入 a，将当前图形文件中所有图形全部显示在当前窗口。

（8）如果在标题栏显示路径不全怎么办？

鼠标右键，选项，选择“打开和保存”，在标题栏中显示完整路径（勾选 ）即可。

（9）点划线不显示点划怎么办？

双击点划线，修改线型比例。线型比例太大，导致只能看见点划线中的划或空白；线型比例太小点划线看起来就是直线，均不能正常显示点划线。

（10）为什么输入的文字高度无法改变？

使用的字型高度值不为零时，用 DTEXT 命令书写文本时都不提示输入高度，这样写出来的文本高度是不变的，包括使用该字型进行的尺寸标注。

（11）为什么有些图形能显示，却打印不出来？

如果图形绘制在 AutoCAD 自动产生的图层（DEFPOINTS、ASHADE 等）上，就会出现这种情况。应避免在这些层绘制图形。

（12）如何隐藏坐标？

有的时候你会一些抓图软件捕捉 CAD 的图形界面或进行一些类似的打操作，但在此过程中，你是不是为了左下角的坐标而苦恼呢？因为它的存在，而影响了你的操作。要隐藏坐标，可以点击菜单【视图】，【显示】，【UCS 图标】，【原点】。

（13）图形特别大，打开速度慢，及时清理图形。

在一个图形文件中可能存在着一些没有使用的图层、图块、文本样式、尺寸标注样式、线型等无用对象。这些无用对象不仅增大文件的尺寸，而且能降低 AutoCAD 的性能。用户应及时使用 PURGE 命令进行清理。由于图形对象经常出现嵌套，因此往往需要用户接连使用几次 PURGE 命令才能将无用对象清理干净。

（14）批处理打印。

在实际工作中往往需要成批打印绘制好的 CAD 图，这时最好运用批处理打印功能。命令行里输入：publish，添加要打印的图纸，在发布图纸对话框中点击【发布】。

13 练 习 图

（1）用直线命令和坐标输入法绘制图13-1和图13-2。

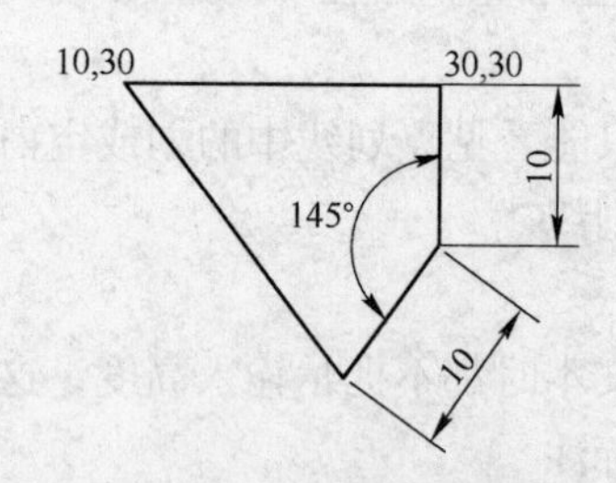

图13-1 多边形的绘制

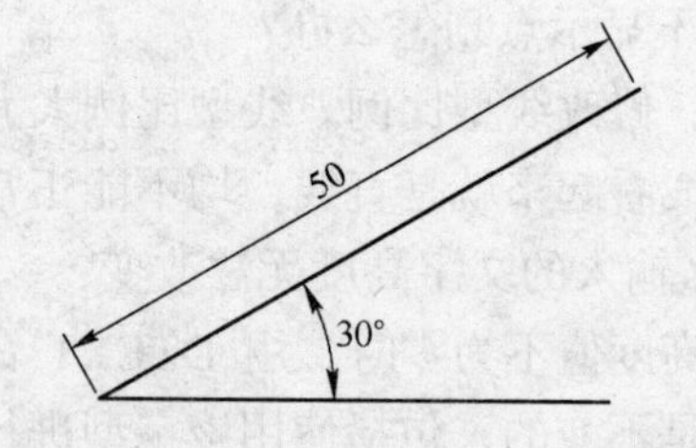

图13-2 角的绘制

（2）用构造线作辅助线完成图13-3和图13-4。

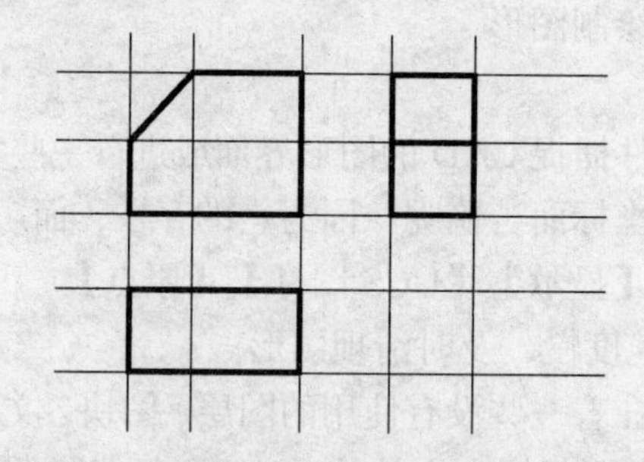

图13-3 构造线在绘制三视图中的应用

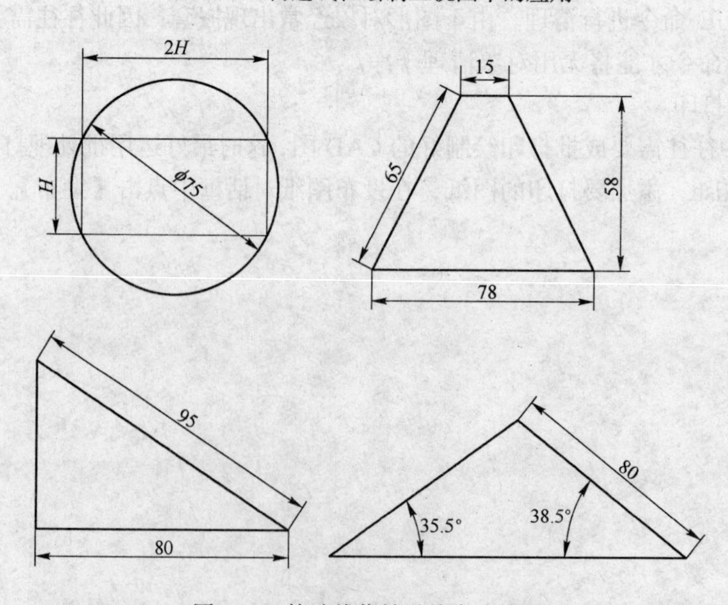

图13-4 构造线作辅助线完成绘图

（3）多段线绘制图 13-5。

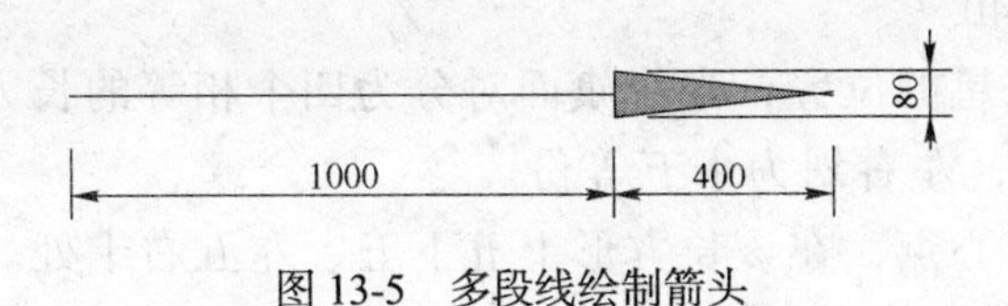

图 13-5 多段线绘制箭头

（4）用不同方法绘制圆、圆弧、椭圆、椭圆弧，如图 13-6 和图 13-7 所示。

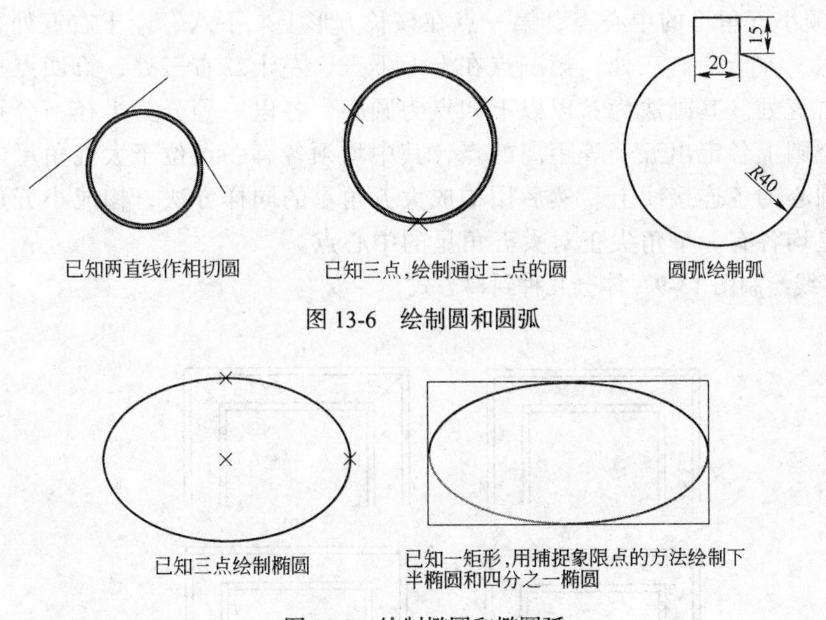

图 13-6 绘制圆和圆弧

图 13-7 绘制椭圆和椭圆弧

（5）绘制正多边形。

1）用给定边长绘制正六边形，过点（50，20），（100，20）。

2）绘制形心于（10，10），边长为 40 的正六边形。

（6）剪切、填充绘制国旗(见图 13-8)。

图 13-8 剪切和填充绘制国旗

绘制要求：

1）尺寸：960×640。

2）为便于确定五星的位置，先将旗面对分为四个相等的长方形，将左上方的长方形上下划为十等份，左右划为十五等份。

3）大五角星的中心点，在该长方形上五下五、左五右十处。其画法为：以此点为圆心，以三等分为半径作一圆。在此圆周上，定出五个等距离的点，其一点须位于圆正上方。然后将五点中各相隔的两点相连，使各成一条直线。五条直线所构成的外轮廓线，即为所需的大五角星。五角星的一个角尖正向上方。

4）四颗小五角星的中心点，第一点在该长方形上二下八、左十右五处，第二点在上四下六、左十二右三处，第三点在上七下三、左十二右三处，第四点在上九下一、左十右五处。其画法为：以以上四点为圆心，各以一等分为半径，分别作四个圆。在每个圆上各定出五个等距离的点，其中均须各有一点位于大五角星中心点与以上四个圆心的各连接线上。然后用构成大五角星的同样方法，构成小五角星。四颗小五角星均各有一个角尖正对大五角星的中心点。

（7）多线绘制图13-9，体会几种封口方式。

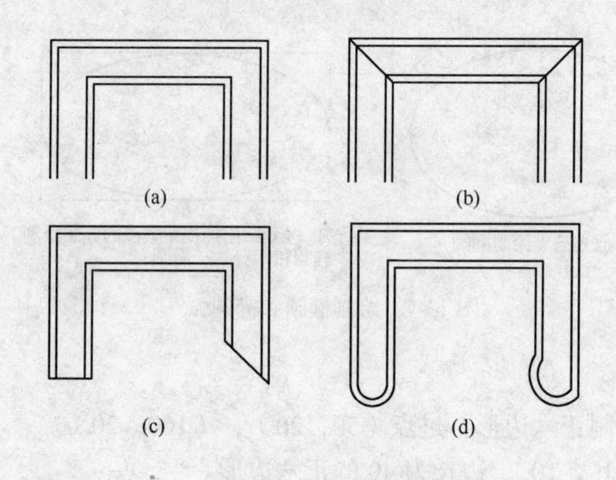

图13-9　多线的绘制

（8）对象捕捉练习图13-10。

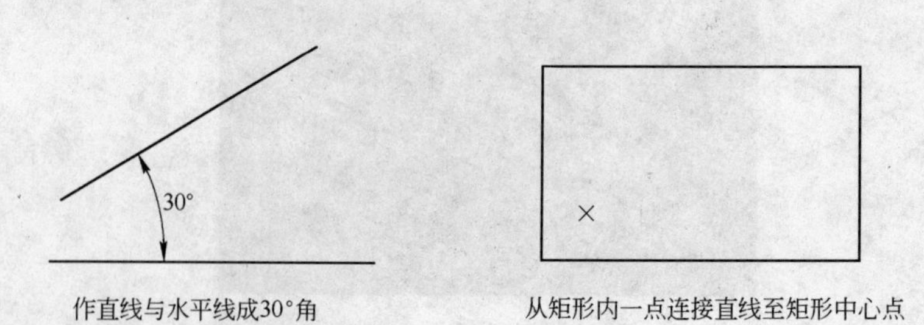

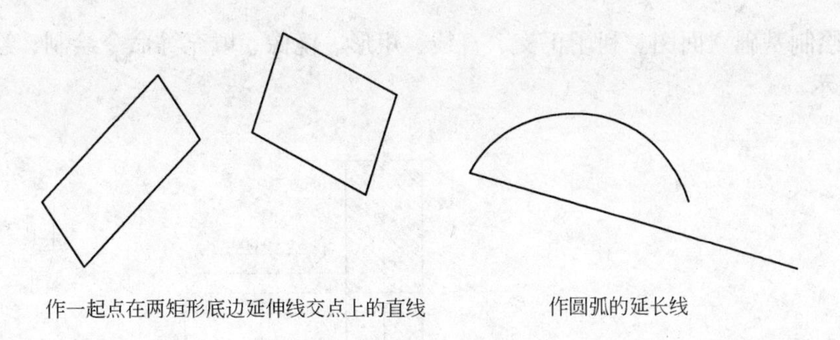

图 13-10 对象捕捉练习

（9）多段线的绘制。利用多段线命令，选择圆弧、选择方向角、输入角度 180º、调整起点和终点宽度，绘制结果如图 13-11 所示。

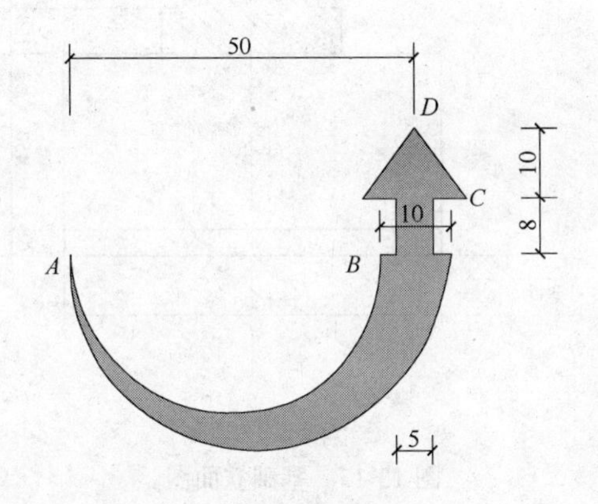

图 13-11 多段线

（10）沙发平面图的绘制。利用带圆角的矩形、移动、复制、旋转、剪切、填充等命令绘制，绘制结果如图 13-12 所示。

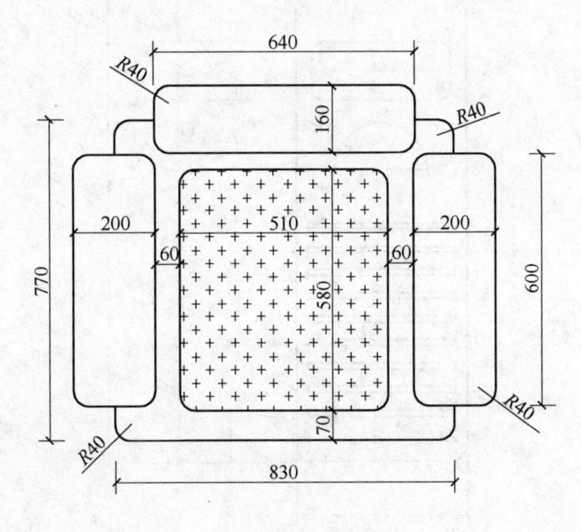

图 13-12 沙发平面图

（11）绘制基础立面图。利用正交、直线、矩形、镜像、填充等命令绘制，绘制结果如图13-13所示。

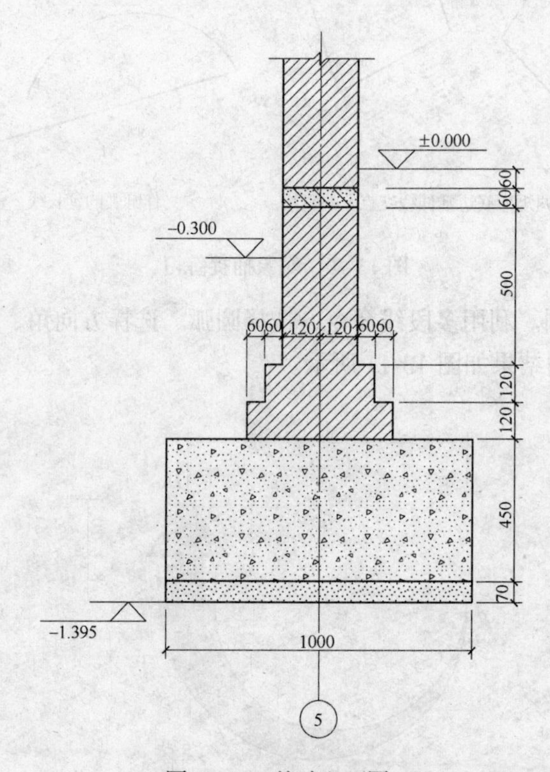

图13-13　基础立面图

（12）绘制空调立面图。利用矩形、圆角、圆、矩形阵列、移动等命令绘制，绘制结果如图13-14所示。

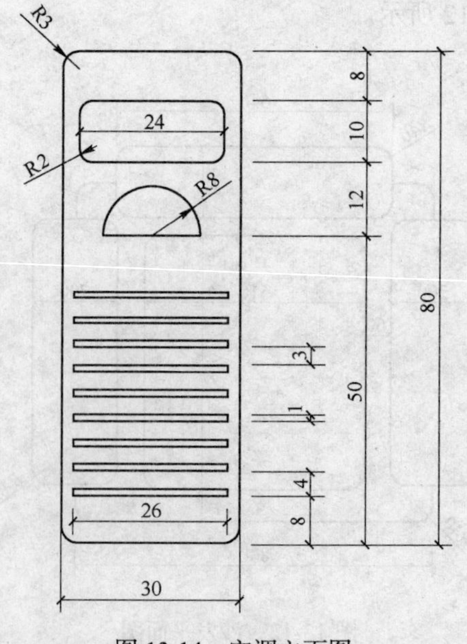

图13-14　空调立面图

（13）绘制篮球场平面图。利用矩形、捕捉自、圆、镜像等命令绘制，绘制结果如图13-15 所示。

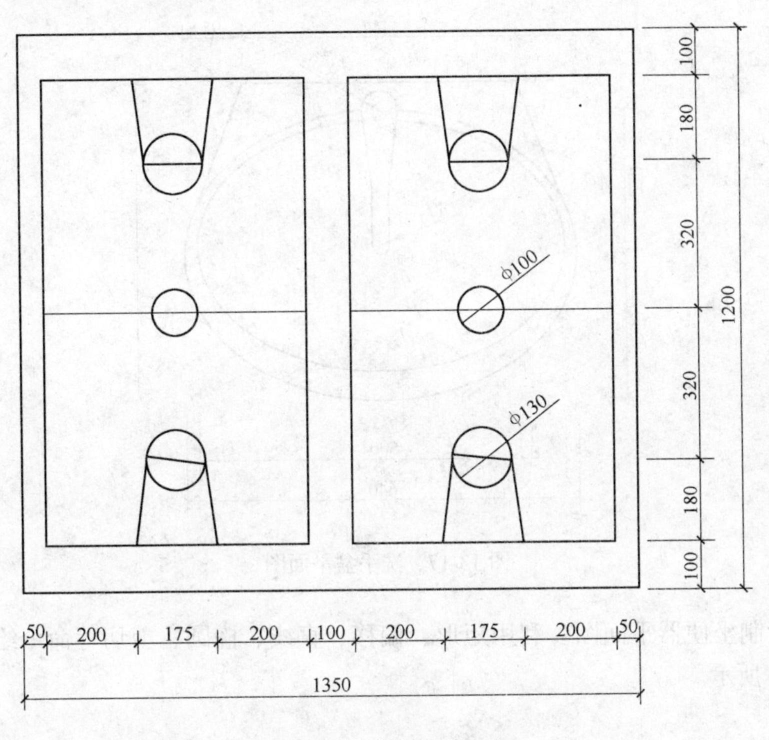

图 13-15 篮球场平面图

（14）绘制电视机立面图。利用矩形、捕捉自、移动、圆角、填充等命令绘制，绘制结果如图 13-16 所示。

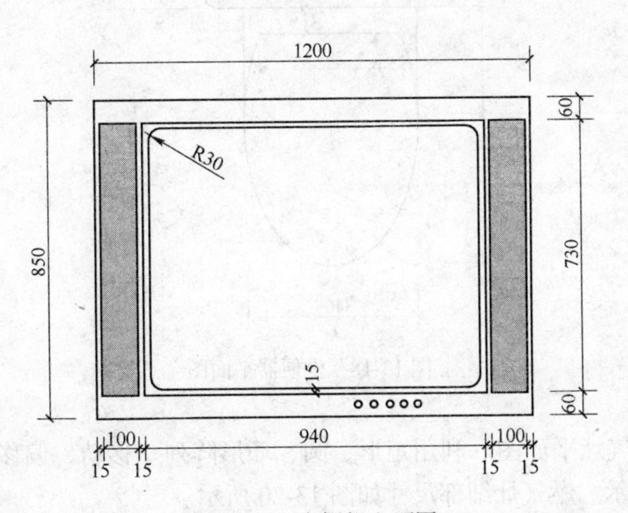

图 13-16 电视机立面图

（15）绘制洗手盆平面图。利用直线、追踪、圆、椭圆、剪切等命令绘制，绘制结果如图 13-17 所示。

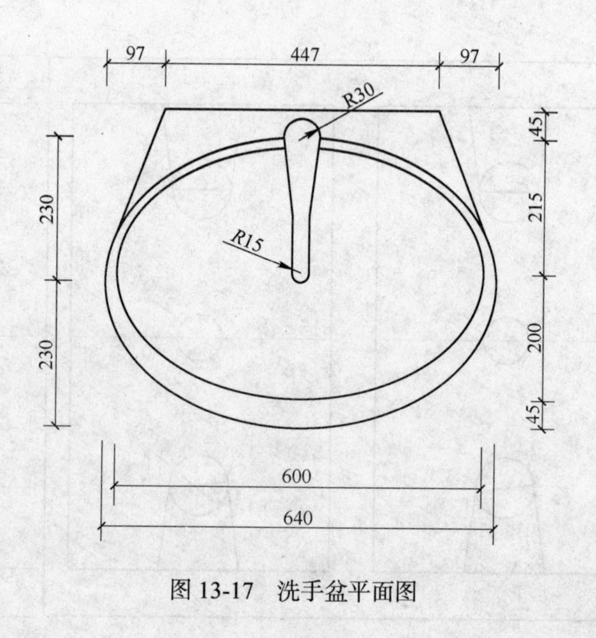

图 13-17　洗手盆平面图

（16）绘制坐便器平面图。利用矩形、偏移、直线、椭圆、剪切等命令绘制，绘制结果如图 13-18 所示。

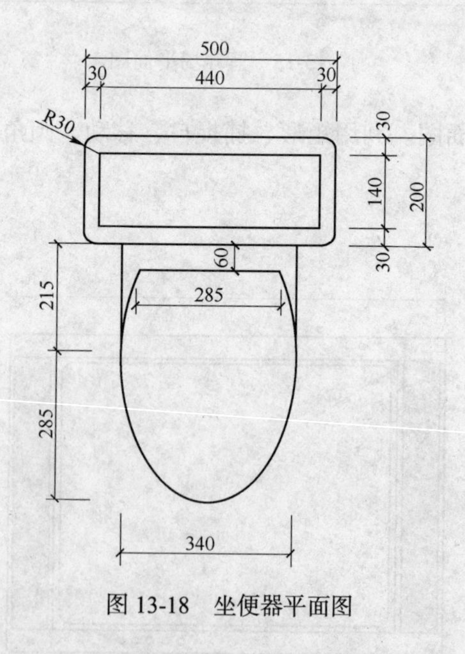

图 13-18　坐便器平面图

（17）绘制燃气灶平面图。利用矩形、圆、环形阵列、移动、偏移等命令绘制，绘制结果如图 13-19 所示。燃气灶细部尺寸如图 13-20 所示。

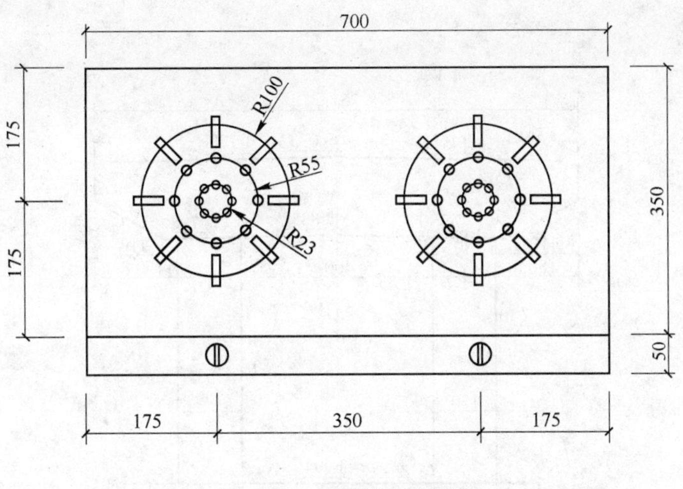

图 13-19 燃气灶平面图

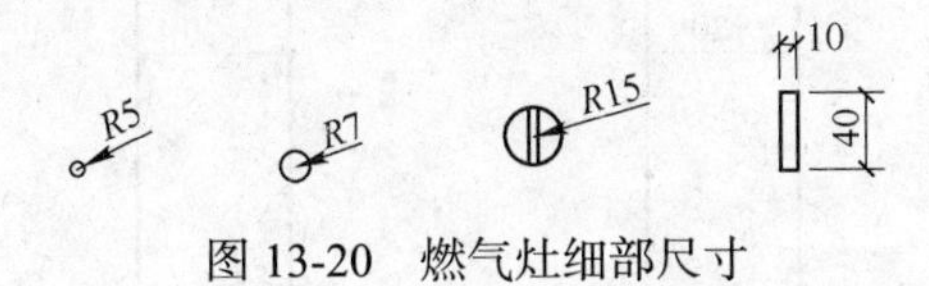

图 13-20 燃气灶细部尺寸

（18）绘制橱柜立面图。利用矩形、直线、多段线、偏移、拉伸、镜像等命令绘制，绘制结果如图 13-21 所示。

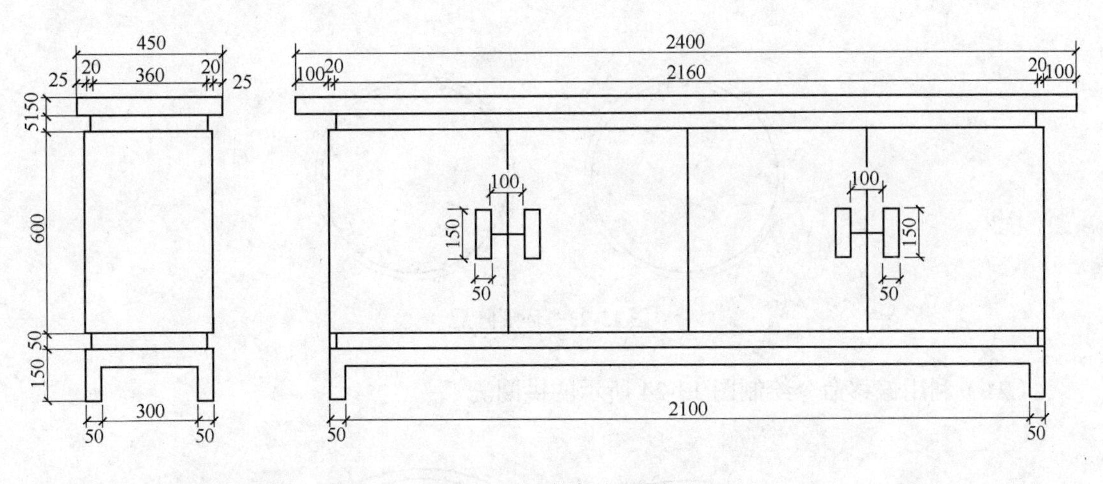

图 13-21 橱柜立面图

（19）绘制镜像桥墩盖梁立面图，如图 13-22 所示。

（20）利用环形阵列绘制图 13-23 所示的灌注桩钢筋。

提示：先利用 Lisp 命令测试箍筋周长，根据主筋间距和箍筋周长计算阵列的个数。

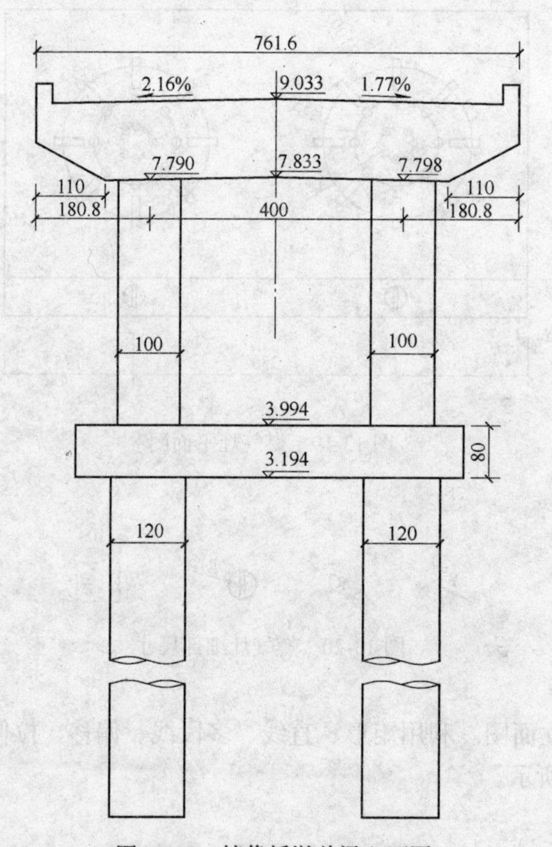

图 13-22　镜像桥墩盖梁立面图

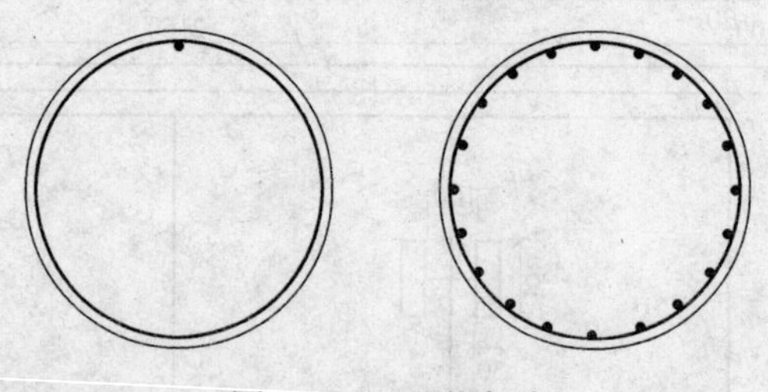

图 13-23　环形阵列

（21）利用偏移命令绘制图 13-24 所示的拱圈。

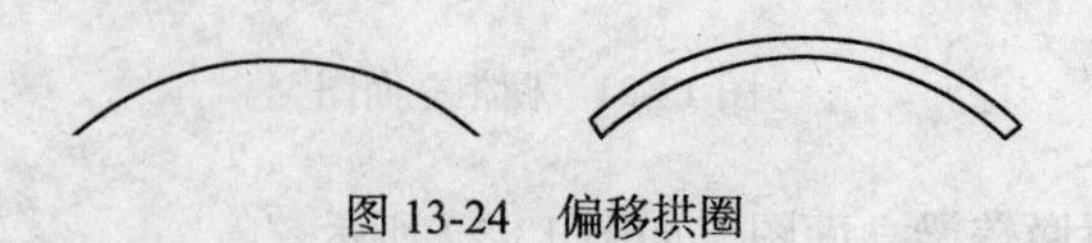

图 13-24　偏移拱圈

（22）将图 13-25 所示的门窗作为图块插入房间。

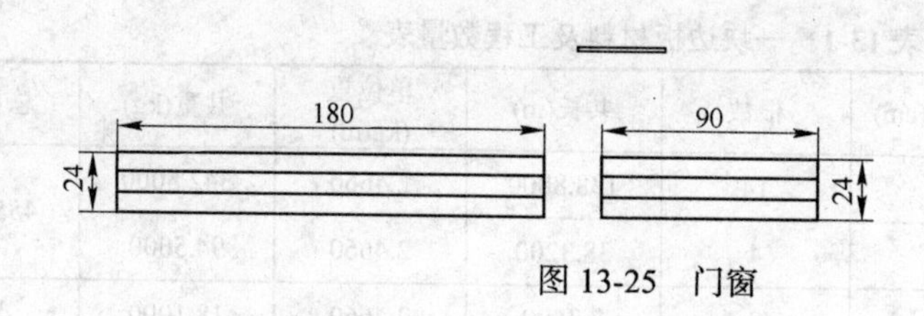

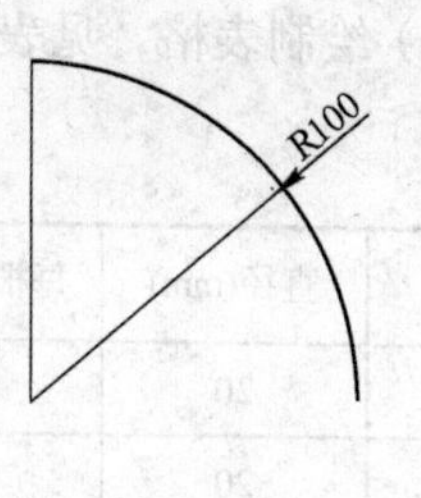

图 13-25 门窗

（23）绘制图 13-26 和图 13-27，并完成尺寸标注。

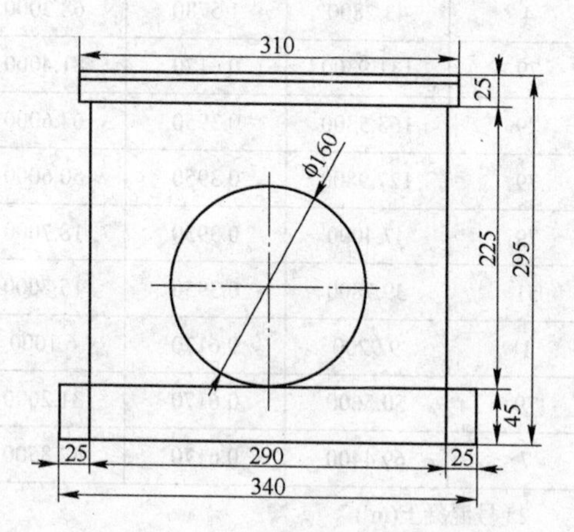

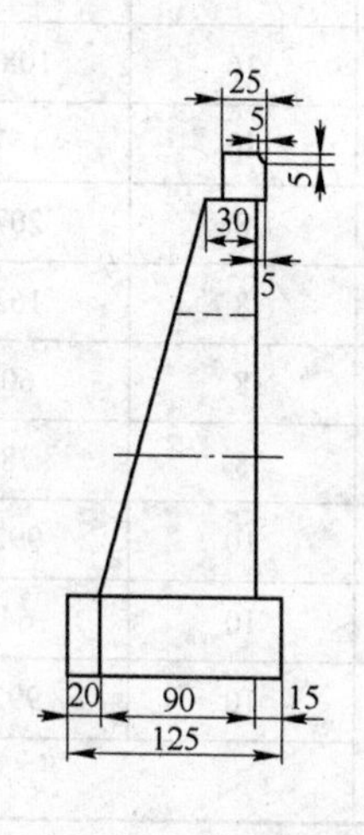

图 13-26 涵洞洞口尺寸

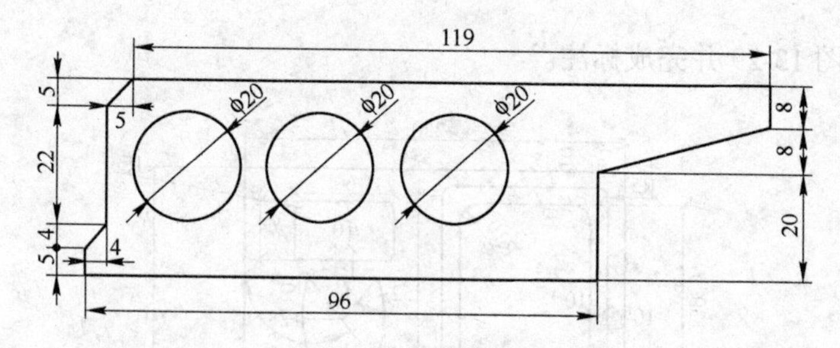

图 13-27 空心板断面尺寸

（24）书写文字，如图 13-28 所示。

附注：

1. 本图尺寸除了钢筋直径以毫米计外，其余均以厘米计。
2. 焊接钢筋均采用双面焊，焊缝长度不小于 5d。
3. 图中未示锚栓孔，与锚栓孔干扰钢筋应弯曲绕过锚栓孔。
4. 空心板采用钢绳绑吊装，钢绳捆绑位置应设在距空心板两端 65cm 处，不准利用抗震锚栓孔捆绑吊装。
5. 底板平面图中未示 N10 号钢筋，间距 20cm。

图 13-28 书写文字

（25）绘制表格，见表13-1。

表13-1　一块边板材料及工程数量表

编号	直径(mm)	每根长(cm)	根数	共长(m)	单位重(kg/m)	共重(kg)	总重(kg)
1	20	992	14	138.8800	2.4660	342.5000	455.1000
2	20	958	4	38.3200	2.4660	94.5000	
3	20	92	8	7.3600	2.4660	18.1000	105.7000
4	16	74	32	23.6800	1.5780	37.4000	
5	16	1082	4	43.2800	1.5780	68.3000	
6	10	167	79	131.9300	0.6170	81.4000	81.4000
7	8	207	79	163.5300	0.3950	64.6000	149.6000
8	8	162	79	127.9800	0.3950	50.6000	
9	8	60	79	47.4000	0.3950	18.7000	
10	8	78	51	39.7800	0.3950	15.7000	
11	10	992	1	9.9200	0.6170	6.1000	80.2000
12	10	64	79	50.5600	0.6170	31.2000	
13	10	992	7	69.4400	0.6170	42.8500	
14	25号混凝土(m^3)						4.2000

（26）绘制图13-29并完成标注。

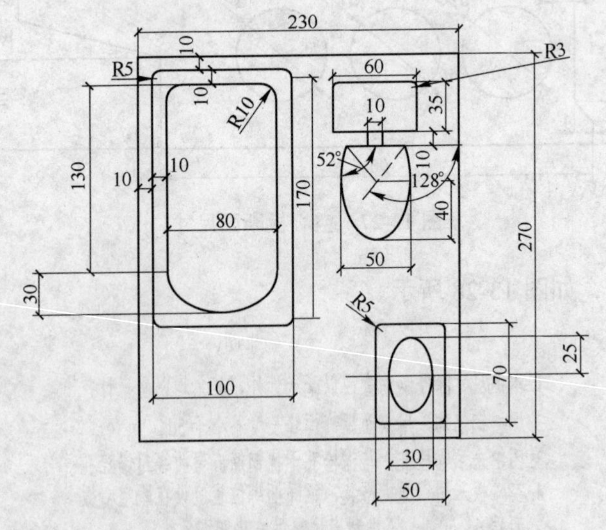

图13-29　卫生间布置图

（27）练习绘制图13-30，并完成尺寸标注。

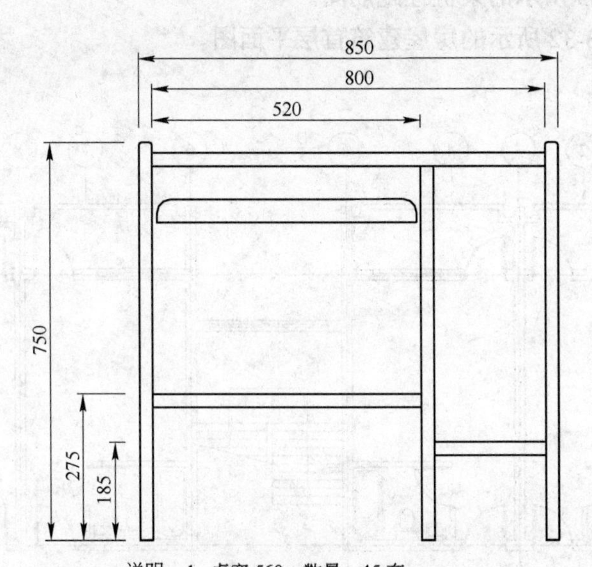

说明：1. 桌宽:560；数量：45 套。
2. 17 寸显示器，桌体需采取加固措施。

图 13-30 电脑桌加工尺寸图（mm）

（28）练习绘制图 13-31，并完成尺寸标注。

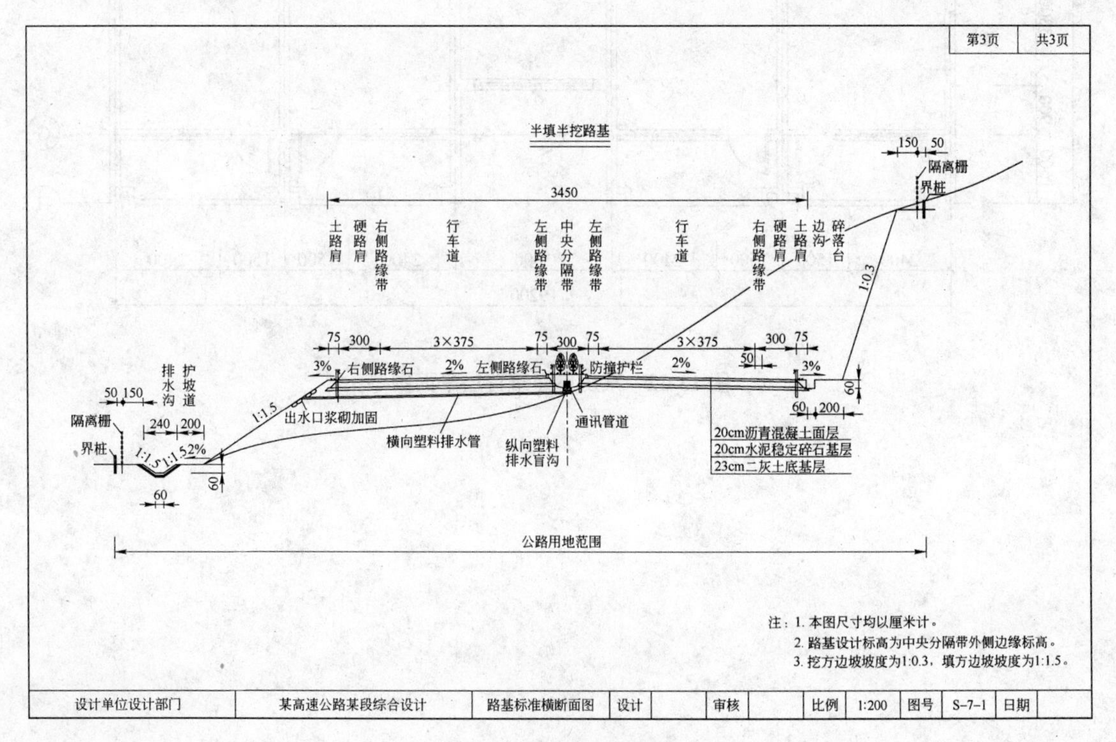

图 13-31 路基标准横断面图

（29）绘制图 9-3 所示的某桩柱配筋图。

（30）绘制图 13-32 所示的房屋建筑首层平面图。

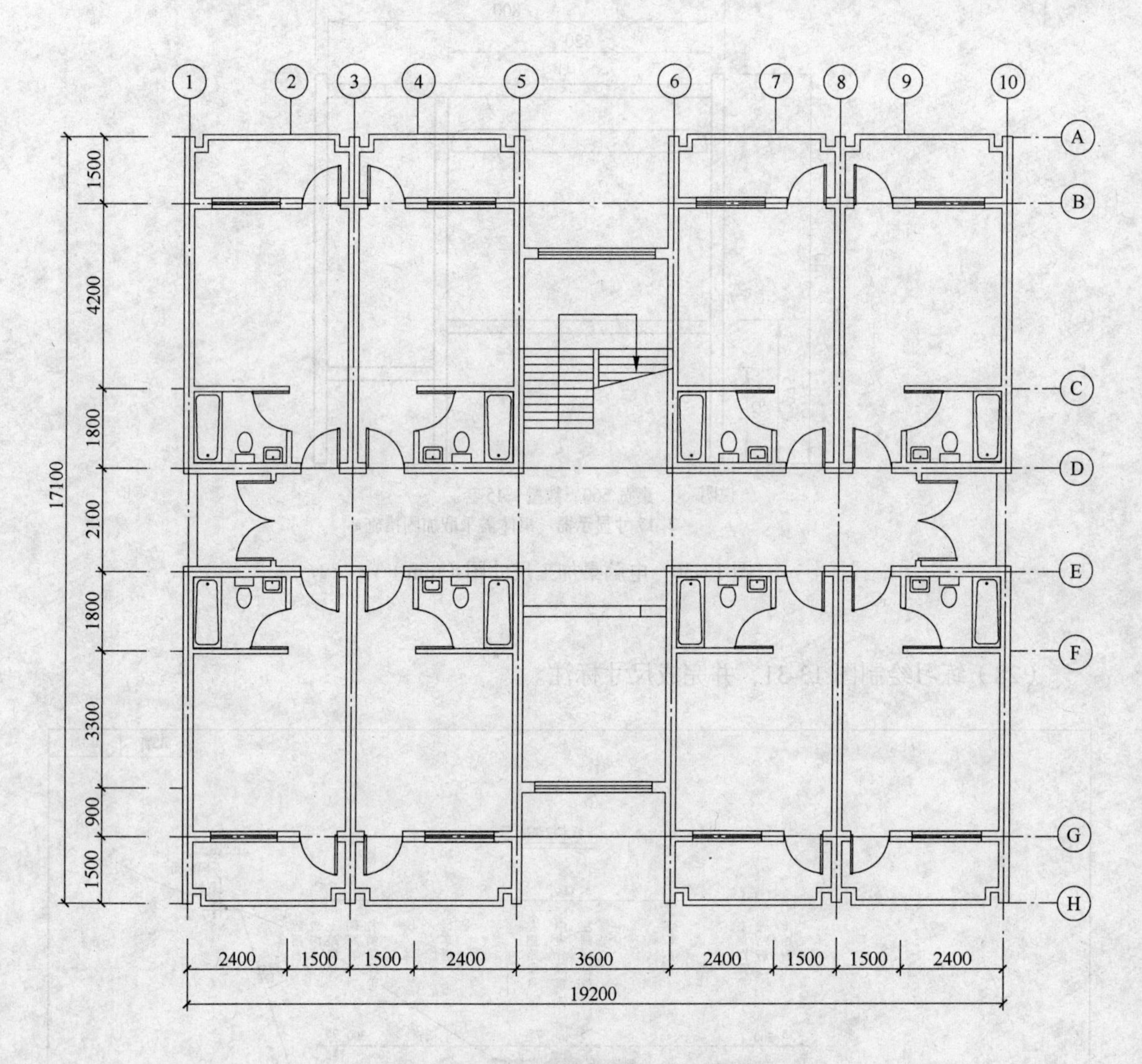

图 13-32　某房屋建筑首层平面图

（31）绘制图 13-33 所示楼梯平面图。

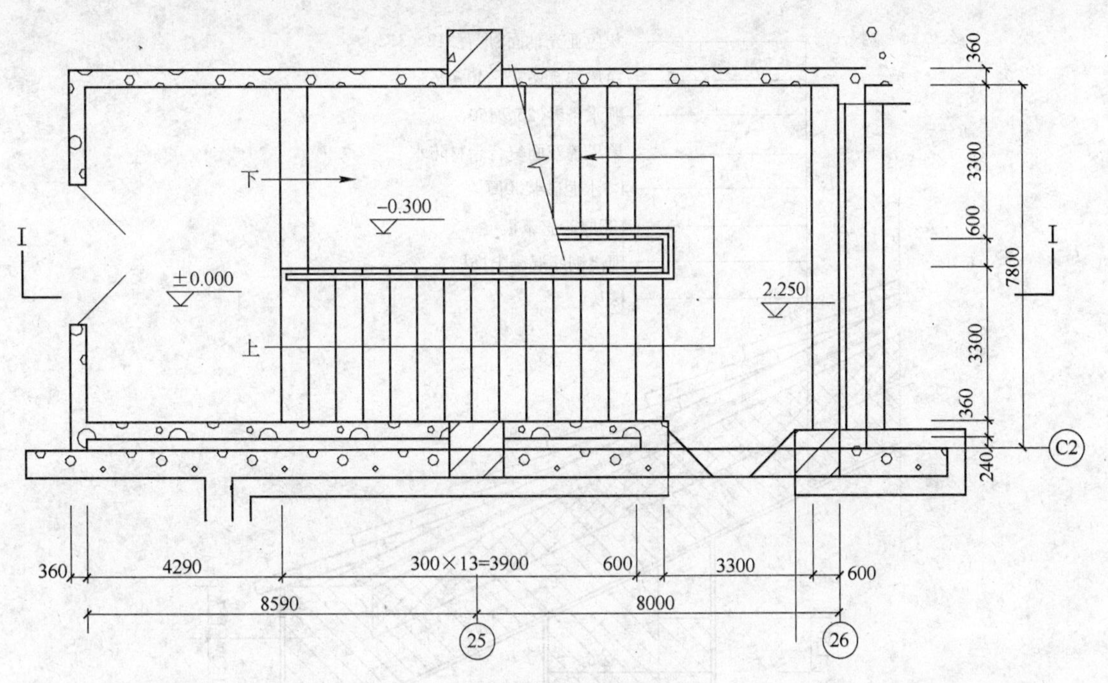

图 13-33　某楼梯平面图

（32）绘制图 13-34 所示的建筑详图。

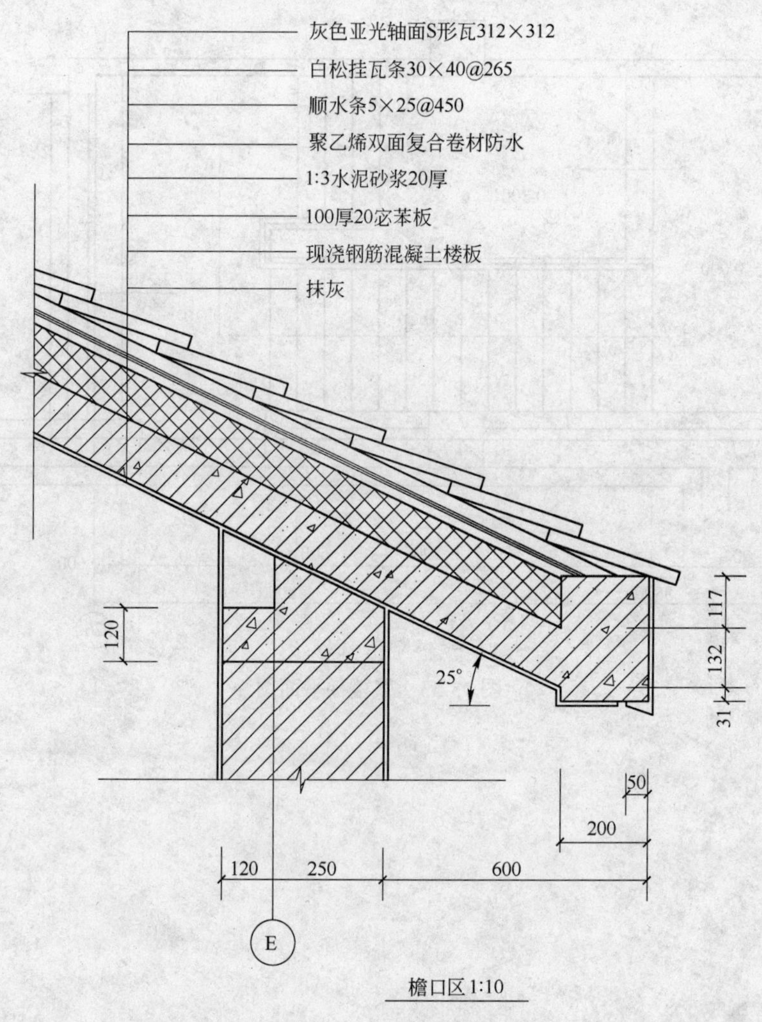

图 13-34　建筑详图

附录1　制 图 规 范

为了统一我国工程制图的方法，保证图面质量，提高工作效率，便于技术交流，《工程制图标准》对图幅大小、图线的线型和粗细、尺寸标注、图例、字体等都有统一的规定。

1.1　道路制图规范

1.1.1　图幅与图框

图幅及图框尺寸应符合附表 1-1 和附图 1-1 的规定。

附表 1-1　图幅及图框尺寸　(mm)

尺寸代号 \ 图幅代号	A0	A1	A2	A3	A4
$b \times l$	841 × 1189	594 × 841	420 × 594	297 × 420	210 × 297
a	35	35	35	30	25
c	10	10	10	10	10

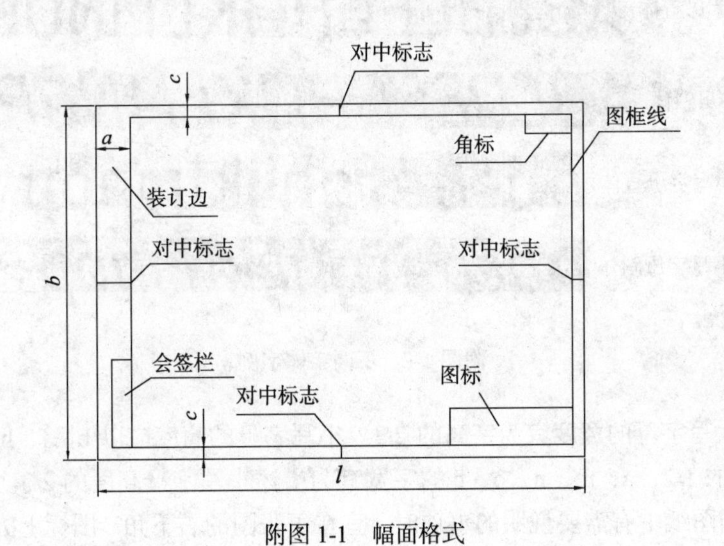

附图 1-1　幅面格式

1.1.2　字体

第 1 条 图纸上的文字、数字、字母、符号、代号等，均应笔画清晰、字体端正、排列整齐、标点符号清楚正确。

第 2 条 文字的字高尺寸系列为 2.5、3.5、5、7、10、14、20mm。当采用更大的字体时，其字高应按相应的比例递增。

第3条 图纸中的汉字应采用长仿宋体，字的高、宽尺寸可按附表1-2的规定采用。

附表1-2 长仿宋体汉字的高、宽尺寸 (mm)

字高	20	14	10	7	5	3.5	2.5
字宽	14	10	7	5	3.5	2.5	1.8

注：当采用打字机打印汉字时，宜选用仿宋体或高宽比为 $\sqrt{2}$ 的字型。

第4条 图册封面、大标题等的字体宜采用仿宋体等易于辨认的字体。

第5条 图中汉字应采用国家公布使用的简化汉字。除有特殊要求外，不得采用繁体字。

第6条 图纸中的阿拉伯数字、外文字母、汉语拼音字母的笔画宽度宜为字高的1/10。

第7条 在同一册图纸中，数字与字母的字体可采用直体或斜体。直体笔画的横与竖应成90°；斜体字字头向右倾斜，与水平线应成75°；字母不得采用手写体。不同字体字例见附图1-2。

附图1-2 不同字体字例

第8条 大写字母的宽度宜为字高的2/3。小写字母的高度应以b、f、h、p、g为准，字宽宜为字高的1/2，a、m、n、o、c的字宽宜为上述小写字母高度的2/3。

第9条 当图纸中有需要说明的事项时，宜在每张图的右下角、图标上方加以叙述。该部分文字应采用“注”标明，字样“注”应写在叙述事项的左上角。每条注的结尾应标以句号“。”。说明事项需要划分层次时，第一、二、三层次的编号应分别用阿拉伯数字、带括号的阿拉伯数字及带圆圈的阿拉伯数字标注。

第10条 图纸中文字说明不宜用符号代替名称。当表示数量时，应采用阿拉伯数字书写。如三千零五十毫米应写成3050mm，三十二小时应写成32h。分数不得用数字与汉字混合表示。如五分之一应写成1/5，不得写成5分之1。不够整数位的小数数字，小数点前应加0定位。

第 11 条 当图纸需要缩小复制时，图幅 A0、A1、A2、A3、A4 中汉字字高分别不应小于 10mm、7mm、5mm、3.5mm。

1.1.3 图线

第 1 条 图线的宽度(*b*)应从 2.0、1.4、1.0、0.7、0.5、0.35、0.25、0.18、0.13mm 中选取。

第 2 条 每张图上的图线线宽不宜超过 3 种。基本线宽(*b*)应根据图样比例和复杂程度确定。线宽组合宜符合附表 1-3 的规定。

附表 1-3 线宽组合

线宽类别	线宽系列/mm				
b	1.4	1.0	0.7	0.5	0.35
0.5*b*	0.7	0.5	0.35	0.25	0.25
0.25*b*	0.35	0.25	0.18(0.2)	0.13(0.15)	0.13(0.15)

注：表中括号内的数字为待用的线宽。

第 3 条 图纸中常用线型及线宽应符合附表 1-4 的规定。

附表 1-4 图纸中常用线型及线宽

名 称	线 型	线 宽
加粗粗实线		1.4~2.0*b*
粗实线		*b*
中粗实线		0.5*b*
细实线		0.25*b*
粗虚线		*b*
中粗虚线		0.5*b*
细虚线		0.25*b*
粗点划线		*b*
中粗点划线		0.5*b*
细点划线		0.25*b*
粗双点划线		*b*
中粗双点划线		0.5*b*
细双点划线		0.25*b*
折断线		0.25*b*
波浪线		0.25*b*

第 4 条 虚线、长虚线、点划线、双点划线和折断线应按附图 1-3 绘制。

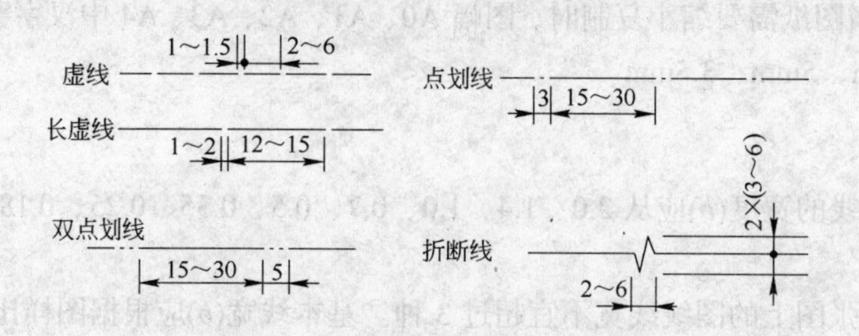

附图1-3 图线的画法（单位：mm）

第5条 相交图线的绘制应符合下列规定：

（1）当虚线与虚线或虚线与实线相交接时，不应留空隙（见附图1-4（a））。

（2）当实线的延长线为虚线时，应留空隙（见附图1-4（b））。

（3）当点划线与点划线或点划线与其他图线相交时，交点应设在线段处（见附图1-4（c））。

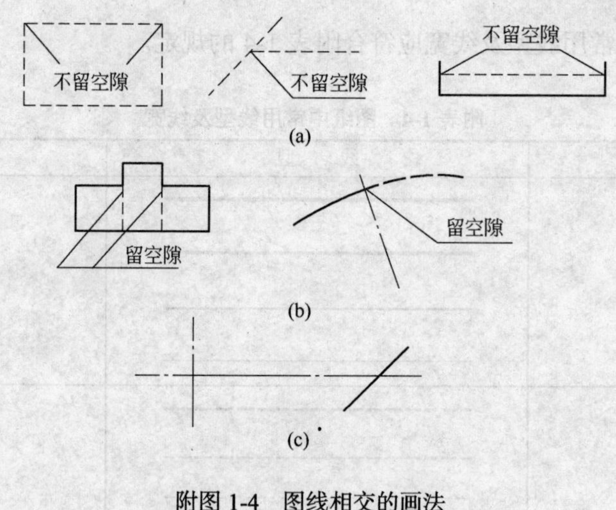

附图1-4 图线相交的画法

第6条 图线间的净距不得小于0.7mm。

1.1.4 比例

第1条 绘图比例应为图形线性尺寸与相应实物实际尺寸之比。比例大小即为比值大小，如1:50大于1:100。

第2条 绘图比例的选择应根据图面布置合理、匀称、美观的原则，按图形大小及图面复杂程度确定。

第3条 比例应采用阿拉伯数字表示，宜标注在视图图名的右侧或下方，字高可为视图图名字高的0.7倍（见附图1-5）。

当同一张图纸中的比例完全相同时，可在图标中注明，也可在图纸中适当位置采用标尺标注。当竖直方向与水平方向的比例不同时，可用V表示竖直方向比例，用H表示水平方向比例(见附图 1-5)。

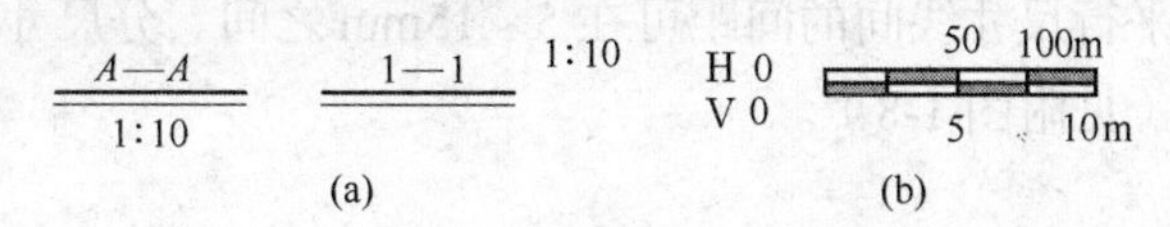

附图 1-5 比例的标注

1.1.5 尺寸标注

第 1 条 尺寸应标注在视图醒目的位置。计量时，应以标注的尺寸数字为准，不得用量尺直接从图中量取。尺寸应由尺寸界线、尺寸线、尺寸起止符和尺寸数字组成。

第 2 条 尺寸界线与尺寸线均应采用细实线。尺寸起止符宜采用单边箭头表示，箭头在尺寸界线的右边时，应标注在尺寸线之上；反之，应标注在尺寸线之下。箭头大小可按绘图比例取值。

尺寸起止符也可采用斜短线表示。把尺寸界线按顺时针转 45°，作为斜短线的倾斜方向。在连续表示的小尺寸中，也可在尺寸界线同一水平的位置，用黑圆点表示尺寸起止符。尺寸数字宜标注在尺寸线上方中部。当标注位置不足时，可采用反向箭头。最外边的尺寸数字可标注在尺寸界线外侧箭头的上方，中部相邻的尺寸数字可错开标注（见附图 1–6）。

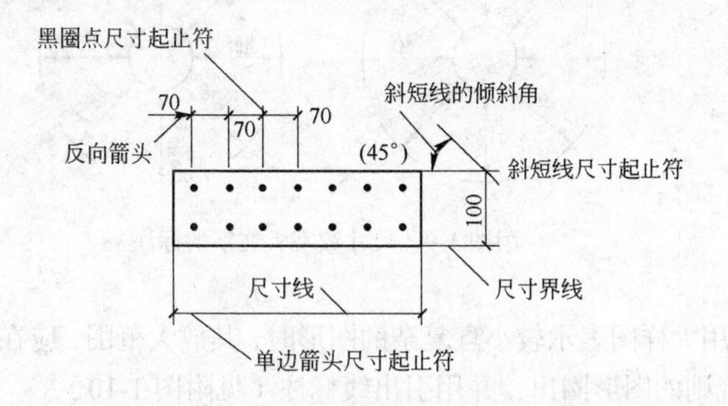

附图 1-6 尺寸要素的标注

第 3 条 尺寸界线的一端应靠近所标注的图形轮廓线，另一端宜超出尺寸线 1 ~ 3mm。图形轮廓线、中心线也可作为尺寸界线。尺寸界线宜与被标注长度垂直；当标注困难时，也可不垂直，但尺寸界线应相互平行(见附图 1-7)。

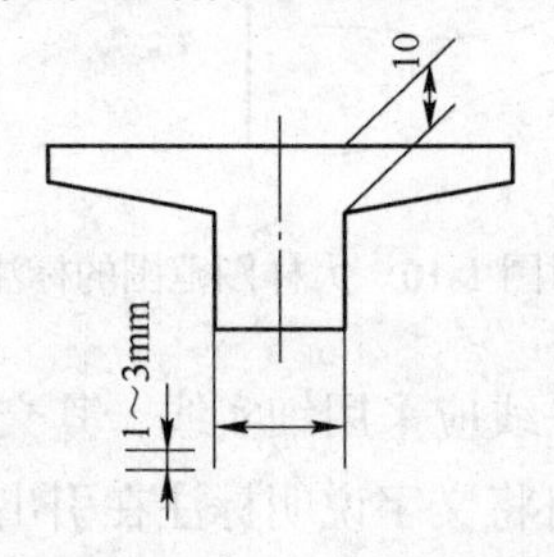

附图 1-7 尺寸界线的标注

第 4 条 尺寸线必须与被标注长度平行，不应超出尺寸界线，任何其他图线均不得作为尺寸线。在任何情况下，图线不得穿过尺寸数字。相互平行的尺寸线应从被标注的图形轮廓线由近向远排列，平行尺寸线间的间距可在 5～15mm 之间。分尺寸线应离轮廓线近，总尺寸线应离轮廓线远（见附图 1-8）。

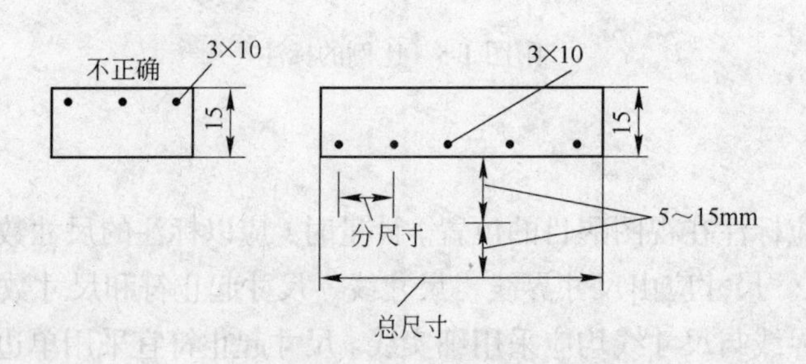

附图 1-8　尺寸线的标注

第 5 条 尺寸数字及文字书写方向应按附图 1-9 标注。

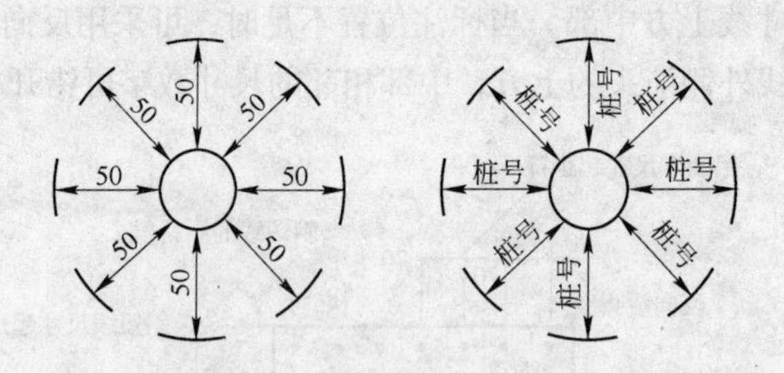

附图 1-9　尺寸数字、文字的标注

第 6 条 当用大样图表示较小且复杂的图形时，其放大范围，应在原图中采用细实线绘制圆形或将较规则的图形圈出，并用引出线标注（见附图 1-10）。

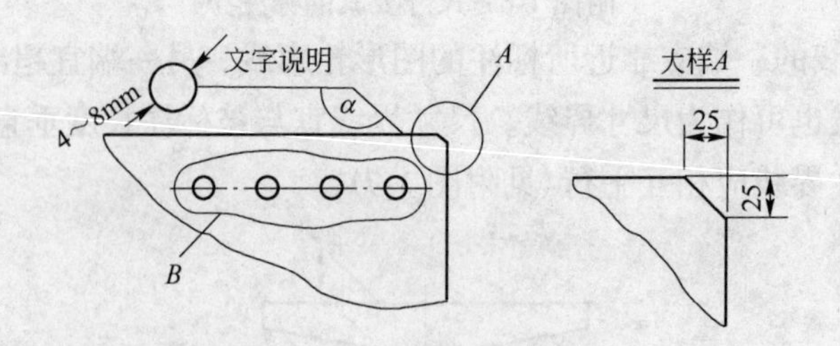

附图 1-10　大样图范围的标注

第 7 条 引出线的斜线与水平线应采用细实线，其交角α可按 90°、120°、135°、150°绘制。当视图需要文字说明时，可将文字说明标注在引出线的水平线上（见附图 1-10）。当斜线在一条以上时，各斜线宜平行或交于一点（见附图 1-11）。

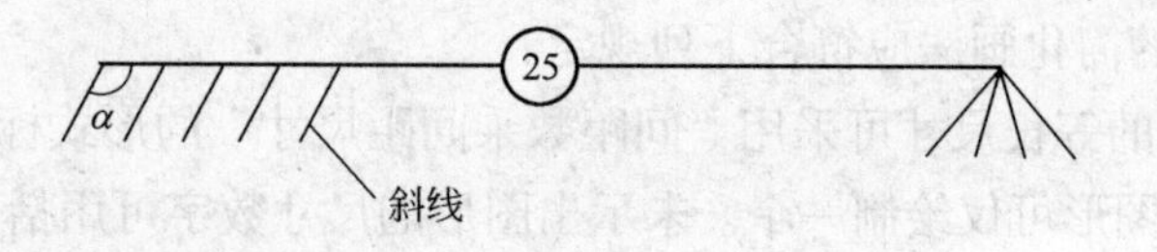

附图 1-11 引出线的标注

第 8 条 半径与直径可按附图 1-12（a）标注。当圆的直径较小时，半径与直径可按附图 1-12（b）标注；当圆的直径较大时，半径尺寸的起点可不从圆心开始（见附图 1-12（c））。半径和直径的尺寸数字前，应标注“*r*(*R*)”或“*d*(*D*)”（见附图 1-12（b））。

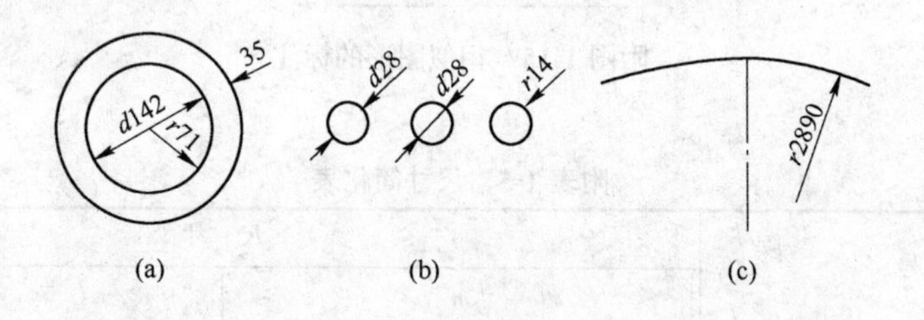

附图 1-12 半径与直径的标注

第 9 条 圆弧尺寸宜按附图 1-13（a）标注。当弧长分为数段标注时，尺寸界线也可沿径向引出（见附图 1-13（b））。弦长的尺寸界线应垂直于该圆弧的弦（见附图 1-13（c））。

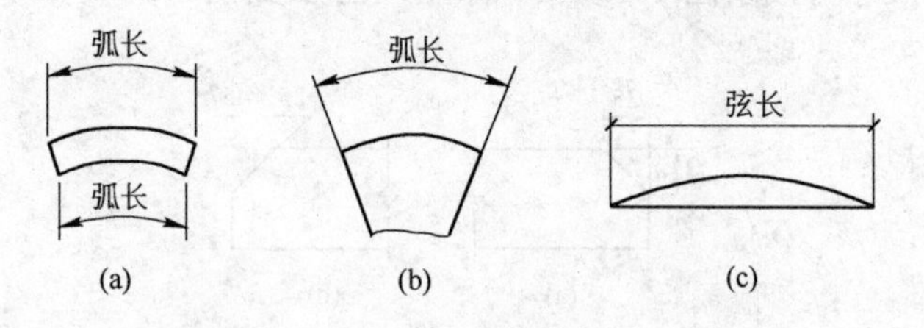

附图 1-13 弧、弦的尺寸标注

第 10 条 角度尺寸线应以圆弧表示。角的两边为尺寸界线。角度数值宜写在尺寸线上方中部。当角度太小时，可将尺寸线标注在角的两条边的外侧。角度数字宜按附图 1-14 标注。

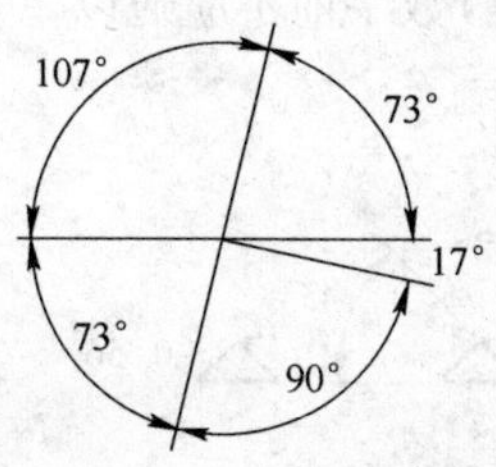

附图 1-14 角度的标注

第 11 条 尺寸的简化画法应符合下列规定：

（1）连续排列的等长尺寸可采用“间距数乘间距尺寸”的形式标注（见附图 1-15）。

（2）两个相似图形可仅绘制一个。未示出图形的尺寸数字可用括号表示。如有数个相似图形，当尺寸数值各不相同时，可用字母表示，其尺寸数值应在图中适当位置列表示出（见附表 1-5）。

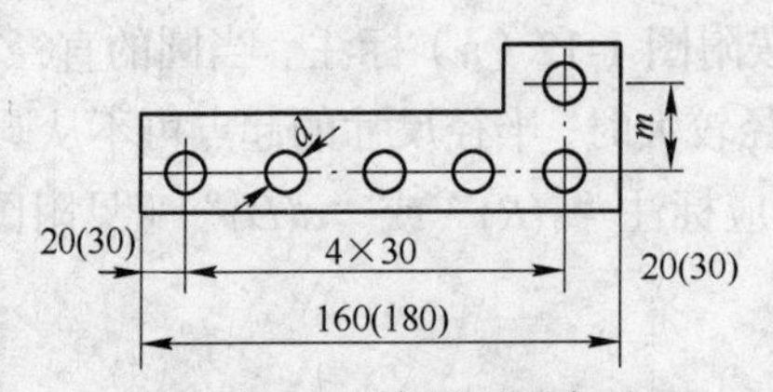

附图 1-15 相似图形的标注

附表 1-5 尺寸简化表

编 号	尺 寸	
	m	*d*
1	25	10
2	40	20
3	60	30

第 12 条 倒角尺寸可按附图 1-16（a）标注，也可按附图 1-16（b）标注。

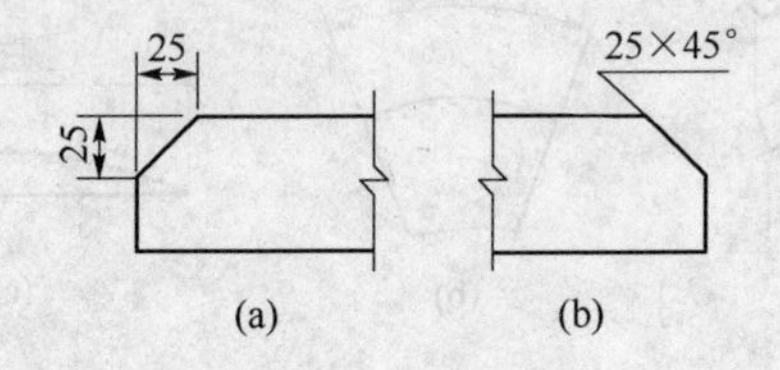

附图 1-16 倒角的标注

第 13 条 标高符号应采用细实线绘制的等腰三角形表示，高为 2 ~ 3mm，底角为 45°。顶角应指至被注的高度，顶角向上、向下均可。标高数字宜标注在三角形的右边。负标高应冠以“–”号，正标高(包括零标高)数字前不应冠以“+”号。当图形复杂时，也可采用引出线形式标注（见附图 1-17）。

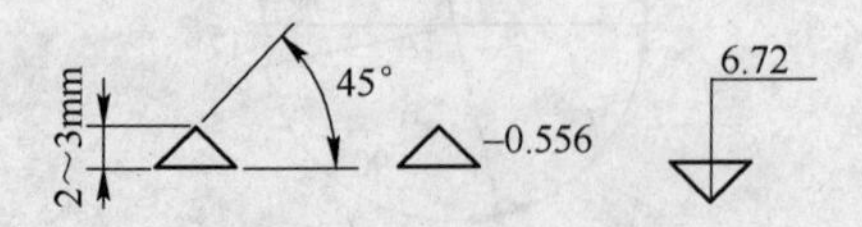

附图 1-17 标高的标注

第 14 条 当坡度值较小时，坡度的标注宜用百分数表示，并应标注坡度符号。坡度符号应由细实线、单边箭头以及在其上标注的百分数组成。坡度符号的箭头应指向下坡。当坡度值较大时，坡度的标注宜用比例的形式表示，如 1: *n*（见附图 1-18）。

第 15 条 水位符号应由数条上长下短的细实线及标高符号组成。细实线间的间距宜为 1mm（见附图 1-19）。其标高的标注应符合本标准第 13 条的规定。

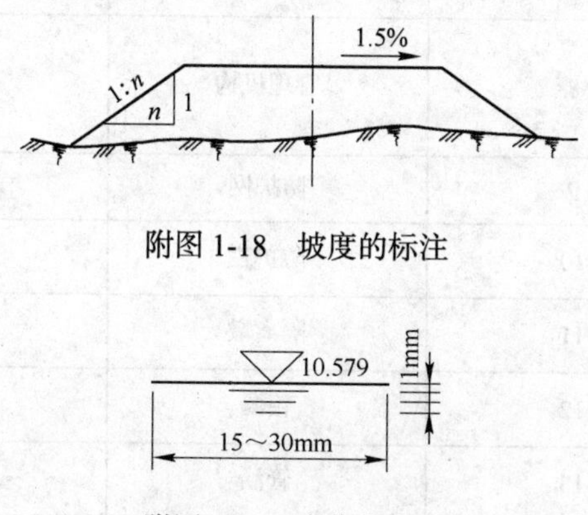

附图 1-18 坡度的标注

附图 1-19 水位的标注

1.1.6 道路工程常用图例

道路工程常用图例应符合附表 1-6 的规定。使用时，图例线应间隔均匀、疏密适度。对未编制的图例，可自行拟定图例，但自行拟定的图例不得与本标准所列图例重复，并应在图纸适当位置画出该图例加以说明。

附表 1-6 道路工程常用图例

项 目	序 号	名 称	图 例
平面	1	涵洞	
	2	通道	
	3	分离式立交 (a) 主线上跨; (b) 主线下穿	(a) (b)
	4	桥梁 （大、中桥按实际长度绘）	
	5	互通式立交 （按采用形式绘）	

续附表 1-6

项　目	序　号	名　称	图　例
平　面	6	隧道	
	7	养护机构	
	8	管理机构	
	9	防护网	—×—×—
	10	防护栏	
	11	隔离墩	
纵　断	12	箱涵	
	13	管涵	
	14	盖板涵	
	15	拱涵	
	16	箱型通道	
	17	桥梁	
	18	分离式立交 (a) 主线上跨； (b) 主线下穿	(a) (b)
	19	互通式立交 (a) 主线上跨； (b) 主线下穿	(a) (b)
材　料	20	细粒式沥青混凝土	
	21	中粒式沥青混凝土	

续附表 1-6

项 目	序 号	名 称	图 例
材 料	22	粗粒式沥青混凝土	
	23	沥青碎石	

1.2 建筑制图规范

1.2.1 建筑施工图的图线

建筑施工图的图线见附表 1-7。

附表 1-7 建筑施工图的图线

名 称	线 型	线 宽	用 途
粗实线		*b*	(1) 平、剖面图中被剖切的主要建筑构造（包括构配件）的轮廓线； (2) 建筑立面图或室内立面图的外轮廓线； (3) 建筑构造详图中被剖切的主要部分的轮廓线； (4) 建筑构配件详图中的外轮廓线； (5) 平、立、剖面图的剖切符号
中实线		0.5*b*	(1) 平、剖面图中被剖切的次要建筑构造（包括构配件）的轮廓线； (2) 建筑平、立、剖面图中建筑构配件的轮廓线； (3) 建筑构造详图及建筑构配件详图中的一般轮廓线
细实线		0.25*b*	小于 0.5*b* 的图形线、尺寸线、尺寸界限、图例线、索引符号、标高符号、详图材料作法、引出线
中虚线		0.5*b*	(1) 建筑构造详图及建筑构配件不可见的轮廓线； (2) 平面图中的起重机（吊车）轮廓线； (3) 拟扩建的建筑物轮廓线
细虚线		0.25*b*	图例线、小于 0.5*b* 的不可见轮廓线
粗点划线		*b*	起重机（吊车）轨道线
细点划线		0.25*b*	中心线、对称线、定位轴线
折断线		0.25*b*	不需画全的断开界线

1.2.2 建筑施工图的常见比例

建筑施工图的常见比例见附表 1-8。

附表 1-8 建筑施工图的常见比例

图 名	比 例
建筑物或构筑物的平面图、立面图、剖面图	1:50、1:100、1:150、1:120、1:300
建筑物或构筑物的局部放大图	1:10、1:20、1:25、1:30、1:50
配件及构造详图	1:1、1:2、1:5、1:10、1:15、1:20、1:25、1:30、1:50

1.2.3 定位轴线及编号

凡是承重墙、柱等主要承重构件应标注轴线，并构成横、纵轴线来确定其位置。定位轴线是建筑物承重构件系统定位、放线的重要依据。对于非承重的隔墙及次要局部承重构件，可用附加定位轴线确定其位置。 定位轴线及编号示意图如附图 1-20 所示。

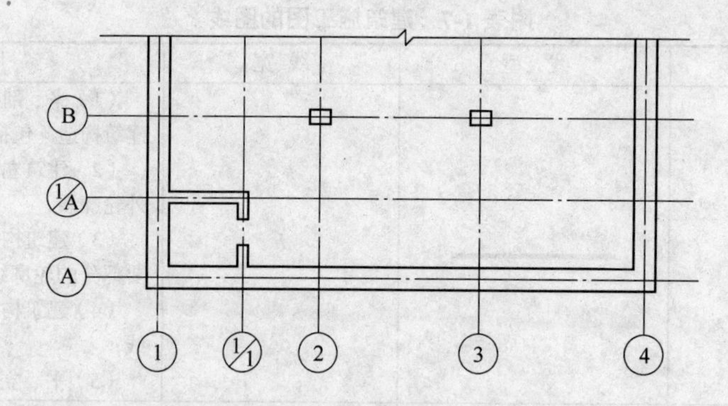

附图 1-20 定位轴线及编号示意图

1.2.4 标高

建筑图中的标高应按附图 1-21 所示标注。

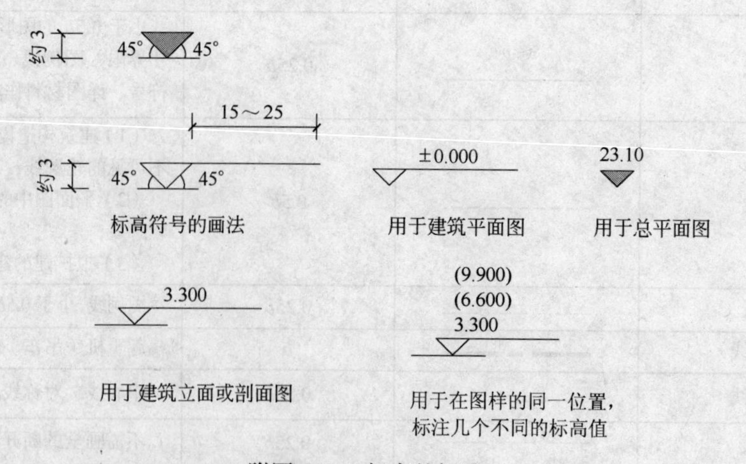

附图 1-21 标高的标注

1.2.5　索引符号及详图符号

图样中的某一局部或构件，如需另见详图，应以索引符号索引。索引符号的圆及直径均应以细实线绘制，圆的直径应为 10mm。

索引符号如附图 1-22 所示。

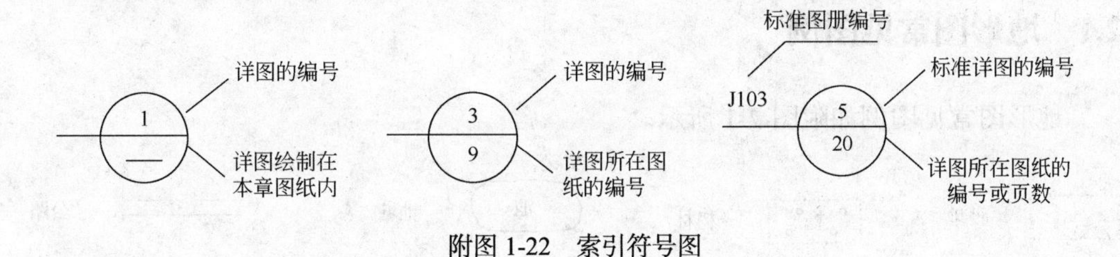

附图 1-22　索引符号图

剖面详图索引符号如附图 1-23 所示。

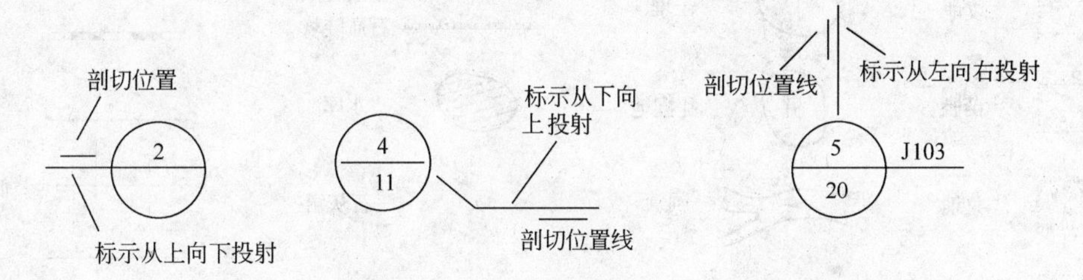

附图 1-23　剖面详图索引符号

详图符号如附图 1-24 所示。

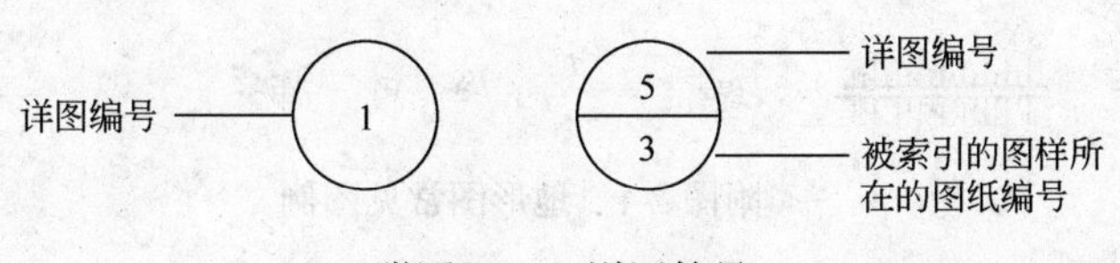

附图 1-24　详图符号

附录2 常 见 图 例

2.1 地形图常见图例

地形图常见图例如附图 2-1 所示。

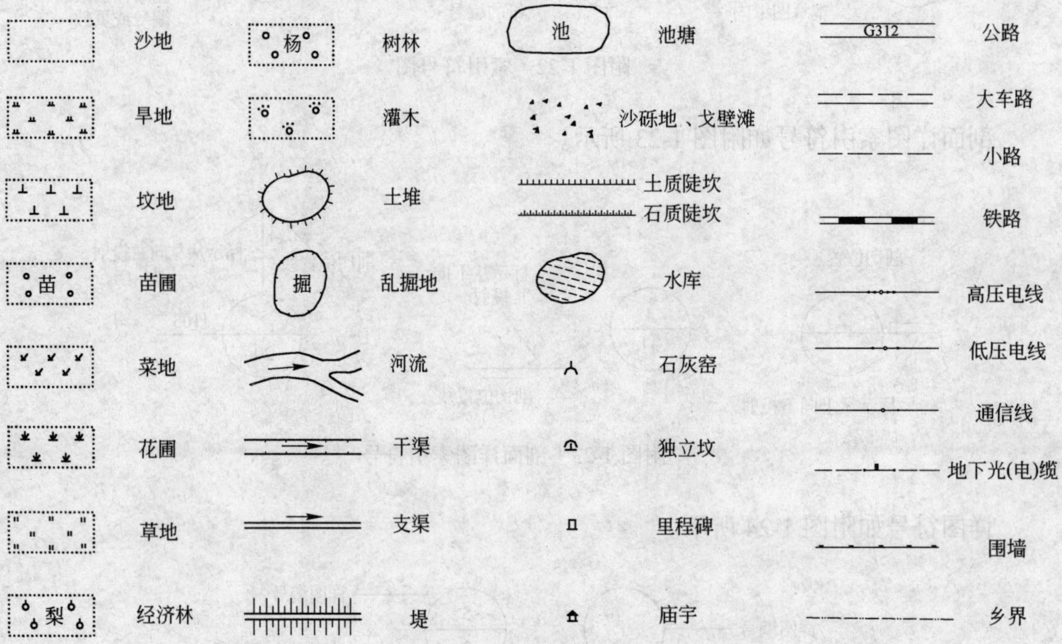

沙地
旱地
坟地
苗 苗圃
菜地
花圃
草地
梨 经济林

杨 树林
灌木
土堆
掘 乱掘地
河流
干渠
支渠
堤

池 池塘
沙砾地、戈壁滩
土质陡坎
石质陡坎
水库
石灰窑
独立坟
里程碑
庙宇

G312 公路
大车路
小路
铁路
高压电线
低压电线
通信线
地下光(电)缆
围墙
乡界

附图 2-1 地形图常见图例

2.2 工程地质图常见图例

工程地质图常见图例如附图 2-2 所示。

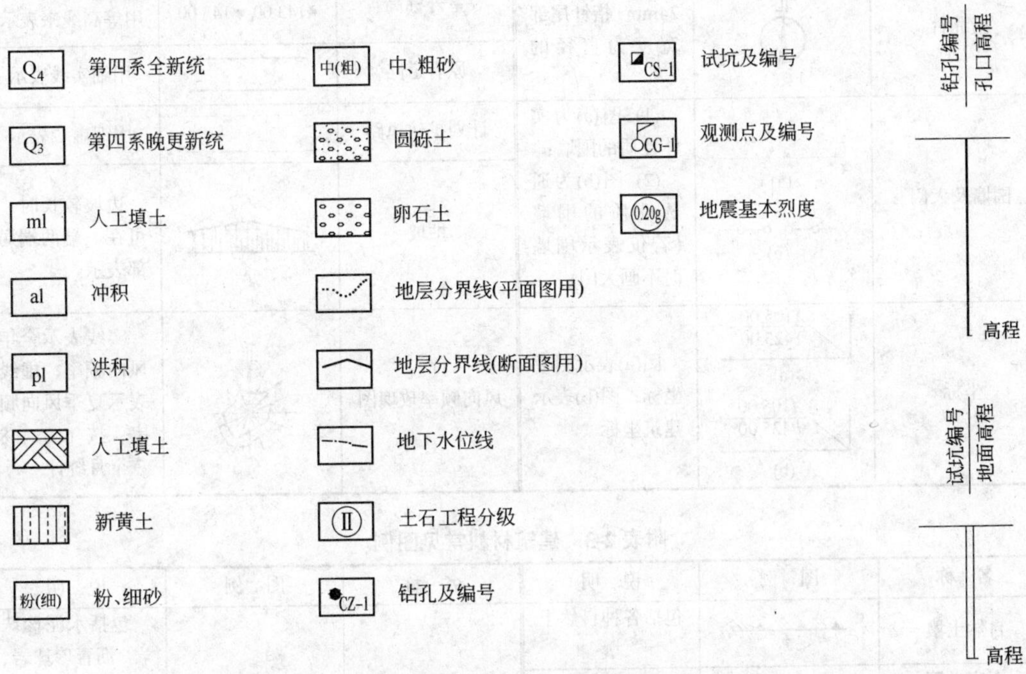

Q4 第四系全新统
Q3 第四系晚更新统
ml 人工填土
al 冲积
pl 洪积
人工填土
新黄土
粉(细) 粉、细砂
中(粗) 中、粗砂
圆砾土
卵石土
地层分界线(平面图用)
地层分界线(断面图用)
地下水位线
Ⅱ 土石工程分级
CZ-1 钻孔及编号
CS-1 试坑及编号
CG-1 观测点及编号
0.20g 地震基本烈度
钻孔编号/孔口高程 高程
试坑编号/地面高程 高程

附图 2-2 工程地质图常见图例

2.3 建筑施工用图常见图例

建筑平面图常见图例见附表 2-1 和附表 2-2。建筑材料常见图例见附表 2-3。

附表 2-1 建筑平面图常见图例一

名 称	图 例	说 明	名 称	图 例	说 明
新建建筑物	8 ▲	(1) 用粗实线表示。需要时，用▲表示出入口；(2) 需要时，可在图形内右上角用点数或数字表示层数	拆除的建筑物		用细实线表示
原有建筑物		用细实线表示	建筑物下面的通道		
计划扩建的预留地或建筑物		用中粗虚线表示	散状材料露天堆场		需要时可注明材料名称
其他材料露天堆场或露天作业场			室内标高	151.00(±0.00)	

附表 2-2 建筑平面图常见图例二

名 称	图 例	说 明
指北针	北	圆圈直径为24mm，指针尾部宽度为直径的1/8
围墙及大门	(a) (b)	(1) 图(a)为实体性质的围墙； (2) 图(b)为通透性质的围墙(若仅表示围墙时不画大门)
坐标	*X*105.00 *Y*425.00 (a) *A*105.00 *B*425.00 (b)	图(a)表示测量坐标；图(b)表示建筑坐标

名 称	图 例	说 明
室外标高	●143.00 ▼143.00	室外标高也可用等高线来表示
原有道路		用细实线表示
计划扩建道路		用细虚线表示
护坡		边坡较长时，可在一端两端局部表示
风向频率玫瑰图	北	实线表示全年风向频率；虚线表示夏季风向频率，按6、7、8三个月统计

附表 2-3 建筑材料常见图例

名 称	图 例	说 明
自然土壤		包括各种自然土壤
夯实土壤		
砂、灰土		靠近轮廓线绘较密的点
沙砾石、碎砖三合土		
石材		
毛石		
混凝土		(1)本图例指能承重的混凝土及钢筋混凝土； (2)包括各种强度等级、骨料添加剂的混凝土； (3)在剖面图上画出钢筋时，不画图例线； (4)断面图形小、不易画出图例线时，可涂黑
钢筋混凝土		

名 称	图 例	说 明
多孔材料		包括水泥珍珠岩、沥青珍珠岩、泡沫混凝土、非承重加气混凝土、软木、蛭石制品等
木材	(a) (b)	(1)图(a)为横断面，左图为垫木、木砖或木龙骨； (2)图(b)为纵断面
玻璃		包括平板玻璃、磨砂玻璃、夹丝玻璃、钢化玻璃、中空玻璃、夹层玻璃、镀膜玻璃等
普通砖		包括实心砖、多孔砖、砌块等砌体

建筑施工图常见图例见附表 2-4 和附表 2-5。

附表 2-4 建筑施工图常见图例一

名 称	图 例	说 明
楼 梯	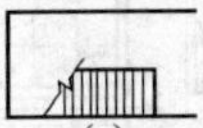 (a) 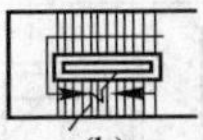(b) 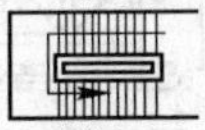(c)	(1) 图(a)为底层楼梯平面，图(b)为中间层楼梯平面，图(c)为顶层楼梯平面； (2) 楼梯的形式及步数应按实际情况绘制
坡 道	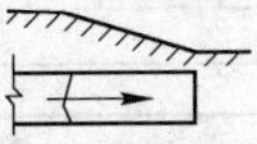	
空门洞	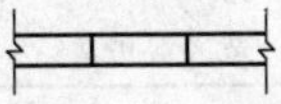	用于平面图中
单扇门(平开或单面弹簧)	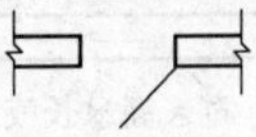	用于平面图中
单扇双面弹簧门	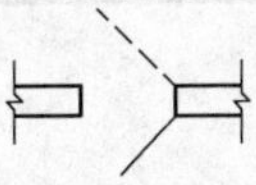	用于平面图中
双扇门(包括平开或单面弹簧)		用于平面图中
对开折叠门	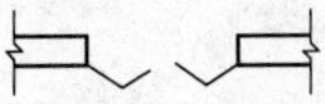	用于平面图中
双扇双面弹簧门		用于平面图中
检查孔	 (a)  (b)	图(a)为可见检查孔，图(b)为不可见检查孔

附表 2-5 建筑施工图常见图例二

名 称	图 例	说 明
单层固定窗	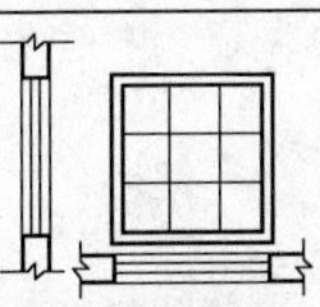	窗的立面形式应按实际情况绘制
单层外开上悬窗	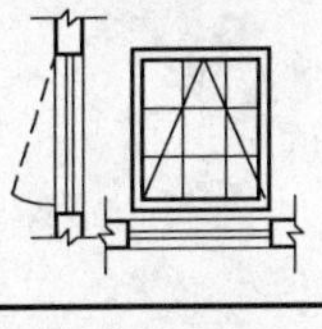	立面图中的斜线表示窗的开关方向，实线为外开，虚线为内开

续附表 2-5

名　称	图　例	说　明
中悬窗		立面图中的斜线表示窗的开关方向，实线为外开，虚线为内开
单层外开平开窗		立面图中的斜线表示窗的开关方向，实线为外开，虚线为内开
高窗		用于平面图中
墙上预留孔	宽×高或ϕ	用于平面图中
墙上预留槽	宽×高×长或ϕ	用于平面图中

附录3 命令别名

3.1 命令别名的定义

在 AutoCAD 中，对于某些常用命令(如 LINE、ARC)等，为了便于使用，系统分别为其指定的别名就是命令别名。实际上，命令别名是命令名称的一个缩写，如 LINE 命令的别名为 L，ARC 命令的别名为 A 等。

3.2 常用的命令别名

常用的命令别名见附表 3-1。

附表 3-1 常用的命令别名

别 名	命 令	别 名	命 令
A	ARC	AR	ARRAY
BH	BHATCH	BR	BREAK
CP	COPY	C	CIRCLE
CHA	CHAMFER	DV	DVIEW
DT	TEXT	EX	EXTEND
E	ERASE	F	FILLET
I	INSERT	LA	LAYER
L	LINE	LT	LINETYPE
M	MOVE	MI	MIRROR
ML	MLINE	W	WBLOCK
O	OFFSET	PL	PLINE
P	PAN	RO	ROTATE
R	REDRAW	REC	RECTANG
S	STRETCH	SC	SCALE
T	MTEXT	TR	TRIM
X	EXPLODE	Z	ZOOM

3.3 生成自己命名的别名

用户也可以通过编辑 Acad.pgp 文件来生成自己的命令别名。

点击菜单【工具】→【自定义】→【编辑自定义文件】,找到定义别名的行,如“cp, *copy”,表示 cp 定义为 copy 的别名。修改 cp 为其他名字，可以更改别名。但为了保证 CAD 软件的通用性，命令别名不建议修改。

参考文献

[1] 张立明，何欢，王小寒. AutoCAD 2004 道桥制图[M]. 北京：人民交通出版社，2004.
[2] 汪谷香. 道路工程制图与 CAD[M]. 北京：人民交通出版社，2011.
[3] 王磊，郭景全. 道路 CAD[M]. 北京：中国电力出版社，2011.
[4] 张部生. 公路 CAD[M]. 北京：机械工业出版社，2011.
[5] 阮志刚. AutoCAD 公路工程制图[M]. 成都：西南交通大学出版社，2008.
[6] 中国工程建设标准化协会公路工程委员会. JTG B01—2003 公路工程技术标准[S]. 北京：人民交通出版社，2004.
[7] 中国工程建设标准化协会公路工程委员会. JTG D20—2006 公路路线设计规范[S]. 北京：人民交通出版社，2006.
[8] 中国工程建设标准化协会公路工程委员会. JTJ 018—1997 公路排水设计规范[S]. 北京：人民交通出版社，1998.
[9] 中华人民共和国交通部. GB50162—1992 道路工程制图标准[S]. 北京：中国计划出版社，1993.
[10] 中华人民共和国建设部. GB50104—2010 建筑制图统一标准[S]. 北京：中国建筑工业出版社，2010.
[11] 周明，董仁扬. Visual LISP 程序设计及其应用教程[M]. 上海：上海科技文献出版社，2008.
[12] 许金良，张雨化. 道路勘测设计（毕业设计指导）[M]. 北京：人民交通出版社，2004.
[13] 林彦，史向荣，李波. AutoCAD 2009 建筑与室内装饰设计实例精解[M]. 北京：机械工业出版社，2009.
[14] 王学军. 土建工程 CAD[M]. 北京：冶金工业出版社，2010.
[15] 王万德，张莺，刘晓光. 土木工程 CAD[M]. 西安：西安交通大学出版社，2011.
[16] 王芳. Auto CAD2006 建筑制图实例教程[M]. 北京：北方交通大学出版社，2006.

冶金工业出版社部分图书推荐

书　　名	作　者	定价(元)
AutoCAD 2010 基础教程	孔繁臣	27.00
建筑施工技术（第 2 版）(国规教材)	王士川	42.00
高层建筑结构设计(本科教材)	谭文辉	39.00
居住建筑设计(本科教材)	赵小龙	29.00
支挡结构设计(本科教材)	汪班桥	30.00
建筑环境工程设备基础（本科教材）	李绍勇	29.00
现代建筑设备工程（本科教材）	郑庆红	45.00
混凝土及砌体结构（本科教材）	王社良	41.00
土力学地基基础（本科教材）	韩晓雷	36.00
土木工程施工组织（本科教材）	蒋红妍	26.00
土木工程概论（第 2 版）(本科教材)	胡长明	32.00
理论力学（本科教材）	刘俊卿	35.00
工程制图与 CAD（高职高专）	刘　树	33.00
工程制图与 CAD 习题集(高职高专)	刘　树	29.00
机械 CAD/CAM 应用技术(高职高专)	杨　兵	24.00
冶金三维设计(SolidWorks)应用基础	池延斌	38.00
建筑结构振动计算与抗振措施	张荣山	55.00
岩巷工程施工——掘进工程	孙延宗	120.00
岩巷工程施工——支护工程	孙延宗	100.00
钢骨混凝土异形柱	李　哲	25.00
地下工程智能反馈分析方法与应用	姜谙男	36.00
地铁结构的内爆炸效应与防护技术	孔德森	20.00
隔震建筑概论	苏经宇	45.00
建筑工程经济与项目管理	李慧民	28.00
建筑施工实训指南	韩玉文	28.00